电阻率测试理论与实践

孙以材　汪　鹏　孟庆浩　著

北　京
冶 金 工 业 出 版 社
2011

内 容 简 介

本书以电阻率测量中广泛使用的探针技术为对象，以作者多年的相应测试实践对电阻率测试中许多理论问题作了深入探讨，具体包括：四探针法电阻率测量基本原理、静电场数值计算有限元方法、范德堡法及其改进法电阻率测量基本原理、鲁美采夫斯基法及其改进法电阻率测量基本原理、电阻率 Mapping 技术、电阻率测试的 EIT 技术、外延片的电阻率测试、接触电阻的测量、电阻率测试的测准条件。

本书可供从事传感器与半导体材料相关专业的研究人员和大专院校师生阅读，也可供生产实践的工程技术人员参考。

图书在版编目(CIP)数据

电阻率测试理论与实践/孙以材，汪鹏，孟庆浩著.
—北京：冶金工业出版社，2011.3
ISBN 978-7-5024-5511-8

Ⅰ.①电… Ⅱ.①孙… ②汪… ③孟… Ⅲ.①电阻率—测试 Ⅳ.①0441.1

中国版本图书馆 CIP 数据核字(2011)第 035968 号

出版人 曹胜利
地　址 北京北河沿大街嵩祝院北巷 39 号，邮编 100009
电　话 (010)64027926 电子信箱 yjcbs@cnmip.com.cn
责任编辑 李 梅 于昕蕾 美术编辑 彭子赫 版式设计 孙跃红
责任校对 石 静 责任印制 张祺鑫
ISBN 978-7-5024-5511-8
北京百善印刷厂印刷；冶金工业出版社发行；各地新华书店经销
2011 年 3 月第 1 版，2011 年 3 月第 1 次印刷
850mm×1168mm 1/32；10 印张；267 千字；307 页
32.00 元

冶金工业出版社发行部 电话：(010)64044283 传真：(010)64027893
冶金书店 地址：北京东四西大街 46 号(100010) 电话：(010)65289081(兼传真)
(本书如有印装质量问题，本社发行部负责退换)

◎前　言◎

半导体材料是集成电路的基础材料。它的电阻率，特别是微区电阻率均匀性，是影响集成电路成品率和优品率的重要因素之一。随着集成电路的发展，图形线宽、特征尺寸已达0.1μm以下，因此对材料的电阻率均匀性要求越来越高，迫切需要能分辨0.5mm以下的微区电阻率。但是目前广泛使用的直线或方形四探针，只能分辨3mm以上区域的电阻率均匀性，不能适应和满足当前发展的需要。

本书以电阻率测量中广泛使用的探针技术为对象，对电阻率测试中许多理论问题作了深入讨论，如静电场有限元理论、图形变换理论、镜像源理论、互易定理及其证明，为创造新的测试法打下坚实基础。本书将有限元理论应用于不同形状的二维平面，得到有测试图形微区薄层电阻测试改进的范德堡法、无测试图形微区薄层电阻测试改进的鲁美采夫斯基法及反偏二极管电场分析；又将有限元应用于三维电流场，可实现如三维各向异性晶体的电阻率的测量；应用镜像源理论可得到有限厚度样品测试时的计算公式，同时指出当方形样品用非对称位置四探针测试时会产生错误。本书中将Mapping技术作为一章进行介绍，利用所发明的改进的范德堡法测试绘制出硅片的电阻率分布，利用改进的鲁美采夫斯基法测试结果，并结合模糊数学理论分类数据，绘制出硅片电阻率等值线条纹，用于指导晶体生长。本书将当前广泛应用的神经网络先进算法及作者所发明的规范化非线性函数多项式拟合法，用于表达Van der Paw函数及半导体电阻率温度系数与电阻率的关系，以提高测试速度；深入分析了界面态对外延片电阻率 *C-V* 法测试的影响，并提出了消除办法；利用单探针技术测定外延层电阻率纵向分布，结合所提出的气相杂质掺入模型，从而确定微分方程中的诸常数。

国际上21世纪初用EIT（电阻抗成像）技术检测人体器官病变，本书中作者结合自己的实践，专辟一章，将有限元逆问题及图像重构相关的EIT技术，用于大型硅片电阻率不均匀性测定。书中对集成电路引线接触电阻率测量作了深入理论分析和试验测定，得到接触窗面积和接触电阻的关系、接触电阻退火激活能及接触电阻率提取方法。

虽然探针技术相对于霍尔及红外光谱等技术精度要高得多，笔者认为还是有必要在最后对电阻率测试探针技术的精度作系统分析，特别是用二维电流场少子注入时的电流连续性方程诠释了少子注入强度、针距、样品电阻率与少子寿命对少子的牵引半径等的影响，为微区测量及其精度提供了理论依据。本书还介绍了硅中氧对电阻率测量的影响。

希望本书能对生产实践的工程技术人员有一定的指导作用；也可供科学研究工作者参考，期望为他们的创新和发展抛砖引玉。

作 者

2010年9月30日

◎目录◎

1 绪　　论

1.1 电阻率测试对半导体材料与器件的重要性

随着计算机的不断更新换代，存储容量不断地增长，作为其基础元件的集成电路已由超大规模向甚大规模阶段发展。一方面，图形日益细微化，电路尺寸不断缩小，线宽已从微米级缩小到亚微米级。目前在 11mm × 11mm 芯片上已能集成几千万个元件。这一方面要求圆片直径不断增大以提高生产率，到 2000 年已提高到 300mm 以上，到 2016 年可能到 450mm。另一方面，对晶体的完美性、力学特性及电特性提出更为严格的要求，特别是微区的电学特性及其均匀性引起人们的关注。下面简单总结一下与电阻率及掺杂直接有关的若干重要电学参数，以表明微区测试的重要性。

（1）二极管的反向饱和电流。流过二极管的电流 I 与结电压 V 的关系

$$I = I_s(e^{qV/kT} - 1) \tag{1-1}$$

式中，$I_s = A\left(\frac{D_n n_p^0}{L_n} + \frac{D_p p_n^0}{L_p}\right)$称为反向饱和电流。这一电流越小，二极管的反向截止特性越好。n_p^0 和 p_n^0 分别是 p 侧和 n 侧电子和空穴的平均浓度，这一浓度越大，理论上反向饱和电流越大，因此反向饱和电流与微区掺杂不均匀有密切的联系。

（2）反向耐压。对于单边突变结，最大电场强度 ε_m 为

$$\varepsilon_m = \left(\frac{2VqN}{\varepsilon}\right)^{1/2} \tag{1-2}$$

式中，V 为外加电压；N 为轻掺杂一边的杂质浓度。因此掺杂浓度越高，结电场越大，击穿电压便越低。对于可控硅来说，原始

n 型硅片的电阻率一般为几十欧姆厘米，电阻率均匀的情况下可以达到数千伏的耐压。一旦微区掺杂不均匀，则在个别点上可以提前击穿，使可控硅的耐压降低。

（3）晶体管的饱和压降。晶体管集电极串联电阻 r_{cs} 与外延电阻率 ρ 成正比（无埋层时）

$$r_{cs} = \rho_c\left[\frac{x_{jc}}{l_c d_c} + \frac{d_c}{3l_c W_c} + \frac{2d_{ce}}{(l_c + l_e)W_c} + \frac{W_c}{3l_e d_e}\right] \tag{1-3}$$

式中，l_e 和 d_e 分别是发射区的长和宽；l_c 和 d_c 分别是集电极引线孔的长和宽；x_{jc} 是集电结深；$W_c = D - x_{jc}$，D 是外延层厚度。

晶体管的饱和压降为

$$V_{CES} = V_{CES0} + I_C r_{cs} \tag{1-4}$$

式中，I_C 是集电极工作电流。可见，外延层电阻率 ρ_c 直接影响饱和压降。外延层电阻率和微区不均匀性直接影响各晶体管的饱和压降。

（4）晶体管的放大倍数 β。共发射极电流放大倍数 β 可以表达为

$$\frac{1}{\beta} = \frac{R_{SE}}{R_{SB}} + \frac{W^2}{4L_{nB}^2} + \frac{SA_S W}{A_E D_{nB}} \tag{1-5}$$

式中，R_{SE} 和 R_{SB} 分别为发射区和基区薄层电阻；W 为基区宽度；L_{nB} 和 D_{nB} 分别是基区电子的扩散长度和扩散系数；A_S 和 A_E 分别为表面复合有效面积和发射结面积；S 为表面复合速度。一般将发射结和基区杂质浓度控制为 $10^{20} \sim 10^{21}/cm^3$ 及 $10^{17} \sim 10^{19}/cm^3$，使 β 值控制在30 ~ 150 之间。放大倍数 β 与发射区和基区的方块电阻或掺杂有关，因此，扩散的均匀性直接影响晶体管电流增益的一致性。特别是差分放大电路中要求配对晶体管的放大倍数一致，使输出信号与差分输入信号成正比。对 $Si/Si_{1-x}Ge_x$ 异质结双极晶体管，SiGe 合金的基区带隙变窄，给定的基极和发射极间的偏压使注入基区的少子增多，提高了注入率，因而电流增益增大。这样可提高基区掺杂浓度和减薄基区而降低发射结掺杂浓

度和电容。因而在低温度下，基区电阻仍然不高，改进了低温特性和高频特性。

（5）MOS 电容器耗尽层弛豫时间 T_c。当 MOS 电容器瞬间加反偏电压时，立即产生耗尽的空势阱。但因光照或热激发少子，少子趋向表面形成反型层，使势阱变浅。这一弛豫过程的时间常数 $T_c = N/g$，式中，g 为少子的热激发产生率。可见掺杂浓度 N 越高，弛豫过程时间常数越大。对于 CCD 电荷耦合器件来说，向空势阱注入的电荷应在少子热激发前被传输走，不受到热激发少子电荷的干扰。也就是说，电荷传输时间应小于少子热激发弛豫时间常数 T_c，即应满足下式：

$$3n/f_{\min} < T_c$$

式中，n 为三相电荷耦合器件的单元数；$f_{\min}$ 为允许的三相时钟的最低频率。

所以

$$f_{\min} > \frac{3n}{T_c} = \frac{3ng}{N} \tag{1-6}$$

因此半导体的掺杂决定时钟的最低工作频率。微区掺杂的不均匀影响 MOS 电容器最低工作频率，因此可能影响电荷的传输。高清晰度电子摄像机要求采用 50 万像素 CCD，相当于 4M DRAM 的 VLSI 器件。可见掺杂的微区均匀性是十分重要的。

（6）GaAs 器件阈值分散性。阈值电压 V_T 可以表示为

$$V_T = \varphi_m - x - \frac{E_g}{2q} + \varphi_p + \frac{(4q\varepsilon N_A\varphi_F)^{1/2}}{C_0} - \frac{Q_{SS}}{C_0} \tag{1-7}$$

式中，$\varphi_F = \frac{kT}{q}\ln\frac{N_A}{N_i}$。增大衬底的掺杂浓度 N_A 可以提高阈值电压。

在一块 GaAs 集成电路中阈值电压的标准偏差过大，使其功能失效，成品率降低。同一衬底上制作的 MESFET 的阈值不均匀性除与器件工艺因素有关，还与衬底的电阻率均匀性及结构缺陷有关。对电阻率起主要作用的是 El2、C 和 Si 浓度。微区 El2、C

和Si的不均匀性影响电阻率的不均匀性，从而引起阈值电压的分散性，所以测定GaAs衬底的微区电阻率均匀性是十分重要的。

（7）化合物半导体计量比一致性。化合物半导体通常由两种或三种元素所组成。以红外探测器材料 $Hg_{1-x}Cd_xTe$ 来说，化学计量比 x 不仅影响带隙，还影响电子浓度。$Hg_{1-x}Cd_xTe$ 在零温度下0.1eV带隙相应的 $x=0.222$，继后 x 增加，带隙增加，表1-1示出在GaAs衬底上直接合金生长过程中 $Hg_{1-x}Cd_xTe$ 层的成分分布情况。

表1-1 GaAs衬底上 $Hg_{1-x}Cd_xTe$ 层的成分分布、电子浓度及迁移率

片号	x 值				77K Hall 测定			
位置	中心	中心 +0.5cm	中心 +1cm	边缘	n/cm^{-3}		μ/cm^2·(V·s)$^{-1}$	
					中心	边缘	中心	边缘
片1	0.288	0.291	0.287	0.271	4.0×10^{15}	4.6×10^{15}	43059	48693
片2	0.260	0.259	0.251	0.239	1.3×10^{15}		62738	

直接合金生长时成分均匀性较差，但是利用三乙基镓生长 $Hg_{1-x}Cd_xTe$ 时，则中心与边缘的电子浓度相差在3.4%以内，这说明OMVPE三乙基镓生长工艺能改善成分一致性。

综上所述，微区掺杂和电阻率不均匀性不仅影响材料特性，而且影响器件特性。

1.2 电阻率测试对工业领域的重要性

电阻率测试可以用于研究水泥的水化过程。水泥基材料的电阻率随水泥水化的不断进行而变化，因此，电阻率法可以用来研究水泥的水化过程。采用电阻率法研究水泥基材料的水化特性和物理性能已有一定的历史，最早的研究报道见于1932年，此后逐渐发展起来。目前，国内外在采用电阻率法研究水泥基材料的水化过程、凝结时间、强度以及外加剂的作用和影响等方面取得了大量研究成果。水泥在水化过程中会逐渐表现出稠化、凝结和硬化等物理特性，这些也是水化反应过程中的不同表现形式。水泥水化时发生的化学反应会引起浆体中离子浓度的变化，也会影响浆体的孔隙率，因此，可以通过分析浆体的电阻率变化规律判断水泥的水化进程。

电阻率测量可应用于混凝土性能的表征。混凝土作为结构材料，习惯上被认为是电的不良导体，混凝土电阻率指标通常没有任何的意义，因此人们也不关心混凝土电阻率的高低。但近年来混凝土电阻率已开始受到关注。近年来随着高性能混凝土的研究与应用，人们开始关心高性能混凝土的电阻率。高性能混凝土应该具有高的电阻率，因为混凝土电阻率太低可能影响钢筋保护效果。对于成熟期为6个月的高性能混凝土湿试件，电阻率在470~530Ω·m范围之间，比普通混凝土高10倍。当电阻率大于500Ω·m时，可大大抑制钢筋锈蚀。可以利用高频低压交流电，通过测量电阻率来反映混凝土的渗透性，克服了直流电量法的极化反应和溶液温度升高的缺点，缩短了试验时间。水泥混凝土随水化过程进行，由于水分的消耗，电阻率也发生比较大的变化，因此可以通过测量混凝土电阻率的发展变化，从而间接反映水泥混凝土凝结硬化情况。有很多研究者采用非接触电阻率测量方法来表征水泥早期的水化行为、混凝土早期力学性能和内部微结构变化。隋同波等研究认为，电阻率可以反映水化进程，电阻率的变化可以反映水化程度的变化。张丽君等研究认为，电阻率曲线不仅可以表现掺矿物掺和料的浆体的水化过程，也可以表现掺和料的活性大小。混凝土的结构裂缝不仅会降低抗渗性能，而且会引起钢筋锈蚀，加速混凝土的碳化，是影响结构耐久性的一个很重要的因素。混凝土发生开裂和因开裂湿度下降，都会使得电阻率显著增大。艾亿谋等研究结果证实，通过电阻率测量不仅可以准确找出裂缝的位置，而且可以确定裂缝深度和裂缝密实度。

1.3 电阻率测试对地质物探领域的重要性

对于不同介质电阻率勘探来说，电阻率是最行之有效的地球物理方法。利用低频交流激励和感应得以实现不接地测量技术，这将在我国的地质勘探和工程探测、环境和考古中有着广阔的发展前景。它以测量简单快速，数据处理方便准确，设备极其轻便等特点，可在一些常规电法及电磁法设备无法开展测量工作的特殊条件下，轻松地完成任务。

电阻率测试已应用于天然气水合物（Natural Gas Hydrates，NGH）的开采中。NGH 是由天然气（主要是甲烷）和水组成的类冰状固体物质，大约 27% 的陆地（大部分分布在冻结岩层）和 90% 的海域都含有 NGH。据估计，全球 NGH 中蕴涵的有机碳总量是陆地上已探明的所有煤、石油、天然气等化石类燃料中有机碳总量的 2 倍，因而 NGH 被认为是人类 21 世纪最重要的替代能源。已经提出的探测沉积物中 NGH 生成与分解的技术主要有电阻法、超声波法、时域反射技术、CT 扫描法、核磁共振、光通过率法等。其中光通过率法只能用于透明体系，CT 扫描和核磁共振价格昂贵。而电阻率法与其他测试方法相比，具有设计简单、成本低、测试准确的优点，而且电阻率法还能够反映出 NGH 生成时的晶核形成及生长的过程，这是其他简单测试方法不能实现的。

北京大地华龙科技有限公司采用不接地电阻率测量方法对敦煌壁画进行探测。通过对窟室内三面壁画及室内地面的探测工作，有效地指出了垂直壁画水平深度内的沿地层电阻率的分布情况，绘制了每幅壁画的电阻率等值线图，圈定了盐化区和壁画内部的含水层情况，定性地确定地下水的流向，为壁画的保护和修复工作提供了有力的指导意见。

1.4 电阻率测试对医学领域的重要性

对体内组织电特性的研究有利于医学诊断。这里的电特性主要是指电导率和电容率。电导率反映了一种材料的导电能力，而电容率是指在外加电场的情况下材料的储电能力。直流和交流电都能通过高电导率的材料，但高电容率的材料只能让交流电通过。因为不同组织有不同的电导率和电容率，所以这些电特性可以应用于医学中。

这些电特性在医学领域的主要应用有：监控肺部问题，如肺积水、肺萎陷；对心脏功能以及血流状况的无损监测；内出血的监测；检测乳腺癌；研究空腹状态；研究导致骨盆疼痛的骨盆积水；通过对细胞内和细胞外体液数量的了解定量分析经期综合症的严重程度；找出活组织与死组织的边界；测量由过高温疗法导致的局部体内温度升高；提高心电图与脑电图的质量。现已研制出了一些硬件系统，如用于模拟实验的 ACT 系统以及国内设计的基于 TMS320VC33 浮点 DSP 芯片的 32 电极电阻抗成像系统，这些系统使用电测量技术重组与近似显示体内组织的电导率和电容率分布图，而这个重组和显示过程就是电阻抗成像技术(EIT)。

既往研究表明某些人体组织的生理功能变化能引起组织阻抗的变化（如组织充血和放电等），某些组织病理改变也能引起组织阻抗的变化（如癌变等），这些信息将会在 EIT 图像中体现出来，所以 EIT 具有功能成像的性质。EIT 技术具有很多优势，如对人体无创无害，系统结构简单，测量简便，在对于患者长期的图像监护方面具有广泛的应用前景，这些是目前多数临床成像手段难以做到的。同时该设备具有造价低、检测费用低的特点，非常适合进行广泛的医疗普查。

1.4.1 脑中风的检测与监护

脑中风是由于通向大脑的血管受阻或断裂而导致的大脑功能突然丧失。脑中风可分为两类：缺血型和出血型。缺血型脑中风的发生主要是动脉血管阻塞所致。最为常用的对脑中风成像的技术是磁共振成像（MRI）。然而该技术在脑中风突发后若干小时才能显示出死细胞，它不能在有效时间内（3h）做出正确的检测，从而错过了通过药物干涉而治愈受损组织的宝贵时间。新的 MRI 技术可以在短时间内做出诊断，但是该 MRI 成像设备不便于移动，不利于连续的临床监控。

缺血组织表现的电特性为电阻抗反常的高。原因是细胞的膨胀导致细胞外空间的减少，从而使该组织的电阻抗增加近50%。电阻抗成像用于脑中风的检测已经在实验室中测试过。由于EIT所需要的数据可以通过EEG而较容易地获得，因而该技术可以用于缺血型脑中风的检测和监护。

出血型脑中风发生的原因是血液充斥细胞外空间或是完全代替脑组织，该病的死亡率更高。血液的电导率（$\sigma_h = 0.61\text{s/m}$）是大脑组织（$\sigma_b = 0.15\text{s/m}$）的近4倍，可以用EIT技术检测出血型脑中风。

1.4.2 肺梗塞的诊断

肺梗塞产生的原因是肺部血管的阻塞。目前对肺梗塞的诊断主要是先让病人吸进带有放射性的气体，以此来检测肺部的通气状况。然后再将不透明的放射性染料或是可溶性的放射性物质注入待测人的血管，用此来观测肺部血流的图像。最后将肺部血流图与肺部气体流向图加以比较，那些气体可以通过但血流通不过的地方暗示了梗塞的区域。

更简单地定位梗塞区域的方法是电阻抗成像技术。因为气体、体组织、血液的电特性有很大的差别，所以用EIT技术对肺部进行电导率和电容率的连续成像（勾画出随时间变化的电特性图）可以检测出梗塞区域。通过电特性图来诊断梗塞区域较现有技术有许多明显优点：EIT成像不要求待测人暴露在X射线或放射性材料下；同时成像成本相对较低，可以实现对人体的连续临床监护。

1.4.3 乳腺肿瘤的诊断

恶性乳腺肿瘤具有明显不同于它周围健康体组织的电特性，基于此特征可以用EIT成像诊断出肿瘤的位置，而且用EIT技术有着以下4个优点：（1）检测过程安全；（2）可以揭示生物组织电特性与生理学状态的联系；（3）简洁廉价的设备，成像成本低；（4）简单的检测程序。

1.4.4 其他应用

除了医学成像，电阻抗成像技术在其他领域也展现了广阔的应用前景，如多相流体流动成像、检测与定位地球上的矿床、跟踪地球上污染源的扩散，以及对机器器件的无损评估等。

早在1930年，地质工作者利用向大地注入电流，并测量其在地表产生的电压分布来确定地球内部不同地层的电导率，通过对这些地层电导率的分析，结合已知岩面和矿物的特性来预测矿藏分布情况，这实际上就是EIT技术的雏形。

2 四探针法电阻率测量基本原理

随着科学技术的飞速发展，集成电路已由超大规模（VLSI）向甚大规模（ULSI）发展。电路尺寸不断减小，IC（集成电路）制作目前以 12 英寸（1 英寸 =25.4mm）、45nm 为主，很快就会发展到 16 英寸、32nm。随着特征尺寸的不断减小，对半导体制造工艺和测试技术有了更高的要求，同时也遇到了前所未有的困难，晶体的完美性、力学特性及电特性的要求更加严格，特别是微区的电学特性及其均匀性已经成为决定器件质量的关键因素。

半导体器件设计与制造的核心问题是如何控制半导体内部的杂质分布，以满足实际应用所要求的器件参数。因为杂质分布的测量是半导体材料及器件的基础测量之一。不同半导体器件其材料的掺杂浓度有很大差别，不同工艺方法所掺杂的浓度也有很大差别。在一定条件下，半导体材料的掺杂浓度和半导体材料的薄层电阻率有直接关系。因此可以通过测量不同薄层的电阻率测出半导体材料的杂质分布。

2.1 电阻率测量的实质问题——反演问题

下面以硅片的电阻率测量为例给予讨论。将样品的电阻率 ρ 看成一个输入自变量，将测量的结果 $V_{em}/I_{ij}=R$ 看成是输出因变量。即有 $V_{em}/I_{ij}=R=\Gamma\rho$。并将几何尺寸（样品形状、样品尺寸、电流注入点 ij 和电压测量点 em 的位置）看成是一个自变量前的一个系数 Γ。Γ 便是一个几何因子，与样品的大小、形状、电流注入点 ij 及电压测量点 em 的位置有关。Γ 也可看成是另一个输入自变量，称为条件自变量。实验时，当样品形状、电流注入点 ij 和电压测量点 em 的位置一定时，对应一个 ρ，便可测得一个 $V_{em}/I_{ij}=R$。又根据互易定理有 $V_{em}/I_{ij}=V_{ij}/I_{em}=R$，也就是电流注入点和电压注入点易位后，$R$ 就不变。如果已知 ρ 便可以

根据测量的结果 $V_{em}/I_{ij}=R$ 方便地得知 $\Gamma=R/\rho=V_{em}/I_{ij}/\rho$，对应此时样品形状、电流注入点 *ij* 和电压测量点 *lm* 的位置，这是一个正演问题。如果已知 Γ 便可以根据测量的结果 $V_{em}/I_{ij}=R$ 方便地得知 $\rho=R/\Gamma=V_{lm}/I_{ij}/\Gamma$，这也是一个正演问题。但电阻率测量问题是一个反演问题，或是逆问题，即有 $\rho=\Gamma^{-1}R$。也就是说，由测量得到的 *V-I* 关系（$R=V_{lm}/I_{ij}=V_{ij}/I_{em}$）这个结果 *R* 人们要去寻找产生结果的“原因”：电阻率 ρ 和几何因子 Γ^{-1}。正演是由因得到果，反演由果去寻找因。用直线四探针（针间距为 *S*）法测厚样品时有 $\rho=2\pi SV_{lm}/I_{ij}$，则 $\Gamma=1/2\pi S$；当四探针不在中心时，$\rho=2\pi SV_{lm}/I_{ij}F$，则 $\Gamma=1/2\pi SF$，*F* 为边缘效应修正因子。直线四探针法测量薄样品（其厚度为 δ）时有 $\rho=\delta(\pi/\ln2)V_{lm}/I_{ij}$ 则 $\Gamma=[\delta(\pi/\ln2)]^{-1}$。但对任意形状样品来说，由于电流场的复杂性，电流注入点和电压测量点位置的多样性（不能规定在样品中央和角边区），就不能用简单的方法得到几何因子，也无法得到电阻率 ρ。因此，反演问题（逆问题）就复杂得多。目前，通常的做法是利用有限元去解决电阻率测量这个反演问题。因此有限元问题，甚至有限元的逆问题都属于反演算法。

测量半导体电阻率的方法很多，四探针法是一种广泛采用的标准方法。它的优点是设备简单，操作方便，精确度高，对样品的形状无严格要求。四探针法测试半导体电阻率发展到现在又有了更细的分化，主要是最早的直线四探针法、矩形四探针法、范德堡法、Rymaszewski 法、改进的范德堡法和利用改进的 Rymaszewski 公式方形四探针法等。

下面主要介绍直线四探针法，概要介绍矩形四探针法、范德堡法及 Rymaszewski 法，对于改进的范德堡法和改进的 Rymaszewski 方形四探针法将在后面章节中详细介绍。

2.2 四探针技术在半导体测量领域中的应用

2.2.1 作为最为广泛的工艺监测手段之一

四探针技术的测试对象包括：硅衬底片、研磨片、抛光片、外延片、扩散片、离子注入片、吸杂片、退火硅片、金属膜和涂层等的薄层电阻。通过测试，得到阻值分布的 Mapping 图，并以此为依据，控制硅片衬底、外延、扩散、离子注入、吸杂、退火等各工艺质量。比如对外延生长工艺，其中要进行离子注入和退火，需判断离子注入退火后薄层电阻均匀性差的原因，从而为离子注入提供所需的精确剂量与工艺监测；对扩散工艺，通过薄层电阻测定，以监视扩散炉内部温度与气流分布对扩散影响和监控溅射铝层厚度质量等。

2.2.2 测试抛光的硅单晶和硅片的少子寿命

在四探针电阻率测量时，通过增大测试电流故意引进注入，减少表面复合，测量电阻率变化来求得少子寿命。当少子寿命 τ 长到足够让少数载流子达到内探针时，在忽略表面复合的情况下，电阻率变化与少数载流子寿命成指数关系：

$$\frac{\Delta\rho}{\rho_0} = q\mathrm{e}^{-\frac{\pi L^3 G}{2I\rho_0\mu\tau}} \tag{2-1}$$

式中，ρ_0 是样品的真实电阻率；q 取决于探针与硅片表面的接触情况；G 是与几何形状有关的因子；L 是 1、4 探针间距；I 是 1、4 探针间电流；τ 是少子寿命；μ 是迁移率。

设 I_0、I_1、I_2 为三次测量时使用的小、中、大挡电流；$\Delta_1\rho$ 为小、中两挡的电阻率差；$\Delta_2\rho$ 为中、大两挡的电阻率差；并令 $K=\frac{I_1 I_2}{I_1-I_2}\ln\frac{\Delta_1\rho}{\Delta_2\rho}$，则有少子寿命：

$$\tau = \pi L^3 G/2\rho_0\mu K \tag{2-2}$$

2.2.3 评估 VLSI 互联金属薄膜可靠性

我们通常把导体在 298K 时的电阻率与 77K 时的电阻率比作为导体完美程度的标准。为控制和减少由于电流密度增加造成的电迁移失效现象，增加导电薄膜的载流容量，可完善互联金属薄膜的组成、热导性和其结构品质。用四探针法分别测量298K和77K（液氮）时的铝膜电阻值。计算两种情况下的薄层电阻：

$$RR = R_{298K}/R_{77K} \tag{2-3}$$

用RR值的大小就可以来评估和监视薄膜的质量和可靠性，从而快速、方便地预估计出受控工艺线所制备金属薄膜MTF的高低及质量。

2.3 四探针技术在其他方面的应用

2.3.1 用于构件和材料的无损检测

零部件表面裂纹的侵入深度，是决定该零部件是否应该报废的一个重要依据。试验证明，试样的电阻与裂纹的深度是有某种关系的。在同等条件下，裂纹越深，则测得的电阻率值越大，但两者并不是简单的线性关系，若用同等条件下测得的无裂纹处2、3探针间的压差U_0与有裂纹处2、3探针间的压差U的比$C = U/U_0$来作为衡量裂纹深度的刻度，则可以得到比较精确的测量结果。

2.3.2 作为芯片内部质量探测分析的工具

芯片内部探测分析是产品开发研制过程中极其重要的手段，可达到缩短开发周期，减少流片经费的目的。将四根探针按一定顺序排列，加载不同的测试信号，信号通过探针进入被测芯片内部，即可完成对芯片的边界扫描测试。

2.4 四探针法的分类

四探针法可分为直线四探针法和方形四探针法以及对测试结构无特殊要求的范德堡法。方形四探针法又可分为竖直四探针法和斜置四探针法。方形四探针法具有测量较小样品的优点，可以确定样品的不均匀性，在超大规模集成化的今天，微区及微样品薄层电阻的测量多采用此方法。此外，四探针法按发明人还可分为 Perloff 法、Rymaszewski 法、范德堡法、改进的范德堡法、改进的 Rymaszewski 法等。值得提出的是每种方法都对被测样品的厚度和大小有一定的要求，当不满足条件时，必须考虑边缘效应和厚度效应的修正问题。

2.4.1 直线四探针法

常规四探针法与双电 Rymaszewski 四探针法都属于直线四探针法。

常规四探针法是用针距约为 1mm 的四根探针同时压在样品的平整表面上，利用恒流源给外面的两个探针通以小电流，然后在中间两个探针上用高输入阻抗的数字电压表测量电压，然后根据理论公式计算出样品的电阻率。

双电测量法指让电流先后通过不同的探针对，测量相应的另外两针间的电压，进行组合，按相关公式求出电阻值。它具有以下优点：测量结果与探针间距无关；可使用不等距探针头。但是它要求是大样品，且四根探针成一条直线排列。

双电测四探针法与常规四探针法主要区别在于后者是单次测量，而前者对同一被测对象采用两次测量，而且每种组合模式测量时流过电流的探针和测量电压的探针是不一样的。双电测四探针法主要包括 Perloff 法，如图 2-1 所示，Rymaszewski 法如图 2-2 所示。Rymaszewski 法适用于无穷大薄层样品，此时不受探针距离和游移的影响，测量得到的薄层电阻为：

$$R_s = \frac{\pi}{\ln 2}\left(\frac{V_1 + V_2}{I}\right) f\left(\frac{V_2}{V_1}\right) \tag{2-4}$$

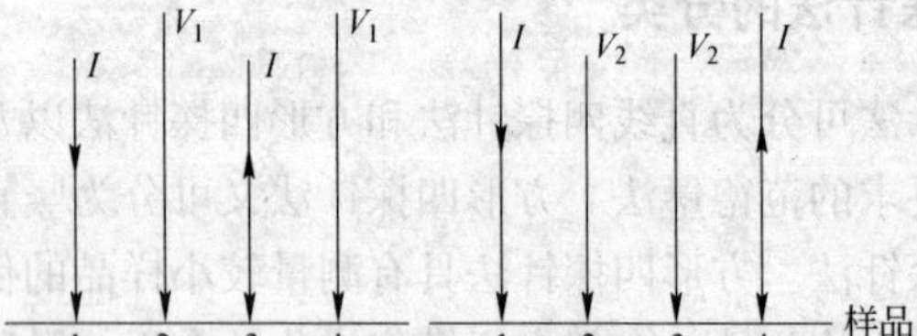

I V_1 I V_1 I V_2 V_2 I

1 2 3 4 1 2 3 4 样品

图 2-1 Perloff 法

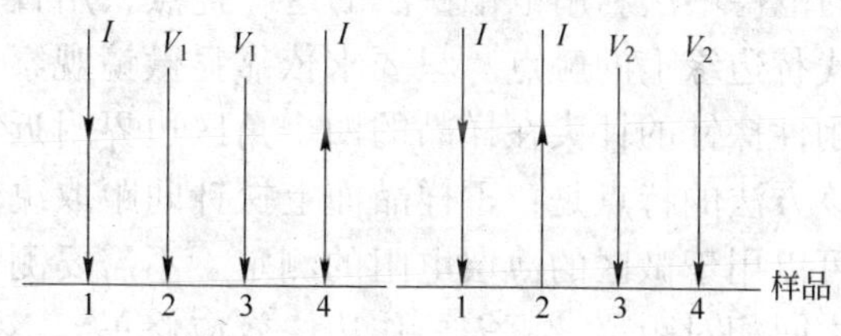

图 2-2 Rymaszewski 法

文献指出，当针距为 1mm 时，只要样品的厚度小于 3mm，其他几何尺寸无论是多少，无论测量样品什么位置，都用同一个公式计算测量结果，除厚度修正因子外，不存在其他任何修正因子的问题，也不受探针力学性能的影响。所以测量结果的准确度比常规测量法要高一些，尤其是边缘位置的测量，双电测方法的优越性就显得更加突出。但是文献用有限元的方法证明了 Rymaszewski 法当样品或测试区域为有限尺寸的矩形时需要做边缘效应修正，只有当四探针在样品宽度的中央区，且矩形的长度能容纳下四根探针时，不需边缘效应修正。

2.4.2 方形四探针法

方形四探针法指四根探针排成正方形或矩形，这样可以减小测量区域，便于观察电阻率的不均匀性。

2.4.3 范德堡法

范德堡法是 1958 年由范德堡提出的一种接触点位于样品边缘的电阻率测量方法。此方法只要求接触点位于样品的边缘即可，如图 2-3 所示。对于探针的摆放结构没有特殊要求。

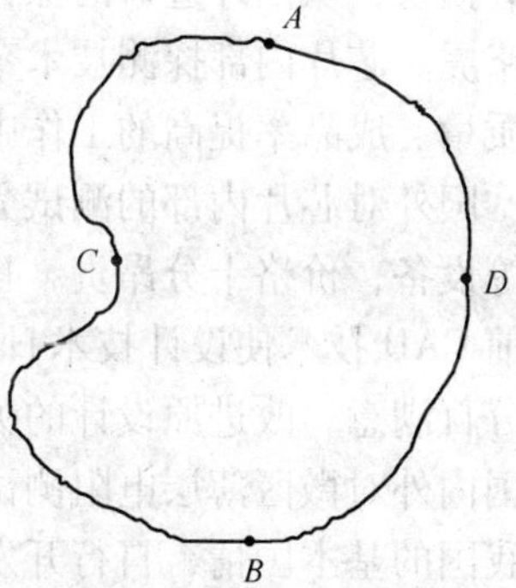

A
C
D
B

图 2-3 范德堡测量法

改进的范德堡法利用范德堡法的这一优点，用置于样品面上的探针代替边缘上的触点。只要求依靠显微镜观察，保证四根斜置的刚性探针的针尖在样品的四个角区边界附近一定界限内即可。该方法的特点是：下样品面上探针间距取决于针尖半径，因此可以用于微区的薄层电阻的测定。不需要测量针尖与样品边缘之间相对距离，不需要作边缘效应修正，不需要保证重复测量时探针位置的一致性，探针的游移不影响测量结果，不需要制备从微区伸出的测试臂和金属化电极，简便、快捷、可行。这种方法可在微区薄层电阻测试图形上确定探针放置的合理测试位置，用有限元方法给予了证明，探针在角区的游移不影响测量结果。

2.5 四探针技术的研究现状

目前在国内中科院微电子中心、上海飞利浦半导体公司、上海测试技术研究所以及中美合资贝岑公司都开展了这方面的工作，并在利用探针分析检测整个芯片表面薄层电阻均匀性，判断离子注入片和注入工艺中存在的问题，显示退火工艺中存在的问题，寻找外延生长最佳工艺条件，控制溅射铝层质量，以及及时准确区分不同问题，为工艺和版图改进提供依据方面取得较好的效果。但是上述一些企业采用进口设备，不仅费用昂贵，而且探针磨损快，从国外进口的探针需几千美元，成为应用这项技术的拦路虎。芯片内部探测技术今后会得到重视并在新产品开发和产品质量、成品率提高的工作中发挥更大的作用。

国外对芯片内部的测试分析，常采用如分析探针台、激光切割等设备，价格十分昂贵，且性能较单一，测试精度不高。尽管目前 CAD 技术使设计技术日益完善，但不能保证一次设计达到百分百满意，改进原设计的关键数据来自对芯片的测试判断。鉴于国内外对微区薄层电阻测试及芯片内部探测仪器的需求，考虑到我国的基本国情，自行开发研制一种既可进行微区薄层电阻测试，又可进行芯片内部探测分析，且测试精度较高的探针测试分析系统势在必行。

2.6 拉普拉斯方程及其在三维电流场中的分析解

2.6.1 直线四探针法的原理

直线四探针法也称为常规四探针法，它是将四根探针直线分布于样品的平整表面上，探针间距要相等，约为 1mm。外侧的两个探针（1、4 探针）上施加小的恒定直流 I（几个毫安），用高精度的数字电压表或电位计测量中间探针（2、3 探针）的电压 V，如图 2-4 所示。

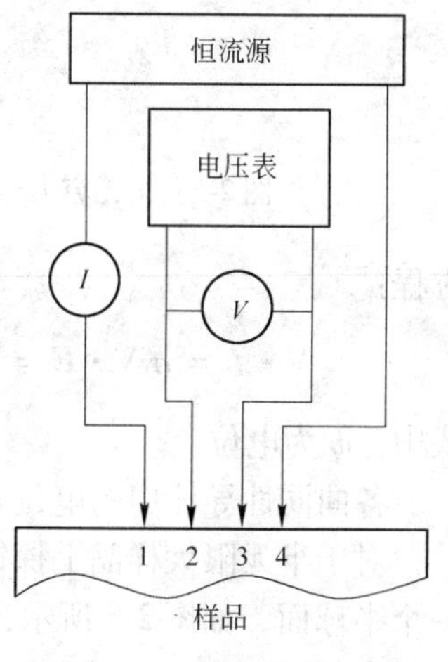

图 2-4 四探针法示意图

根据理论计算出样品的电阻率，公式为：

$$\rho = C\frac{V_{23}}{I} \qquad (2\text{-}5)$$

式中，C 为四探针的探针系数，C 的值取决于四根探针的排列方式和探针的间距，在四根探针参数确定之后，C 为一常数，与样品无关。

公式 2-5 的详细推导过程如下：

设想一块电阻率均匀的半导体样品，样品的几何尺寸与测量探针的间距相比较可看成是无穷大，探针引入点的电流为 I，如图 2-5 所示。

均匀导体内的恒定电场满足下列微分方程组：$\boldsymbol{J}=\sigma\boldsymbol{E}$

$$\nabla\cdot\boldsymbol{J}=0,\ \nabla\times\boldsymbol{E}=0,\ \boldsymbol{J}=\sigma\boldsymbol{E}$$

式中，$\boldsymbol{J}$ 为导体中各点的电流密度；$\boldsymbol{E}$ 为电场强度；σ 为电导率。

当导体内部各向同性时，上述方程组可写成下面的电位

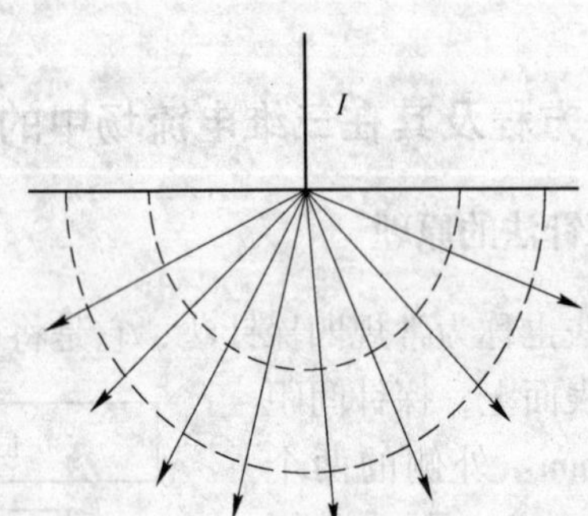

图 2-5 半无穷大样品上点电流源的半球等势面

方程:

$$\nabla \cdot \boldsymbol{J} = \sigma \nabla \cdot \boldsymbol{E} = -\sigma \nabla \cdot \nabla \phi = -\sigma \nabla^2 \phi = 0$$

式中，ϕ 为电位。

各向同性导体中的电位 ϕ 应满足拉普拉斯方程：$\nabla^2 \phi = 0$；

对于半无限大样品上探针引入的点电流源来说，等电位面是一个半球面，如图 2-5 所示，满足 $x^2 + y^2 + z^2 = r^2$，其中 r 为等势面的半径；

对应于每一半球面（r 不同）应有一确定的电位 $\phi = \phi(r)$，并满足拉普拉斯方程：

将 $\phi = \phi(r)$ 代入 $\nabla^2 \phi = 0$ 得 $\nabla^2 \phi = \nabla \cdot \nabla \phi = \phi''(r)(\nabla r)^2 + \phi'(r)\nabla^2 r = 0$；所以

$$\frac{\phi''(r)}{\phi'(r)} = -\frac{\nabla^2 r}{(\nabla r)^2} \tag{2-6}$$

将 $r = \sqrt{x^2 + y^2 + z^2}$ 代入上式 $\frac{\phi''(r)}{\phi'(r)} = -\frac{\nabla^2 r}{(\nabla r)^2}$，右端 $= \frac{\nabla^2 r}{(\nabla r)^2} = \frac{2}{r}$。

因为 $\nabla r = \frac{\partial r}{\partial x}\boldsymbol{i} + \frac{\partial r}{\partial y}\boldsymbol{j} + \frac{\partial r}{\partial z}\boldsymbol{k} = \frac{1}{r}(x\boldsymbol{i} + y\boldsymbol{j} + z\boldsymbol{k}) = \frac{\boldsymbol{r}}{r}$

则 $$(\nabla r)^2=1$$

又 $$\nabla^2 r=\nabla\cdot\nabla r=\nabla\cdot\frac{\boldsymbol{r}}{r}=\frac{1}{r}\nabla\cdot\boldsymbol{r}+\boldsymbol{r}\nabla\frac{1}{r}$$

$$=\frac{1}{r}\nabla\cdot(x\boldsymbol{i}+y\boldsymbol{j}+z\boldsymbol{k})+\boldsymbol{r}\left(\boldsymbol{i}\frac{\partial}{\partial x}+\boldsymbol{j}\frac{\partial}{\partial y}+\boldsymbol{k}\frac{\partial}{\partial z}\right)\frac{1}{r}$$

$$=\frac{1}{r}(1+1+1)-\boldsymbol{r}\left(\boldsymbol{i}\frac{x}{r^3}+\boldsymbol{j}\frac{y}{r^3}+\boldsymbol{k}\frac{z}{r^3}\right)$$

$$=\frac{3}{r}-\frac{1}{r}=\frac{2}{r}$$

由式2-6

$$\text{左端}=\frac{\phi''(r)}{\phi'(r)}=\frac{\mathrm{d}[\ln\phi(r)']}{\mathrm{d}r}=\text{右端}=-\frac{\nabla^2 r}{(\nabla r)^2}=-\frac{2}{r}$$

所以

$$\ln\phi'(r)=\int\frac{\phi''(r)}{\phi'(r)}\mathrm{d}r=-\int\frac{2}{r}\mathrm{d}r=-2\ln r+\ln A \tag{2-7}$$

式中，A 为积分常数；于是 $\phi'(r)=\frac{A}{r^2}$，因为探针引入的点电流源的电流强度为 I，已设导体是均匀的，所以半球等位面上的电流密度可表示为：$j=\frac{I}{2\pi r^2}$，其中 $2\pi r^2$ 为半径 r 半球面的面积。

利用关系 $\phi'(r)=\frac{\partial\phi(r)}{\partial r}=-E, E=j/\sigma=\frac{\rho I}{2\pi R^2}$，其中 σ 为电导率，可以得到积分常数 $A=-\frac{\rho I}{2\pi}$，由此得到 $\phi'(r)=-\frac{\rho I}{2\pi r^2}$，故 $\phi(r)=-\int\frac{\rho I}{2\pi r^2}\mathrm{d}r=\frac{\rho I}{2\pi r}+B$，利用边界条件：$\phi(r)|_{r\to\infty}=0$，所以 $B=0$。

所以 $$\phi(r)=\frac{\rho I}{2\pi r} \tag{2-8}$$

上式为半无限大均匀样品上离开点电流源距离为 r 的点 P 电位与探针中流过的电流和样品电阻率的关系式。

如图 2-6 所示，四根探针呈任意一四边形，并且位于样品的中央，探针间距相对于样品大小可视为半无穷大且样品电阻率均匀，有两个点电流源 1、4，电流由探针 1 流入，从探针 4 流出。2、3 是样品上另外两个探针的位置，它们相对于 1、4 两点的距离分别为 r_{12}、r_{42}、r_{13}、r_{43}。按照上述的接法得到 2、3 探针的电位为：

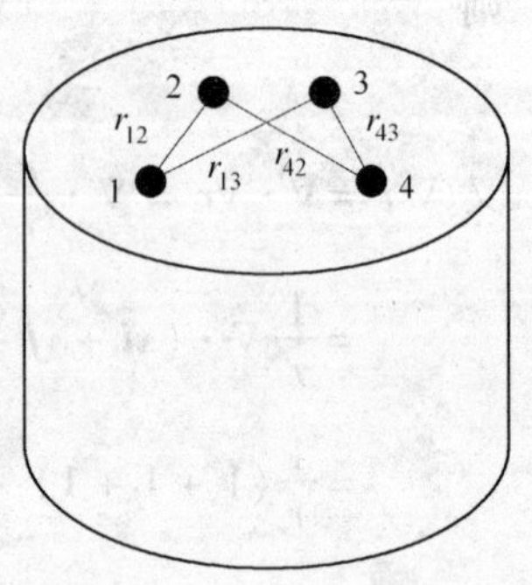

图 2-6　四根探针呈任意四边形

$$\phi_2 = \frac{\rho I}{2\pi}\left(\frac{1}{r_{12}} - \frac{1}{r_{24}}\right)$$

$$\phi_3 = \frac{\rho I}{2\pi}\left(\frac{1}{r_{13}} - \frac{1}{r_{34}}\right)$$

由上面两式得到 2、3 探针间的电位差如下：

$$V_{23} = \phi_2 - \phi_3 = \frac{\rho I}{2\pi}\left(\frac{1}{r_{12}} - \frac{1}{r_{24}} - \frac{1}{r_{13}} + \frac{1}{r_{34}}\right)$$

所以
$$\rho = \frac{V_{23}}{I}2\pi\left(\frac{1}{r_{12}} - \frac{1}{r_{24}} - \frac{1}{r_{13}} + \frac{1}{r_{34}}\right)^{-1}$$

此式是普遍公式，若四根探针处于同一条直线上，且间距分别为 $S1$、$S2$、$S3$，则 $\rho = \frac{V_{23}}{I}\cdot 2\pi\left(\frac{1}{S1} - \frac{1}{S1+S2} - \frac{1}{S2+S3} + \frac{1}{S3}\right)^{-1}$，令 $C = 2\pi\left(\frac{1}{S1} - \frac{1}{S1+S2} - \frac{1}{S2+S3} + \frac{1}{S3}\right)^{-1}$，则 $\rho = \frac{V_{23}}{I}C$，其中 C 为探针系数。

当 $S1 = S2 = S3 = S$ 时，如图 2-7 所示，$\rho = \frac{V_{23}}{I} 2\pi S$，可见等距的直线四探针法是任意四边形探针法的 个特例。

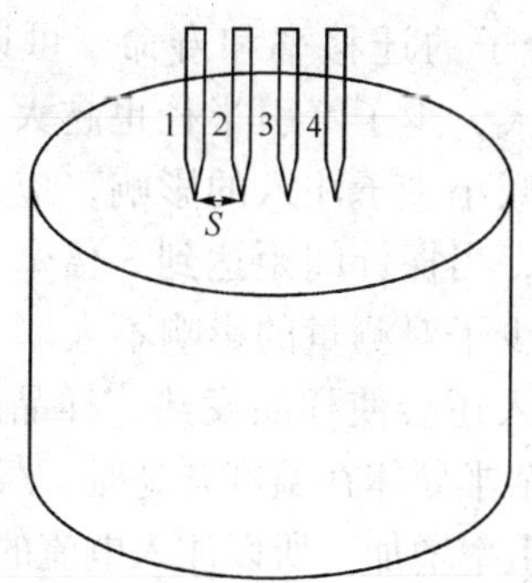

图 2-7 四根探针呈一条等距的直线

2.6.2 直线四探针法的测准条件简述

前面说过，恒流源在四探针电阻率测试系统中起着非常重要的作用，一台四探针测试仪的优与劣主要体现在其中的恒流源部分，这主要体现在以下几个方面。

根据相关理论，四探针测量中使用的注入电流必须满足以下几条基本要求：

（1）在测量过程开始后，电流要始终保持恒定。

（2）电流的数值不能太小，否则，其不能顺利流过样品，也就不能得到另外两根探针的电压。

（3）电流注入样品时会产生少子注入问题。少子被电场牵引到探针附近时，会使电阻率测量结果偏小。并且注入电流和样品薄层电阻越大，少子牵引半径也越大，电阻率测量误差就越大（见 10.1 节）。所以，当样品电阻率较高时，为了减小少子注入的影响，应适当减小注入电流或者增大探针间距。

根据相关的测量理论，少子注入的影响可用其牵引半径 r_0 来衡量，其定义式为（见 10.1 节）：

$$r_0 = \sqrt{\frac{IR_s \mu \tau}{\pi}} \quad （二维情况下）$$

式中，I 为恒流源注入样品的电流；R_s 为被测样品的薄层电阻；μ 和 τ 分别是少子的迁移率和寿命。可以看出，注入电流和样品薄层电阻越大，少子牵引半径也越大。所以，当样品电阻率较高时，为了减小少子注入的影响，应适当减小注入电流或者增大探针间距，当探针间距达到 3 倍牵引半径以上时，就可以认为电场牵引少子对测量的影响不大。

（4）电流的注入还会使样品发热，样品的被测区域的温度会升高。一般的掺杂半导体在温度升高时，载流子的晶格散射作用会加强，引起电阻率增加。所以注入电流的数值不能过大。

按照上述要求，随被测样品电阻率的不同，要选择不同的注入电流来进行测量，也就是说，恒流源的输出电流必须可调。文献中对此有较为详细的阐述。这些要求是准确测量半导体样品电阻率的先决条件，也就是说，恒流源电路是一台四探针测试仪非常关键的组成部分。恒流源的性能在很大程度上决定了整台四探针测试仪的性能。

用直流四探针法测量电阻率时，必须满足以下测试条件：

（1）测量区域的电阻率应是均匀的。为此针距不宜过大，一般采用 1mm 左右较适宜。

（2）四根探针应处于同一平面的同一条直线上，因此样品表面应平整。

（3）四探针与试样应有良好的欧姆接触。因此探针应当比较尖，与样品的接触点应为半球形，使电流入射状发散（或汇拢），且接触半径应远远小于针距；要求针尖可压痕的线度必须小于 100μm，针尖应有一定压力，一般取 20N 为宜，以减小少子注入的影响。一般使用钨丝、碳化钨、高速钢丝等。但钨丝不耐磨，使用时间短，碳化钨与硅的接触电阻很大，而且比较脆容易断裂。

（4）电流通过样品时不应引起样品的电导率发生变化。在测量过程中，通过样品的电流从两方面影响电阻率：1）少子注入并被电场扫到2、3内探针附近使电阻率减小；2）当电流较大时使样品发热，样品测量区的温度升高。一般杂质半导体当温度升高（在室温附近）时，载流子的晶格散射作用加强，会引起电阻率的升高。所以在进行电流的选择时，为了避免电流通过样品时产生焦耳热和少子注入的影响，应适当减小测量电流。测量电流大小可按表2-1进行选取。

表2-1 测量电流范围的选择

样品电阻率范围/Ω·cm	通过样品电流值/mA
<0.01	<100
0.01~1	<10
1~30	<1
30~1000	<0.1
1000~3000	<0.01

（5）被测样品的表面应当经过粗磨，以增加表面复合减小少子寿命。

（6）电阻率测量值要通过测量2、3探针间的电位差进行换算。因此V_{23}要测量精确，所以规定使用电位差计或高输入阻抗的电子仪器来进行测量。用电压表测量电压时可以把测量仪表看成是一个等效电阻，这个等效电阻并联在2、3探针之间，从而造成2、3探针间泄漏一部分电流，也就是说，由1探针至4探针的电流I并不是全部通过半导体样品，因为2、3探针上有电流，这个电流在其接触电阻上要产生压降，使指示的电压值偏低，从而测出的电阻率也偏低。

（7）电流I在测量期间应保持恒定。特别是探针压力不够时，往往会发生变动。另外，电流I的大小还与电流表的精度有很大的关系。目前有些厂家认为在恒流源电路上串联一个标准电阻，通过测量标准电阻上的电压降来反映四探针电流大小比直接在电路中串一个微安表（或毫安表）来测量电流更精确。

（8）样品的几何尺寸必须近似于半无限大。具体地说，样品的厚度必须大于3倍针距，探针中任一探针离样品边缘的距离不小于3倍针距。如果上述条件无法满足，需要加以修正。

（9）半导体材料的电阻率随温度变化很灵敏。例如电阻率为10Ω·cm的硅单晶，当温度从23℃上升到28℃时，其电阻率大约增加4%。因此必须在样品达到热平衡的情况下进行测试，并记录测试温度。电流注入会使样品表面发热，这样就增加了样品内部晶格的散射，减小了载流子的迁移率，间接使样品的电阻率增加。

（10）对于高阻半导体样品，光电导效应和探针与半导体形成金-半肖特基接触的光生伏特效应，可能严重地影响电阻率测试结果，因此对于高阻样品，测试时应该特别注意避免光照。

（11）对于热电材料，为了避免温差电动势对测量的影响，一般采用交流两探针法测原电阻率。

因此，恒流要根据样品电阻率的范围精确调节其大小。

2.7 拉普拉斯方程及其在平面电流场中的分析解

将$\phi=\phi(r)$代入$\nabla^2\phi=0$得$\nabla^2\phi=\phi''(r)(\nabla r)^2+\phi'(r)\nabla^2 r=0$。令$r=\sqrt{x^2+y^2}$代入上式得左端$\dfrac{\nabla^2 r}{(\nabla r)^2}=\dfrac{1}{r}$，因为$\nabla r=\dfrac{\boldsymbol{r}}{r}$，$(\nabla r)^2=1$，又$\nabla^2 r=\nabla\cdot\nabla r=\dfrac{1}{r}$（注：与三维情况下$\nabla^2 r=\dfrac{2}{r}$不同）

由式2-5得 $$\frac{\phi''(r)}{\phi'(r)}=\frac{\mathrm{d}[\ln\phi'(r)]}{\mathrm{d}r}=-\frac{1}{r}$$

所以 $$\ln\phi'(r)=\int\frac{\phi''(r)}{\phi'(r)}\mathrm{d}r=-\int\frac{1}{r}\mathrm{d}r=-\ln r+\ln A$$

$$\phi'(r)=\frac{A}{r}$$

即 $$\frac{\mathrm{d}\phi(r)}{\mathrm{d}r}=\frac{A}{r}$$

当在无限薄样品中作一封闭圆柱，圆柱上电场强度与流出电流的关系为：

$$\oiint E\mathrm{d}s = \oiint \frac{j}{\sigma}\mathrm{d}s = \frac{1}{\sigma}\oiint j\mathrm{d}s = \frac{1}{\sigma}I$$

$$\oiint E\mathrm{d}s = E\oiint \mathrm{d}s = E \cdot 2\pi r\delta$$

$$E = \frac{I}{2\pi r\delta\sigma} = \frac{I\rho}{2\pi r\delta} = \frac{IR_{\mathrm{s}}}{2\pi r} = -\frac{\mathrm{d}\phi}{\mathrm{d}r},\ \mathrm{d}\phi(r) = -\frac{IR_{\mathrm{s}}}{2\pi}\frac{\mathrm{d}r}{r}$$

与$\frac{\mathrm{d}\phi(r)}{\mathrm{d}r} = \frac{A}{r}$相比较可得$A = -\frac{IR_{\mathrm{s}}}{2\pi}$，其中$R_{\mathrm{s}} = \frac{\rho}{\delta}$为薄层电阻。最终得到电位

$$\phi(r) = -\frac{IR_{\mathrm{s}}}{2\pi}\ln r + B = \frac{IR_{\mathrm{s}}}{2\pi}\ln\frac{1}{r} + B = \frac{IR_{\mathrm{s}}}{2\pi}\ln\frac{1}{r}$$

其中 $B = 0$，因为当 $r = \infty$ 时 $\phi(r) = 0$。

2.8 直线四探针法的测量区域的局限性

常规直线四探针法测量时的分辨率问题，Swartzendruber 用图形变换理论给予了证明。他用半径 b 圈定了一个与周围薄层电阻 R 不同的区域，其薄层电阻为 $R + \Delta R$，如图 2-8 所示。定义了一个偏差因子 η：

$$\eta = \frac{R_0}{R} - 1 \tag{2-9}$$

式中，R_0 为表观薄层电阻，由实际电压与电流测量得到：

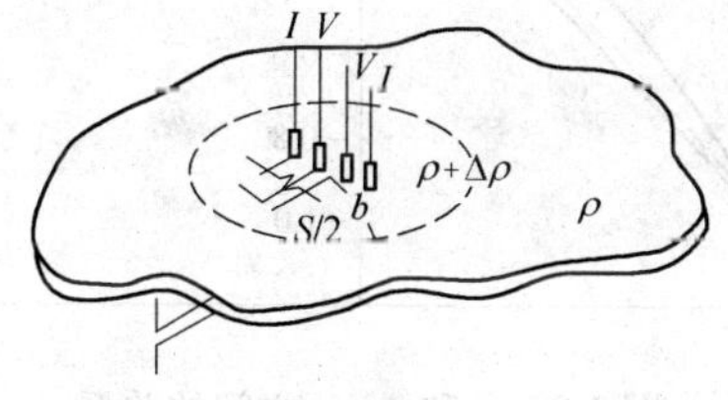

图 2-8 半径为 b 的圆区内电阻率 $\rho + \Delta\rho$ 与圆外样品电阻率不同

$$R_0 = \frac{\pi}{\ln 2} \frac{V}{I} \tag{2-10}$$

式中，V 和 I 分别为2、3 探针间的电压和流过1、4 探针的电流；R 为样品的薄层电阻。由于探针附近的薄层电阻 $R + \Delta R$ 与周围的电阻 R 不同，才造成测量得到表现电阻 R_0 与样品电阻 R 不同。由式2-9可见，当 $\Delta R = 0$ 时，$\eta = 0$，因此 η 的大小反映了样品不均匀性的程度。由图 2-9 可见，当 $b < \frac{2}{3}S$ 时，η 随$\frac{\Delta R}{R}$变化不明显，η 不能反映薄层电阻的不均匀性。只有当 $b \geqslant 3S$ 时，$\eta \approx \frac{\Delta \rho}{\rho}$，也就是四探针能测出超过其探针距 S 三倍以上大小区域的不均匀性，这是普通直线四探针探测微区不均匀性的尺寸限度。由于3 倍针距是毫米数量级，因此被测微区的极限大小也是毫米数量级。

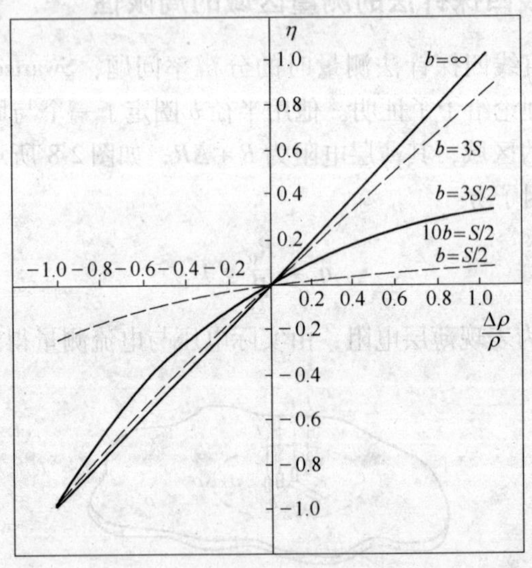

图 2-9 η 和 $\Delta\rho/\rho$ 之间的关系

常规四探针测量法的优点是探针和半导体样品之间不必制

备合金结电极，使用简便、测量准确度较高，是目前国内使用最为普遍的一种测量方法，在国际上也较为通用。但是随着集成电路的发展，需测量微区的尺寸越来越小，常规直线四探针法的使用已受到很多限制。

而且当样品很小时，常规直线四探针法的测量精度受边缘效应和探针游移的影响，修正系数的大小取决于探针相对于边缘的位置，但是对微小样品要精确确定探针的位置和游移非常困难。因此常规直线四探针法不适于微区薄层电阻的测量。

2.9 四探针法中的边缘几何效应修正及镜像源理论

2.9.1 四探针法中的边缘几何效应修正

样品的几何尺寸必须近似于无限大。具体地说样品的厚度必须大于3倍针距，探针中任一探针离样品边缘的最近距离不得小于3倍针距（关于电阻率测试部位选择均由此而来）。如果上述条件没有得到满足，需要加以修正，分别说明如下：

（1）平表面与圆柱样块的情况：用四探针来测量有限尺寸的样块需要考虑样块尺寸大小和探针测试部位与样块边缘之间的距离对电阻率的影响。一般可以用一个修正因子 F 去乘实际测量值即得到真实电阻率：

$$\rho = F\rho_{测量} \qquad (2\text{-}11)$$

修正因子 F 与样块几何尺寸和探针间距的相对大小有关。图2-10a为平表面样块的四探针修正因子，该图示出边缘效应对电阻率的影响。图2-10b为圆柱形样品的四探针修正因子，从中可以看出圆柱样品半径和边缘效应对电阻率的影响。

（2）薄片样品的情况：如果薄片样品不是很大，那么就需要考虑两组修正因子，而且它们彼此独立。真实电阻率与实际测量值之间的关系可以表示如下：

$$\rho = F_1 F_2 \rho_{测量} \qquad (2\text{-}12)$$

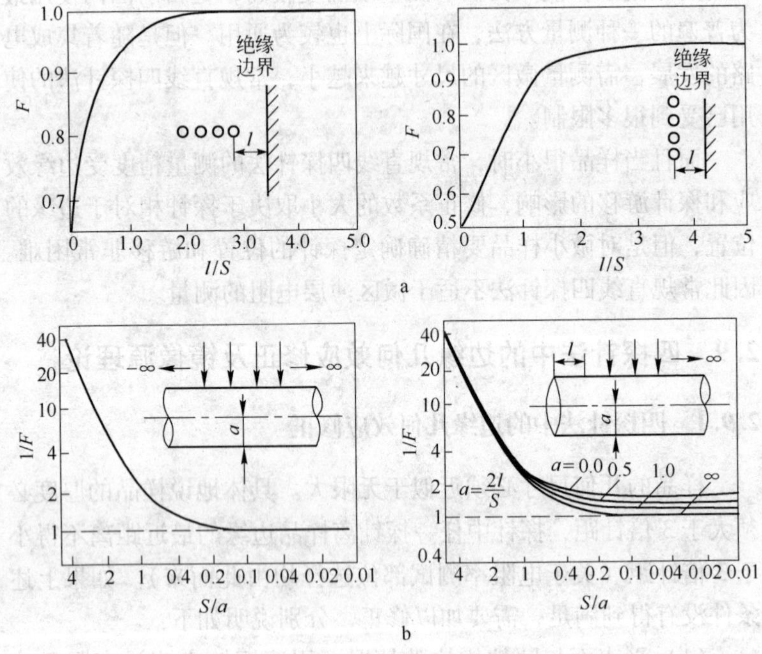

图 2-10　修正因子

式中，F_1 为考虑边缘效应的修正因子；F_2 为考虑片子厚度的修正因子。

图 2-11 中示出了片子直径 D 与探针间距 S 的比值对 F_1 的影响。对于厚度比探针间距大得多的情况，厚度效应与边缘效应之间发生相互影响，因此两组修正因子便不是相互独立的。

当探针是在片子的中图心进行测量时，由图 2-11 可以看出片子直径约为 40S（一般 40mm）时就不必再修正了。

图 2-12 中给出样品厚度 $t_s(=\delta)$ 与探针间距 S 的比值 $\eta(\eta = t_s/S=\delta/S)$ 对 F_2 的影响。由图可以看出，当样品的厚度超过 5 倍探针间距时，$F_2=1$，就不再需要修正了。

对于薄片样品通常以单位方块的电阻 R_s 来估计它的电阻率高低，两者之间有如下简单关系：

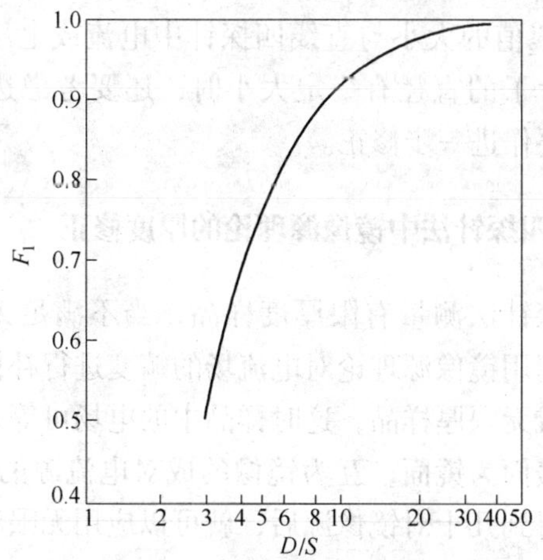

图 2-11 边缘效应修正因子

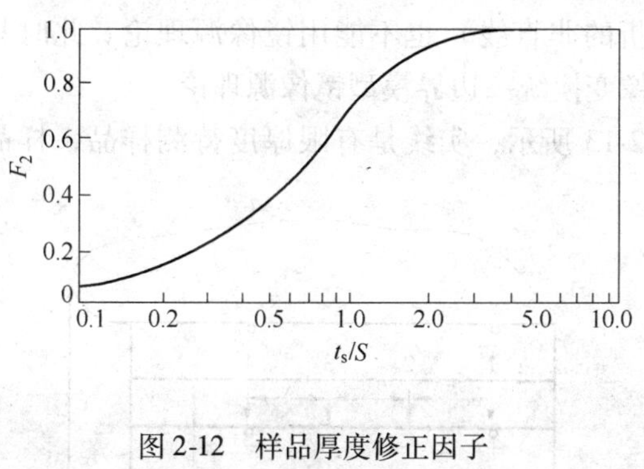

图 2-12 样品厚度修正因子

$$\rho = R_s \cdot t_s \tag{2-13}$$

式中，t_s 为薄片样品的厚度。如果用四探针测量，通过电流探针的电流为 I，电压探针所测得的电压为 V，那么薄层电阻，或又称单位方块电阻 R_s（Ω）及电阻率 ρ（Ω · cm）可以表示如下：

$$R_s = F'_2 \cdot \frac{V}{I} \tag{2-14}$$

$$\rho = F'_2 \cdot t_s \cdot \frac{V}{I} \tag{2-15}$$

式中，F_2'为测薄层电阻的校正系数。F_2'值在表 2-2 中列出。由该表可以看出 F_2'值的大小与直线四探针中电流或电压探针距的选取有关。当片子的直径有一定大小时，还要考虑边缘效应的影响，此时需要作进一步修正。

2.9.2 直线四探针法中镜像源理论的厚度修正

直线四探针法测量有限厚度样品，当不满足无穷大的条件时，此时要利用镜像源理论对电流场的畸变进行补偿。应将有限厚样品叠加成无限厚样品，这时样品中的电场可等效成以无限大样品上、下表面为镜面，互为镜像的成对电流源的电场的叠加。一般来说，得到几十对镜像源后，就可以应用无限厚样品的电势计算公式来建立理论。但不是任意情况下都可以应用这一方法。例如，在测量非无限大矩形样品的电阻率时，就不能使用。矩形边界（有折的非直线）也不能用镜像源理论。此时只能用下文提到的图像变换统一边界模型镜像源理论。

如图 2-13 所示，实线是有限厚度待测样品，样品表面上的

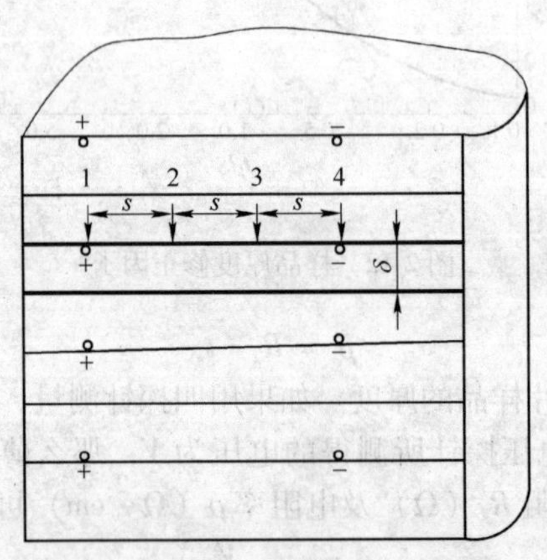

图 2-13　直线四探针结构镜像源在各层的分布示意图

（粗实线为样品上、下表面）

四探针如图中所示。为看清楚几何关系，将沿探针的剖面示出，剖面前面的一半样品移去（实际并不移去，样品仍为无穷大样品）。于是可以做出电流源在上下各层上的相应镜像源。图中1、2、3、4就是四根探针的放置位置。设样品的厚度为δ，探针间距为S，相对比$\eta=\delta/S$，n为各层对应的序号。在1和4探针间通以电流，则各层镜像源到测电势探针（2和3）的距离分别为$\sqrt{(2n\delta)^2+S^2}$和$\sqrt{(2n\delta)^2+(2S)^2}$。于是利用近似无限厚样品中电势计算公式，可得到探针2和3之间的电位差U_{23}：

$$U_{23}=\frac{\rho I}{2\pi}\left[\frac{1}{S}+4\sum_{n=1}^{\infty}\frac{1}{\sqrt{(2n\delta)^2+S^2}}-\frac{1}{\sqrt{(2n\delta)^2+4S^2}}\right] \tag{2-16}$$

于是样品的体电阻率ρ为：

$$\rho=\frac{V_{23}}{I}2\pi\left[\frac{1}{S}+4\sum_{n=1}^{\infty}\frac{1}{\sqrt{(2n\delta)^2+S^2}}-\frac{1}{\sqrt{(2n\delta)^2+4S^2}}\right]^{-1}$$

$$=\frac{V_{23}}{I}2\pi SF_2 \tag{2-17}$$

其中厚度修正系数：

$$F_2=\left[1+4\sum_{n=1}^{\infty}\frac{1}{\sqrt{(2n\eta)^2+1^2}}-\frac{1}{\sqrt{(2n\eta)^2+4}}\right]^{-1} \tag{2-18}$$

厚度修正系数与η关系如图2-12所示。对于无限厚样品来说，$\eta=\infty$，则由式2-18可得

$$\rho=\frac{V_{23}}{I}2\pi S \tag{2-19}$$

这与无限厚样品的体电阻率ρ计算公式一致。所以，对于有限厚样品，应加厚度修正系数。上一节对直线四探针的测准条件进行了分析，对于不满足上述条件时所需要进行的修正，人们就不同形状的样品、不同的探针阵列以及不同的探针位置等问题做

了大量的工作，采取了不同的方法。因为我们的测试主要是针对薄片样品，所以下面主要讨论四探针的测试方法应用于薄片样品时所需进行的修正。

当使用直线四探针测量无限薄的样品的薄层电阻 R_s 时，解无限薄的样品的拉普拉斯方程，则离开正点电荷源距离为 r 处的电位为：$\phi(r)=\frac{IR_s}{2\pi}\ln\frac{1}{r}$，于是探针 2 和 3 间的电位差：

$$V_{23}=\phi_2-\phi_3=\frac{IR_s}{2\pi}\left[\left(\ln\frac{1}{S}-\ln\frac{1}{2S}\right)-\left(-\ln\frac{1}{S}+\ln\frac{1}{2S}\right)\right]$$

$$=\frac{IR_s}{2\pi}2\left(\ln\frac{1}{S}-\ln\frac{1}{2S}\right)=\frac{IR_s}{\pi}\ln2 \tag{2-20}$$

$$R_s=\frac{\pi}{\ln2}\frac{V_{23}}{I}=4.532\frac{V_{23}}{I} \tag{2-21}$$

由此，对于有限厚样品，考虑厚度修正后，其薄层电阻为：

$$R_s=\frac{\pi}{\ln2}\frac{V_{23}}{I}F_2^* \tag{2-22}$$

式中，F_2^* 是直线四探针测量薄层电阻 R_s 时，有限厚度样品的厚度修正系数与 F_2 不同。

又因为样品的薄层电阻 R_s 与体电阻率 ρ 之间有如下关系：

$$R_s=\rho/\delta \tag{2-23}$$

由式 2-20、式 2-22、式 2-23 得

$$F_2^*=\frac{2\ln2S}{\delta}F_2=\frac{2\ln2}{\eta}F_2\approx\frac{1.384}{\eta}F_2 \tag{2-24}$$

$$F_2=\frac{4.53}{2\pi}\times\frac{\delta}{S}F'_2=\frac{\eta}{1.384}F'_2=\frac{\eta}{1.384}F'_2=0.720\eta F'_2$$

2.10 两种四探针法的几何效应修正的相关性

2.10.1 引言

厚度修正是指对用体电阻和薄层电阻两种测试方法测试一个

有限厚度样品电阻率时，对厚度影响的修正。厚度修正系数，设前者为 F_2，后者为 F'_2。

边缘修正是指对用体电阻率和薄层电阻两种测试方法测试一个有限尺寸样品电阻率时的边缘影响的修正。这种影响是由于样品小或探针靠近样品边缘进行测试而引起的。边缘效应修正系数，设前者为 F_1，后者为 F'_1。

对一有限尺寸大样品进行测试时，都应考虑边缘修正系数。当探针在样品中心时，体电阻率测试的边缘修正系数可在文献中查到。在 ASTM 标准中，则可以查出薄层电阻测试边缘效应修正的校正系数 $F^{*\prime}$，且有 $F^{*\prime}=F'_1\times F^*$，即有 $F'_1=F^{*\prime}/F^*$，其中 $F^*=4.532$，这里的 F' 是探针在样品中心进行测试时，样品大小引起的边缘修正系数。当探针不在样品中心进行测试时，同样有边缘效应引起的薄层电阻校正系数 $F^{*\prime}$，也有 $F^{*\prime}=F'_1\times F^*$，$F'_1$ 是相应的边缘效应修正系数。下文中可以推出无论探针是否在样品中央，F_1 都等于 F'_1。本书特别关心探针在非圆心测量时此结论的适用性。

2.10.2 推论及其结果

推论及其结果如下：

(1) 图 2-14 所示为极厚样品、有限厚样品与极薄样品上的

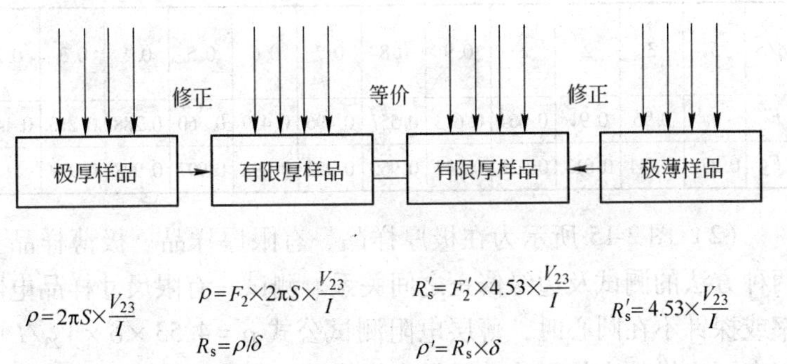

图 2-14 两种测试方法厚度修正间的关系

两种测试及其厚度修正之间的关系。

测试一有限厚样品，探针在样品中心点时，体电阻测试方法厚度修正后的计算公式为：

$$\rho = F_2 \times \rho_{测} = F_2 \times 2\pi S \times \frac{V_{23}}{I} \quad (2\text{-}25)$$

薄层电阻测试方法厚度修正后的计算公式为：

$$\rho' = F'_2 \times \rho'_{测} = F'_2 \times \delta \times R_{s测}$$

$$= 4.53 \times F'_2 \times \delta \times \frac{V_{23}}{I} \quad (2\text{-}26)$$

而同一样品同一点上的电阻率不变，故有公式 2-25 与公式 2-26 相同，即：$\rho = \rho'$，

$$2\pi S \times F_2 \times \frac{V_{23}}{I} = 4.53 \times F'_2 \times \delta \times \frac{V_{23}}{I}$$

得出：
$$F_2 = \frac{4.53}{2\pi} \times \frac{\delta}{S} F'_2$$

该式的成立已为文献所证实和阐明。下面要利用此式来证明边缘修正系数 $F_1 = F'_1$。表 2-2 体现了在不同 δ/S 值时 F_2、F'_2之间的关系。其中 F'_2取自有关文献，F_2 也与文献报道的一致。

表 2-2 F_2 和 F'_2与 δ/S 的关系

δ/S	5	3	2	1	0.9	0.8	0.7	0.6	0.5	0.4	0.3	0.2
F'_2	1	0.96	0.91	0.664	0.613	0.557	0.496	0.429	0.360	0.288	0.216	0.144
F_2	0.277	0.444	0.613	0.921	0.944	0.966	0.982	0.992	0.997	0.998	0.999	1

（2）图 2-15 所示为在极厚样品、有限厚样品、极薄样品上两种方法的测试及边缘修正之间关系。测试一有限尺寸样品电阻率或探针不在圆心时，薄层电阻测试公式 $\rho = 4.53 \times \delta \times V_{23}/I$ 中就有了边缘效应的影响，需做边缘修正，设其边缘修正后的校正系数为 $F^{*\prime}$。如果探针在中心点测试，可以从 ASTM-F84 中查到

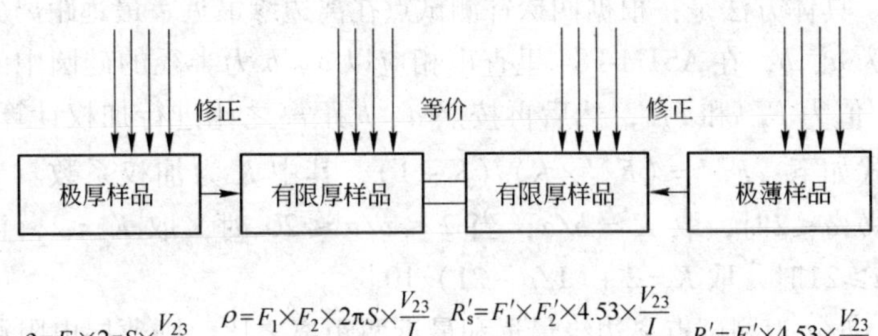

图 2-15　两种测试方法边缘修正、厚度修正间的关系

$F^{*\prime}$，则边缘修正系数 $F_1'=F^{*\prime}/4.53$，表 2-3 体现了不同 S/D 时，F_1 和 $F^{*\prime}$的一一对应关系。而当探针不在中心点时，其 $F^{*\prime}$ 可以用文献提出的方法求出。

表 2-3　$F^{*\prime}$、F_1'和 S/D 的关系（其中 $F^{*\prime}$取自 ASTM-F84）

S/D	$F^{*\prime}$	$F_1'=F^{*\prime}/4.53$	S/D	$F^{*\prime}$	$F_1'=F^{*\prime}/4.53$
0	4.532	1	0.06	4.395	0.9698
0.005	4.531	0.9998	0.065	4.372	0.9647
0.01	4.528	0.9991	0.07	4.348	0.9594
0.015	4.524	0.9982	0.075	4.322	0.9537
0.02	4.517	0.9967	0.08	4.294	0.9475
0.025	4.508	0.9947	0.085	4.265	0.9411
0.03	4.497	0.9923	0.095	4.204	0.9276
0.035	4.485	0.9896	0.100	4.171	0.9203
0.04	4.470	0.9863	0.143	3.927	0.8665
0.045	4.454	0.9828	0.200	3.362	0.7421
0.05	4.436	0.9788	0.250	0.929	0.6463
0.055	4.417	0.9746	0.333	0.266	0.4986

具体方法是：根据四探针测试点在离边缘最近、最远距离分别为 a、b，在 ASTM-F84 里查出相应以 a、b 为半径的硅圆中的 $F^{*\prime}$值为 $F_a^{*\prime}$和 $F_b^{*\prime}$，然后再按照 a、b 距离之比进行加权计算，公式如下：$F^{*\prime}=(F_a^{*\prime}\times K)/(K+1)$，其中 K 为加权系数。当 $1\leqslant b/a\leqslant 2$时，取 $K=b/a$；当 $2\leqslant b/a\leqslant 20$ 时，取 $K=2$；当 $b/a\geqslant 21$时，取 $K=2+(1/a-21)/10$。

b/a 为测试点离边缘最远和最近两距离之比。则薄层电阻测试公式经边缘及厚度独立修正后变为：

$$\rho' = F_1' \times F_2' \times \delta \times 4.53 \times \frac{V_{23}}{I} \tag{2-27}$$

式中，F_1'和 F_2'分别为边缘修正系数和厚度修正系数。而体电阻率测试公式经边缘及厚度独立修正后变为：

$$\rho = F_1 \times F_2 \times 2\pi S \times \frac{V_{23}}{I} \tag{2-28}$$

式中，F_1 和 F_2 分别为边缘修正系数和厚度修正系数。如图 2-15 所示，因同一样品同一点电阻率不变，则式2-26 与式2-27 相同，即 $\rho=\rho'$，$F'_1\times F'_2\times\delta\times 4.53\times\frac{V_{23}}{I}=F_1\times F_2\times 2\pi S\times\frac{V_{23}}{I}$又已由上面推出：$2\pi S\times F_2\times\frac{V_{23}}{I}=4.53\times F_2'\times\delta\times\frac{V_{23}}{I}$则得出 $F_1=F_1'$。也就是说两种测试方法同一测试点的对应边缘修正系数相同。因此表 2-3 同样也适用有限厚度样品用体电阻率法测试时的边缘修正系数 F_1 与 S/D 的关系。

2.10.3 实验验证结果

实验验证结果如下：

（1）探针在样品中心点对两个样品做两次比较测量，第一次测量每一样品直径均为 40mm，第二次测量将两样品均磨至直径 26mm，结果如表 2-4 所示。

表 2-4 原样品和磨小样品当探针在中心点时测量结果

项 目	10 次薄层电阻测试法测量表观值平均值 /Ω $R'_s = 4.53 \times \frac{V_{23}}{I}$	体电阻率测试法表观值 /Ω·cm $\rho_{表} = \frac{2\pi S}{4.53} \times R'_s$	样品边缘修正系数 $F_1 = F'_1$	样品厚度修正系数 $F_2 = F'_2$	薄层电阻测试法修正后的真实值 /Ω·cm $\rho' = F'_1 \times F'_2 \times \delta \times R'_s$	体电阻率测试法修正后的真实值 /Ω·cm $\rho' = F_1 \times F \times \rho_{表}$
$d = 40$mm $\delta = 3$mm 样品 1	29.65 $Y_\delta = 1.42\%$	41.12	0.995	0.96 0.444	39.3	39.28
$d = 26$mm $\delta = 3$mm 样品 1	29.7 $Y_\delta = 1.62\%$	41.20	0.988	0.96 0.444	39.08	39.07
$d = 40$mm $\delta = 3$mm 样品 2	88.5 $Y_\delta = 0.45\%$	122.8	0.995	0.96 0.444	117.29	117.29
$d = 26$mm $\delta = 3$mm 样品 2	88.67 $Y_\delta = 0.53\%$	123.0	0.988	0.96 0.444	116.69	116.66

注：1. $t = 26$℃，针间距 $s = 1$mm，Y_δ 为相对标准偏差；

2. F_1、F'_1、F_2、F'_2 可根据前面表 2-3、表 2-2 分别查出或找出。

（2）探针不在样品中心，但在样品上同一点（距中心 $r = 10$mm）对两样品做两次比较测量，第一次测量每一样品直径均为 40mm，第二次测量将两样品均磨至直径 26mm，结果如表 2-5 所示。

表 2-5 原样品和磨小样品当探针不在中心点时测量结果

项 目	10 次薄层电阻测试法测量表观值平均值 /Ω $R'_s = 4.53 \times \frac{V_{23}}{I}$	体电阻率测试法表观值 /Ω · cm $\rho_{表} = \frac{2\pi S}{4.53} \times R'_s$	样品边缘修正系数 $F_1 = F'_1$	样品厚度修正系数 $F_2 = F'_2$	薄层电阻测试法修正后的真实值 /Ω · cm $\rho' = F'_1 \times F'_2 \times \delta \times R'_s$	体电阻率测试法修正后的真实值 /Ω · cm $\rho' = F_1 \times F \times \rho_{表}$
$d = 40$mm $\delta = 3$mm 样品 1	28.77 $Y_\delta = 1.45\%$	39.90	0.991	0.96 0.444	37.98	37.96
$d = 26$mm $\delta = 3$mm 样品 1	32.3 $Y_\delta = 1.55\%$	44.80	0.926	0.96 0.444	39.8	39.82
$d = 40$mm $\delta = 3$mm 样品 2	80.4 $Y_\delta = 1.31\%$	111.51	0.991	0.96 0.444	106.1	106.1
$d = 26$mm $\delta = 3$mm 样品 2	90.13 $Y_\delta = 0.59\%$	125.0	0.926	0.96 0.444	111.2	111.1

注：$t = 26$℃，针间距 $s = 1$mm，Y_δ 为相对标准偏差。

2.10.4 小结

由上面理论和实验共同得出以下结论：

（1）测试有限厚样品电阻率时，采用两种测试方法中，体电阻率测试的样品厚度修正系数 F_2 与薄层电阻测试的厚度修正系数 F'_2 之间有一一对应的关系，即：

$$F_2 = \frac{4.53}{2\pi} \times \frac{\delta}{S} \times F'_2 \tag{2-29}$$

（2）在薄层电阻测试中，经边缘修正后的校正系数 $F^{*\prime}$ 与边缘修正系数 F'_1 之间有一一对应关系：

$$F^{*\prime} = 4.53 \times F'_1$$

即 $$R_s = F^{*\prime} \times \frac{V_{23}}{I} = F_1' \times 4.53 \times \frac{V_{23}}{I} \tag{2-30}$$

（3）当被测试的样品厚度相对探针间距不是很大时，可以认为样品的厚度及边缘修正具有相对独立性。体电阻率测试的边缘修正系数 F_1，等于薄层电阻测试同一测试位置的已知边缘修正系数 F_1'，即 $F_1 = F_1'$。也适用于测试点不在样品中心时的情况。

2.11 四探针法中的几种图形变换理论简介

Vaughan 采用镜像源法，如图 2-16 所示。镜像源法是将电流探针流入和流出分别看作一点，分别称“源”和“汇”，为满足边界条件，找到源和汇的像，例如图 2-17 中对圆形边界，源 M_1 和汇 N_1 的镜像分别是 M_1' 和 N_1'，像在圆外且和源在一直线上。这样就将圆形边界变成一个无穷大平面的问题，源在无穷大平面上任何一点产生的电势为

$$\phi - \phi_0 = -\frac{IR_s}{2\pi}\ln r \tag{2-31}$$

式中，ϕ 是任何一点相对于参考点的电势；ϕ_0 是参考点的电势；I 是源的电流；R_s 是样品的薄层电阻；r 是所求点到源的距离。这样可求出电压探针 P_1 和 Q_1 在任意位置的电势差。

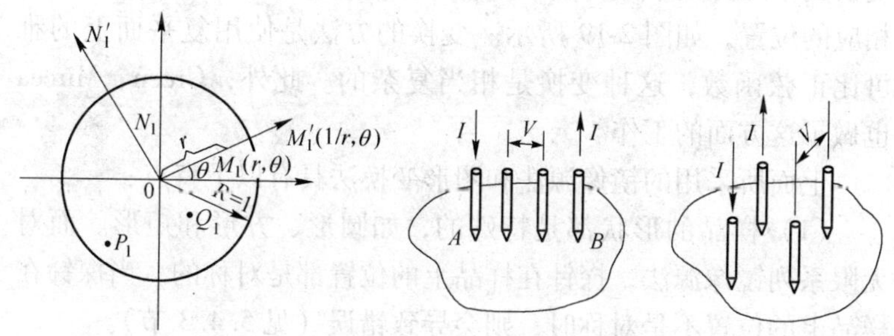

图 2-16　镜像源法

图 2-17　四探针测量薄层电阻

在研究方形和矩形样品时，为满足边界条件，他们采用的镜

像源是无限系列的，如图 2-18 所示。

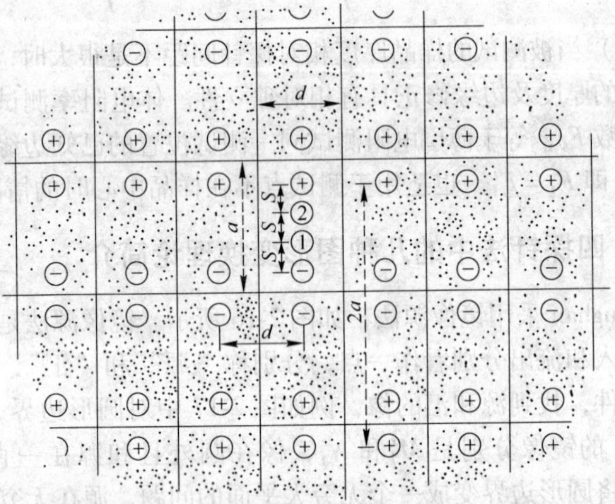

图 2-18　无限系列镜像源法

采用无限系列镜像源虽将方形和矩形边界变成无限大平面。电势的解是级数形式，求解是比较复杂的。同时一些人采用图形变换方法。如 Mircea 将方形样品变换成圆形，本书作者将方形变换到圆形，再将圆形变换到半无穷大平面。Logan 将矩形样品变换到半无穷大平面，四个探针的位置也变换到了无穷大平面上相应的位置，如图 2-19 所示。变换的方法是使用复平面上的雅可比正弦函数，这种变换是相当复杂的。此外，Green、Mircea 也做了这方面的工作。

上面所采用的镜像源法和图形变换法具有以下特点：

（1）样品的形状都是特殊的，如圆形、方形和矩形。而对无限系列镜像源法，探针在样品上的位置都是对称的。当探针在样品上的位置不是对称时，则会导致错误（见 5.4.3 节）。

（2）计算是复杂的。

（3）计算的不通用性。即不同形状的样品或不同探针阵列为简单而采用一种具体的变换。在大规模集成技术发展的今天，

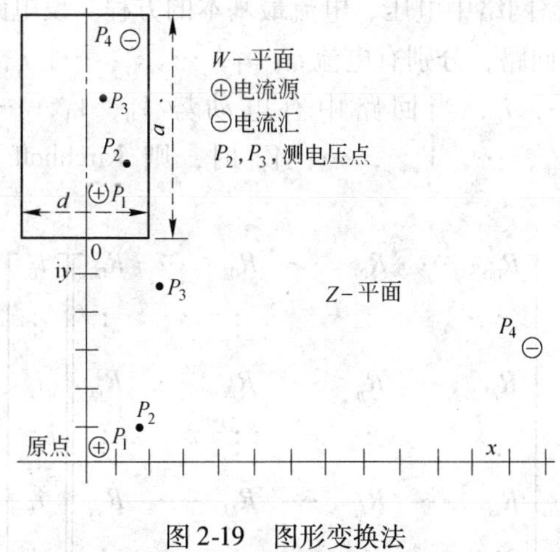

图 2-19　图形变换法

测量样品的尺寸小到毫米级，甚至微米级。目前仍采用的四探针法，为了测到更小的尺寸要采用各种测试结构。对于复杂的形状，采用上面提到镜像源法和保形变换法将是非常复杂的，实际上是无法计算的。

2.12　电阻率测量中的互易定理及其证明

2.12.1　互易定理的定义

设电路网络中有任意两个电阻，流过电阻 1 的电流为 I_1，电阻 2 两端测得的电压为 V_2，此时有 $R_1^2 = V_2/I_1$。如果流过电阻 2 的电流为 I_2，而电阻 1 两端测得的电压为 V_1，则互易定理告诉我们有下列关系：$R_2^1 = V_1/I_2 = R_1^2 = V_2/I_1$。尽管 I_1，I_2；V_1，V_2 不同，但电阻 1 和电阻 2 的位置可以任意选定，互易定理始终成立，与电阻 1 和电阻 2 阻值及它们周围情况无关。互易定理不仅在电路网络中成立，而且在固体电阻样品也成立。

2.12.2　Kirchhoff 方程

互易定理的证明需要利用 Kirchhoff 方程，因为 Kirchhoff 方程是描述电路网络中电压、电流最基本的方程。设电路网络中有 $d+1$ 个独立回路，分别有电流 i_0，i_1，…，i_j，…，i_{j+m}，…，i_k，…，i_{k+p}，…，i_d，当回路中有电动势 V_0，V_1，…，V_j，…，V_{j+m}，…，V_k，…，V_{k+p}，…，V_d 时，则 Kirchhoff 方程可表述为：

$$\begin{bmatrix} R_{00} & \cdots & R_{0j} & \cdots & R_{0k} & \cdots & R_{0d} \\ \vdots & & \vdots & & \vdots & & \vdots \\ R_{j0} & \cdots & R_{jj} & \cdots & R_{jk} & \cdots & R_{jd} \\ \vdots & & \vdots & & \vdots & & \vdots \\ R_{k0} & \cdots & R_{kj} & \cdots & R_{kk} & \cdots & R_{kd} \\ \vdots & & \vdots & & \vdots & & \vdots \\ R_{d0} & \cdots & R_{dj} & \cdots & R_{dk} & \cdots & R_{dd} \end{bmatrix} \begin{bmatrix} i_0 \\ \vdots \\ i_j \\ \vdots \\ i_k \\ \vdots \\ i_d \end{bmatrix} = \begin{bmatrix} V_0 \\ \vdots \\ V_j \\ \vdots \\ V_k \\ \vdots \\ V_d \end{bmatrix} \text{或简述为} [\boldsymbol{R}_{ij}][\boldsymbol{i}_j] = [\boldsymbol{V}_i] \tag{2-32}$$

式中，第一行为第 0 回路中各相应的电阻，依次类推；R_{jk} 是回路 j、k 中的电阻，R_{jk} 分享两个 j、k 回路。R_{kj} 也分享两个 j、k 回路，因此 R_{jk} 和 R_{kj} 为同一电阻。可见式 2-32 中矩阵具有对称性。

2.12.3 Kirchhoff 方程的解

由线性代数可得 Kirchhoff 方程的解：

$$[\boldsymbol{i}_j] = [\boldsymbol{R}_{ij}]^{-1}[\boldsymbol{V}_i] \tag{2-33}$$

设 a_{ij}是矩阵$[\boldsymbol{R}_{ij}]$的子式（minor），即 $\boldsymbol{R}_{ij}$的 $d+1$ 阶行列式去掉 i 行和 j 列后的 d 阶行列式。则矩阵$[\boldsymbol{R}_{ij}]$的代数余子式（cofactor）Δ_{ij}为：$\Delta_{ij} = -(i+j)a_{ij}$。矩阵$[\boldsymbol{R}_{ij}]$的代数余子式的转置（adjoint）为 $\tilde{\Delta}_{ij}$：$\tilde{\Delta}_{ij} = \Delta_{ji}$。对于对称矩阵来说，$i$ 和 j 可对调，故有 $\tilde{\Delta}_{ij} - \Delta_{ji} - \Delta_{ij}$

所以
$$[i_j] = \tilde{\Delta}_{ij}/\Delta[V_i] = \Delta_{ij}/\Delta[V_i] \tag{2-34}$$

式中，Δ 是矩阵$[\boldsymbol{R}_{ij}]$的行列式值；$\tilde{\Delta}_{ij}/\Delta$ 为矩阵$[\boldsymbol{R}_{ij}]$的逆矩阵$[\boldsymbol{R}_{ij}]^{-1}$。行列式 Δ 可以按行 i 或如下式按列 j 进行展开，即按矩阵$[\boldsymbol{R}_{ij}]$的代数余子式（cofactor）展开：$\Delta = \sum\limits_{k=0}^{d} R_{kj}\Delta_{kj} = R_{0j}\Delta_{0j} + R_{1j}\Delta_{1j} + \cdots + R_{dj}\Delta_{dj}$，如第一列和第一行从零开始，又按 $j=0$ 展开，则

$$\Delta = \sum_{k=0}^{d} R_{k0}\Delta_{k0} = R_{00}\Delta_{00} + R_{10}\Delta_{10} + \cdots + R_{d0}\Delta_{d0} \tag{2-35}$$

同样，下一级行列式也可依次类推，见下文，式 2-43 和式 2-44。

2.12.4 在回路中设置电阻器 R_{pq} 和 R_{mn}

为互易定理的证明，在回路中设置电阻器 R_{pq} 和 R_{mn}。在零号回路中设置电阻器 R_{pq}，外电流 i_0 经 R_{pq} 流入网络，又在 R_{pq} 两端外加电压 V。如图 2-20a 所示，R_{pq}除包括在零号回路中外，还包括在 5 和 6 号回路中，这些回路中的电流分别为 i_5、i_6，但 R_{pq} 不包括在其他回路中。

对于零号回路来说，有外加电动势 V，回路的电流方程为

$$R_{pq}i_0 + 0 + 0 + 0 + 0 + R_{pq}(-i_5) + R_{pq}(-i_6) = V \tag{2-36}$$

请注意 i_5、i_6 与 i_0 电流方向相反，因此上述方程也可写成为：

$$R_{pq}i_0 + 0 + 0 + 0 + 0 - R_{pq}i_5 - R_{pq}i_6 = V \tag{2-37}$$

这时 i_5、i_6 与 i_0 电流方向一致。对于 i_5、i_6 回路，无电动

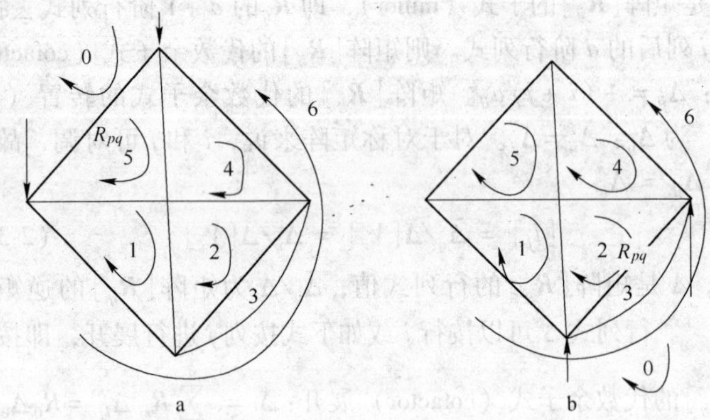

图 2-20 回路及其编号（外加电动势 V 由零号回路引入）

a—外加电动势 V 由左上零号回路引入；b—外加电动势 V 由右下零号回路引入

势，也可写出类似方程：

$$-R_{pq}i_0+R_{51}i_1+0+0+R_{54}i_4+0+R_{56}i_6=0 \quad (2\text{-}38)$$

这时 i_5、i_6 与 i_0 电流在上述两方程式中是一致的。为了使 i_5、i_6 与 i_0 电流方向一致，在 $-R_{pq}i_0$ 前的负号反映了这一点。于是，此时的 Kirchhoff 方程可表述为：

$$\begin{bmatrix} R_{pq} & 0 & 0 & 0 & 0 & -R_{pq} & -R_{pq} \\ 0 & 0 & R_{1,2} & 0 & 0 & R_{1,5} & R_{1,6} \\ 0 & R_{2,1} & 0 & R_{mn} & R_{2,4} & 0 & 0 \\ 0 & 0 & R_{mn} & 0 & 0 & 0 & R_{3,6} \\ 0 & 0 & R_{4,2} & 0 & 0 & R_{4,5} & R_{4,6} \\ -R_{pq} & R_{5,1} & 0 & 0 & R_{5,4} & 0 & R_{5,6} \\ -R_{pq} & R_{6,1} & 0 & R_{6,3} & R_{6,4} & R_{6,5} & 0 \end{bmatrix} \begin{bmatrix} i_0 \\ i_1 \\ i_2 \\ i_3 \\ i_4 \\ i_5 \\ i_6 \end{bmatrix} = \begin{bmatrix} V \\ 0 \\ 0 \\ 0 \\ 0 \\ 0 \\ 0 \end{bmatrix} \quad (2\text{-}39)$$

因为$[\boldsymbol{V}_i]$列向量中只有第一行有值，又上述矩阵的第一行与第一列可相互转置，故由式 2-34 可得

$$i_j = V\frac{\tilde{\Delta}_{0,j}}{\Delta} = V\frac{\Delta_{j,0}}{\Delta} = V\frac{\Delta_{0,j}}{\Delta}$$

$$i_0 = V\frac{\Delta_{0,0}}{\Delta} \tag{2-40}$$

式中，$\Delta_{0,j}$是矩阵$[\boldsymbol{R}_{ij}]$第0行和第j列所得代数余子式（cofactor）；$\Delta_{0,0}$是去掉矩阵$[\boldsymbol{R}_{ij}]$第0行，第0列所得代数余子式（cofactor）。Δ是矩阵$[\boldsymbol{R}_{ij}]$的行列式值。i_j和i_0是第j和0回路的电流。

下面再设一测量电阻R_{mn}，此电阻不包含在第0及i_5、i_6回路中，但包含在第i_2、i_3回路中。后者的回路电流分别为i_2、i_3。于是测量电阻R_{mn}上的压降应为V_{mn}：

$$V_{mn} = R_{mn}(i_2 + i_3) \tag{2-41}$$

依据通过电阻器R_{pq}的外电流i_0和R_{mn}上两端的测量压降V_{mn}而定义一个具有电阻量纲的“电阻器”

$$R_{pq}^{mn} = \frac{V_{mn}}{i_0} = \frac{R_{mn}(i_2 + i_3)}{i_0} \tag{2-42}$$

其中，依据式2-34，$i_{j+b} = V\frac{\tilde{\Delta}_{0,j+b}}{\Delta} = V\frac{\Delta_{j+b,0}}{\Delta} = V\frac{\Delta_{0,j+b}}{\Delta}$，又$i_0 = V\frac{\Delta_{0,0}}{\Delta}$，故

$$R_{pq}^{mn} = \frac{V_{mn}}{i_0} = \frac{R_{mn}(i_2 + i_3)}{i_0} = \frac{R_{mn}(\Delta_{0,2} + \Delta_{0,3})}{\Delta_{0,0}} \tag{2-43}$$

按行列式的展开，其中

$$\Delta_{0,2} = -R_{56}(\Delta_{(0,5),(0,2)} + \Delta_{(0,6),(0,2)})$$

$$\Delta_{0,3} = -R_{56}(\Delta_{(0,5),(0,3)} + \Delta_{(0,6),(0,3)}) \tag{2-44}$$

$\Delta_{0,2}$是矩阵无0行和无2列的代数余子式。$\Delta_{(0,5),(0,2)}$是$\Delta_{0,2}$中无第0行，无5行又无第0列，无第2列的行列式。矩阵［$\boldsymbol{R}_{ij}$］从5至6的每一行的第一列都是$-R_{pq}$，除0行第一列是R_{pq}外，其

余各行第一列均为零。由式2-43可得

$$R_{pq}^{mn} = -\frac{R_{23}R_{56}(\Delta_{(0,5),(0,2)} + \Delta_{(0,6),(0,2)} + \Delta_{(0,5),(0,3)} + \Delta_{(0,6),(0,3)})}{\Delta_{0,0}} \tag{2-45}$$

如果将 pq 和 mn 两电阻引线对调，此时原电阻 R_{mn} 上外加电压 V 并通以电流 i_0，而在原 pq 上测量电压。这等价于将 pq 和 mn 两电阻对调，而外电流 i_0 仍经新 R_{pq} 流入网络，又在新 R_{pq} 两端外加电压 V，如图2-20b所示。

R_{pq} 除包括在新的零号回路中，还包括在回路2、3中，这些回路是原来包括 R_{mn} 的回路。这些回路中的电流分别为 i_2、i_3。但新 R_{pq} 不包括在其他回路中。新的 R_{mn} 电阻则包括原来属于 R_{pq} 的5、6回路。这样原6+1阶矩阵形式不变，矩阵元的数值除零回路的第一行和第一列变化了，其余各元均不变。这等价于记号上 pq 和 mn 对调。如下列矩阵所示：

$$\begin{bmatrix} R_{pq} & 0 & -R_{pq} & -R_{pq} & 0 & 0 & 0 \\ 0 & 0 & R_{1,2} & 0 & 0 & R_{1,5} & R_{1,6} \\ -R_{pq} & R_{2,1} & 0 & R_{2,3} & R_{2,4} & 0 & 0 \\ -R_{pq} & 0 & R_{3,2} & 0 & 0 & 0 & R_{3,6} \\ 0 & 0 & R_{4,2} & 0 & 0 & R_{4,5} & R_{4,6} \\ 0 & R_{5,1} & 0 & 0 & R_{5,4} & 0 & R_{mn} = R_{5,6} \\ 0 & R_{6,1} & 0 & R_{6,3} & R_{6,4} & R_{mn} = R_{6,5} & 0 \end{bmatrix} \begin{bmatrix} i_0 \\ i_1 \\ i_2 \\ i_3 \\ i_4 \\ i_5 \\ i_6 \end{bmatrix} = \begin{bmatrix} V \\ 0 \\ 0 \\ 0 \\ 0 \\ 0 \\ 0 \end{bmatrix} \tag{2-46}$$

这就定义了另一个“电阻” $R_{mn}^{pq}=V/i_0$。便有对称关系：

$$R_{pq}^{mn}=-\frac{R_{56}R_{23}(\Delta_{(0,2),(0,5)}+\Delta_{(0,3),(0,5)}+\Delta_{(0,2),(0,6)}+\Delta_{(0,3),(0,6)})}{\Delta_{0,0}}$$

$$=R_{mn}^{pq} \tag{2-47}$$

其中因为矩阵的对称性，故有 $\Delta_{(0,2),(0,5)}=\Delta_{(0,5),(0,2)}$，…，等。

这就是互易定理。也就是说，流过电阻 mn 电流和另一电阻 pq 上测量电压等价于电路中通过电阻 pq 电流和在电阻 mn 两端测得电压。

2.12.5 在电阻率测试的薄层样品中的互易定理

在电阻率测试的薄层样品中某两点 mn 注入电流 I_1，在另外两点 pq 测试电压 V_2，有 $R_{mn}^{pq}=V_2/I_1$。反过来某两点 pq 注入电流 I_2，在另外两点 mn 测试电压 V_1，则有 $R_{pq}^{mn}=V_1/I_2=V_2/I_1=R_{mn}^{pq}$。下面以无限大样品，任意四探针测量薄层电阻为例加以说明。如图2-6所示，A、B、C、D 为四根探针（当样品为薄层时），其对角间距离分别为 r_1、r_2、r_3、r_4。当 A、B 注入电流 I_1 时，C、D 间测得的电压为

$$V_2=\frac{I_1R_s}{2\pi}\left[\left(\ln\frac{1}{r_1}-\ln\frac{1}{r_4}\right)-\left(\ln\frac{1}{r_2}-\ln\frac{1}{r_3}\right)\right]$$

$$=\frac{I_1R_s}{2\pi}\ln\frac{r_2r_4}{r_1r_3}$$

即有

$$\frac{V_2}{I_1}=\frac{R_s}{2\pi}\left[\left(\ln\frac{1}{r_1}-\ln\frac{1}{r_4}\right)-\left(\ln\frac{1}{r_2}-\ln\frac{1}{r_3}\right)\right]$$

$$=\frac{R_s}{2\pi}\ln\frac{r_2r_4}{r_1r_3} \tag{2-48}$$

当 C、D 注入电流 I_2 时，A、B 间测得的电压为：

$$V_1=\frac{I_2R_s}{2\pi}\left[\left(\ln\frac{1}{r_1}-\ln\frac{1}{r_2}\right)-\left(\ln\frac{1}{r_4}-\ln\frac{1}{r_3}\right)\right]$$

$$=\frac{I_2R_s}{2\pi}\ln\frac{r_2r_4}{r_1r_3} \tag{2-49}$$

即有

$$\frac{V_1}{I_2}=\frac{R_s}{2\pi}\left[\left(\ln\frac{1}{r_1}-\ln\frac{1}{r_2}\right)-\left(\ln\frac{1}{r_4}-\ln\frac{1}{r_3}\right)\right]$$

$$=\frac{R_s}{2\pi}\ln\frac{r_2r_4}{r_1r_3} \tag{2-50}$$

所以 $$\frac{V_2}{I_1}=\frac{V_1}{I_2}$$

因此在平面电阻率测试的样品中互易定理也同样成立。

2.12.6 体电阻率测量时的互易定理及其证明

如图 2-7 所示，四根探针位于样品的中央，样品大小可视为半无穷大且样品电阻率均匀，有两个点电流源 1、4，电流由探针 1 流入样品，从探针 4 流出。2、3 是样品上另外两根测电压探针的位置，它们的间距分别为 $S1$、$S2$、$S3$。按照半无限大均匀样品上离开点电流源距离为 r 的点 P 电位与探针中流过的电流 I 和样品电阻率的关系式：$\phi(r)=\frac{\rho I}{2\pi r}$，得到 2、3 探针的电位为：

$$V_{23}=\phi_2-\phi_3=\frac{\rho I}{2\pi}\left(\frac{1}{S1}-\frac{1}{S1+S2}-\frac{1}{S2+S3}+\frac{1}{S3}\right)$$

$$=\frac{\rho I}{2\pi}\left(\frac{1}{S1}+\frac{1}{S3}-\frac{2}{S2+S3}\right) \tag{2-51}$$

所以 $$\rho=\frac{V_{23}}{I}\cdot 2\pi\left(\frac{1}{S1}+\frac{1}{S3}-\frac{2}{S2+S3}\right)^{-1} \tag{2-52}$$

令 $C=2\pi\left(\frac{1}{S1}+\frac{1}{S3}-\frac{2}{S2+S3}\right)^{-1}$，则 $\rho=\frac{V_{23}}{I}C$，其中 C 为探针系数。且有

$$\frac{V_{23}}{I}=\frac{\rho}{2\pi}\left(\frac{1}{S1}+\frac{1}{S3}-\frac{2}{S2+S3}\right) \tag{2-53}$$

为了证明四根探针法中的互易定理，现将 2、3 点，选为点电流源，电流由探针 2 流入，从探针 3 流出。由 1、4 探针测量电压，则有

$$V_{14} = \phi_1 - \phi_4 = \frac{\rho I}{2\pi}\left(\frac{1}{S1} - \frac{1}{S1 + S2} - \frac{1}{S2 + S3} + \frac{1}{S3}\right)$$

$$= \frac{\rho I}{2\pi}\left(\frac{1}{S1} + \frac{1}{S3} - \frac{2}{S2 + S3}\right) \tag{2-54}$$

于是$\frac{V_{14}}{I} = \frac{\rho}{2\pi}\left(\frac{1}{S1} + \frac{1}{S3} - \frac{2}{S2 + S3}\right) = \frac{V_{23}}{I}$，所以互易定理成立，且与电流选取无关。也就是说，将 2、3 点选为点电流源与将 1、4 点选为点电流源的效果是一致的。前者 2、3 探针间电场强度太大，容易不满足测准条件（见 10.1 节），通常不这么做。

3 静电场数值计算有限元方法

3.1 静电场中重要定律和方程

静电场数值计算有限元方法的基础是静电场中的有关定律、定理和重要方程。两者之间存在因果关系。

3.1.1 欧姆定律

导体中流过电流时，假若导体是各向同性的，也就是说电导率 σ 是一常量。这时欧姆定律可以表达为 $\boldsymbol{J}=\sigma\boldsymbol{E}$。如果晶体是各向异性材料，电导率便不是常量，则 $\Sigma=[\sigma_{ij}]$ 为各向异性，与晶体的方向有关，则欧姆定律可以表示为

$$\begin{bmatrix} j_x \\ j_y \\ j_z \end{bmatrix}=\begin{bmatrix} \sigma_{11}\sigma_{12}\sigma_{13} \\ \sigma_{21}\sigma_{22}\sigma_{23} \\ \sigma_{31}\sigma_{32}\sigma_{33} \end{bmatrix}\begin{bmatrix} E_x \\ E_y \\ E_z \end{bmatrix} \text{或简写为} \boldsymbol{J}=\Sigma\boldsymbol{E} \qquad (3\text{-}1)$$

式中

$$\boldsymbol{\Sigma}=\begin{bmatrix} \sigma_{11}\sigma_{12}\sigma_{13} \\ \sigma_{21}\sigma_{22}\sigma_{23} \\ \sigma_{31}\sigma_{32}\sigma_{33} \end{bmatrix}$$

即

$$\boldsymbol{E}=\boldsymbol{E}_x+\boldsymbol{E}_y+\boldsymbol{E}_z=E_x\boldsymbol{i}+E_y\boldsymbol{j}+E_z\boldsymbol{k}$$

$$\boldsymbol{J}=\boldsymbol{J}_x+\boldsymbol{J}_y+\boldsymbol{J}_z=j_x\boldsymbol{i}+j_y\boldsymbol{j}+j_z\boldsymbol{k}$$

则

$$j_x=\sigma_{11}E_x+\sigma_{12}E_y+\sigma_{13}E_z$$

这时电导率 $\boldsymbol{\Sigma}$ 是一张量。有限元方法中通常是讨论 σ 为常量的各向同性的情况，这就大大地简化了计算过程。

3.1.2 奥-高定律

如图 3-1 所示，电场 $\boldsymbol{E}$ 沿封闭面 S 积分等于封闭面内的正电

荷 q_A

即
$$q_A = \oiint \boldsymbol{E}\mathrm{d}\boldsymbol{s} \tag{3-2}$$

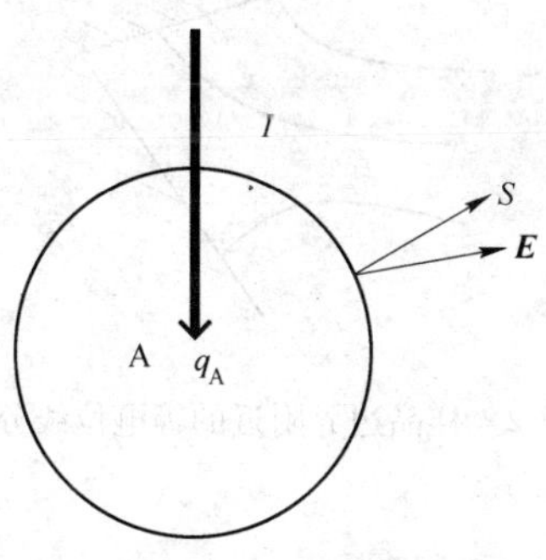

图 3-1 正电荷 q_A 附近的电场

这就是奥-高定律。又由欧姆定律 $\boldsymbol{E} = \frac{1}{\sigma}\boldsymbol{J}$，代入上式后可得

$$q_A = \oiint \frac{1}{\sigma}\boldsymbol{J}\mathrm{d}\boldsymbol{s} = \frac{1}{\sigma}\iint \boldsymbol{J}\mathrm{d}\boldsymbol{s} = \frac{1}{\sigma}I \tag{3-3}$$

式中，I 为从封闭面流出的总电流，也等于从电极 A 处流入电流等价于在 A 处有效的静电荷 $q_A = \frac{I}{\sigma}$。于是建立起电流场与静电场值之间的关系。将电流场问题转化为静电场问题。

3.1.3 静电场中的泊松方程

$$\nabla^2\phi = -\frac{\rho}{\varepsilon} \tag{3-4}$$

这就是泊松（Poisson）方程。ϕ 为电位分布，ρ 为电荷密度，ε 为介质的介电常数。当场的边界无电流流出时，边界条件应为$\frac{\partial\phi}{\partial n} = 0$。$\boldsymbol{n}$ 为边界的法向单位矢量。也就是说，等电位线到边界附近时必须与边界相互垂直，如图 3-2 所示。通常称这一边界条件为第二类边界条件。导体与绝缘体之间的边界上就满足这一条件。

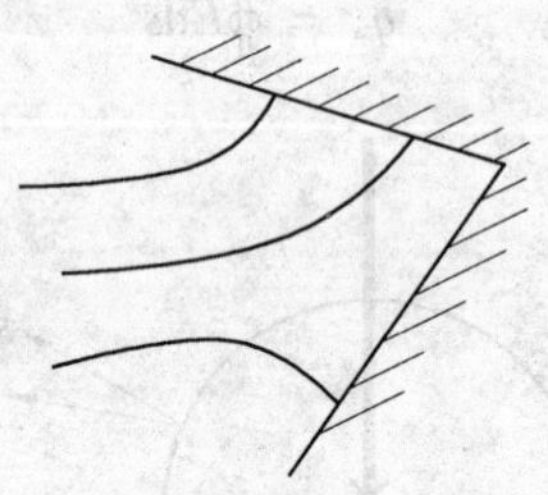

图 3-2 样品边界附近的等电位线分布

3.1.4 高斯定理

$$\iiint_v \nabla \cdot \boldsymbol{F} \mathrm{d}v = \iint_s \boldsymbol{F} \cdot \boldsymbol{n} \mathrm{d}s \tag{3-5}$$

式中，s 为空间区域 v 边界曲面，$\boldsymbol{n} = (\cos\alpha, \cos\beta, \cos\gamma)$ 为 s 上一点法线单位矢量。$\boldsymbol{F}$ 为空间域中的某一物理量矢量。

3.1.5 格林定理

$$\iiint_v (\psi \nabla^2 \phi + \nabla \psi \nabla \boldsymbol{\phi}) \mathrm{d}v = \iint_s \psi \frac{\partial \phi}{\partial n} \mathrm{d}s \tag{3-6}$$

上述格林定理可由高斯定理推出。式 3-5 中矢量 $\boldsymbol{F}$ 用 $\psi \nabla \boldsymbol{\phi}$ 代入，其中，ψ、ϕ 都是标量，$\nabla \boldsymbol{\phi}$ 是矢量。于是由式 3-5 左端

$$\text{左端} = \iiint_v \nabla \cdot (\psi \nabla \boldsymbol{\phi}) \mathrm{d}v = \iiint_v (\psi \nabla^2 \phi + \nabla \psi \nabla \boldsymbol{\phi}) \mathrm{d}v$$

$$\text{而右端} = \iint_s (\psi \nabla \boldsymbol{\phi}) \cdot \boldsymbol{n} \mathrm{d}s = \iint_s \psi \nabla \boldsymbol{\phi} \cdot \boldsymbol{n} \mathrm{d}s = \iint_s \psi \frac{\partial \phi}{\partial n} \mathrm{d}s$$

由式 3-5 左端 = 右端，便有格林定理。格林定理也可以写成为

$$\iiint_v \nabla \psi \nabla \boldsymbol{\phi} \mathrm{d}v = -\iiint_v \psi \nabla^2 \phi \mathrm{d}v + \iint_s \psi \frac{\partial \phi}{\partial n} \mathrm{d}s \tag{3-7}$$

格林定理在静电场有限元方法中占有重要地位。

3.1.6 静电场能量

电荷密度ρ在其周围产生电位分布ϕ。取少量电荷$\delta\rho$由电位为零的无穷远点移动过来便须做微小功：

$$\delta U = \iiint \phi \delta\rho \mathrm{d}v \tag{3-8}$$

电荷密度与电位移矢量及电位与电场强度之间存在以下关系：

$$\nabla \cdot \boldsymbol{D} = \rho$$

$$\boldsymbol{E} = -\nabla \boldsymbol{\phi} \tag{3-9}$$

对于式 3-9 又可有以下关系$\nabla \cdot \delta\boldsymbol{D} = \delta\rho$，利用以下数学关系$\nabla \cdot (\phi\delta\boldsymbol{D}) = \phi\nabla \cdot (\delta\boldsymbol{D}) + \delta\boldsymbol{D}\nabla\boldsymbol{\phi}$其中代入式 3-9 可得到：

$$\nabla \cdot (\phi\delta\boldsymbol{D}) = \phi\delta\rho - \boldsymbol{E}\delta\boldsymbol{D} \tag{3-10}$$

又从式 3-9 可以得到

$$\iiint \rho \mathrm{d}v = \iiint \nabla \cdot \boldsymbol{D} \mathrm{d}v \tag{3-11}$$

依据高斯定理$\iiint \nabla \cdot \boldsymbol{D} \mathrm{d}v = \iint \boldsymbol{D} \cdot \boldsymbol{n} \mathrm{d}s = \iint D_n \mathrm{d}s$又可得到

$$\iiint \rho \mathrm{d}v = \iint D_n \mathrm{d}s \tag{3-12}$$

将式 3-10 代入式 3-8 中可得到

$$\begin{aligned}\delta U &= \iiint [\nabla \cdot (\phi\delta\boldsymbol{D}) + \boldsymbol{E} \cdot \delta\boldsymbol{D}] \mathrm{d}v \\ &= \iiint \nabla \cdot (\phi\delta\boldsymbol{D}) \mathrm{d}v + \iiint \boldsymbol{E} \cdot \delta\boldsymbol{D} \mathrm{d}v \\ &= \iint (\phi\delta\boldsymbol{D}) \cdot \boldsymbol{n} \mathrm{d}s + \iiint \boldsymbol{E} \cdot \delta\boldsymbol{D} \mathrm{d}v \\ &= \iint \phi\delta D_n \mathrm{d}s + \iiint \boldsymbol{E} \cdot \delta\boldsymbol{D} \mathrm{d}v\end{aligned} \tag{3-13}$$

这时，积分区域为无穷大时表面积分项为零，则有

$$\delta U = \iiint \boldsymbol{E} \cdot \delta \boldsymbol{D} \mathrm{d}v \tag{3-14}$$

因此静电能便为

$$U = \iiint \boldsymbol{E} \cdot \int (\delta \boldsymbol{D}) \mathrm{d}v = \frac{1}{2} \iiint \boldsymbol{E} \cdot \boldsymbol{D} \mathrm{d}v \tag{3-15}$$

电位移矢量与电场强度之间存在以下关系：

$$\boldsymbol{D} = \varepsilon \boldsymbol{E} \tag{3-16}$$

式中，ε 为介电常数。于是静电场的能量可表示为：

$$U = \frac{1}{2} \varepsilon \iiint |E|^2 \mathrm{d}v = \frac{1}{2} \varepsilon \iiint |\nabla \boldsymbol{\phi}|^2 \mathrm{d}v \tag{3-17}$$

3.2 变分原理与泛函

众所周知，利用函数的导数或微分可以求其极小点或极大点。因此求函数极值点的问题就是求导数或微分问题。我们将函数的函数称为泛函。例如函数 $u(x)$ 是自变量 x 的函数，而泛函 $L[u(x)]$ 则是以函数 $u(x)$ 当作自变量的函数。求泛函的极值问题就称为求其变分问题。表 3-1 将微分与变分作一比较。

表 3-1 微分与变分的比较

微 分	变 分
函数 u 是自变量 x 的函数 $u = u(x)$	u 是自变量的 x 函数，泛函 L 是 $u(x)$ 的函数 $L = L[u(x)]$
$\mathrm{d}u = \left\{ \lim\limits_{\Delta x \to 0} \dfrac{u(x + \Delta x) - u(x)}{\Delta x} \right\} \mathrm{d}x$	$\delta L = \left\{ \lim\limits_{\delta u \to 0} \dfrac{L(u + \Delta u) - L(u)}{\lvert \delta u \rvert} \right\} \lvert \delta u \rvert$
极小点 $\mathrm{d}u = 0$	极小点 $\delta L = 0$
在极小点上 $\mathrm{d}^2 u > 0$	在极小点上 $\delta^2 L > 0$

3.2.1 变分原理与泛函

静电场中的泊松（Poisson）方程为 $\Delta\phi = -\rho/\varepsilon$。当电荷密度为零，即 $\rho = 0$ 时，就是拉普拉斯（Laplace）方程 $\Delta\phi = 0$。因此求解上述方程微分方程及给定边界条件的问题就成为所谓边界值问题。这一边界值问题与静电场能量极小值密切相关。电场能量的极小值可由式 3-17 得到

$$\delta U = \varepsilon \iiint_v \nabla\phi\delta\nabla\boldsymbol{\phi}\mathrm{d}v = \varepsilon\iiint_v \nabla\delta\phi\nabla\boldsymbol{\phi}\mathrm{d}v \qquad (3\text{-}18)$$

又利用格林定理可以得到

$$\delta U = -\varepsilon\iiint_v \delta\phi\Delta\phi\mathrm{d}v + \varepsilon\iint_L \delta\phi\frac{\partial\phi}{\partial n}\mathrm{d}s = 0 \qquad (3\text{-}19)$$

因此对任意 $\delta\phi$ 而言，式 3-19 成立的条件为：

$$\Delta\phi = 0$$

$$\frac{\partial\phi}{\partial n} = 0 \qquad (3\text{-}20)$$

这就是拉普拉斯方程和场的自然边界条件。也就是说求解拉普拉斯方程并满足自然边界条件的问题变成一个等价求静电场能量的极小值问题。在这种情况下可以设泛函 $L = U$，求能量极小值就是求泛函 L 的极小值。

3.2.2 场域中存在电荷时泛函 $L(\phi)$

当场域中存在电荷时，此时下列泊松方程成立

$$\nabla^2\phi = -\rho/\varepsilon \qquad (3\text{-}21)$$

边界条件可表示为 $\left(\varepsilon\dfrac{\partial\phi}{\partial n} + \alpha\phi\right)_L = g$ (3-22)

也就是当场中有电荷存在时，求解泊松方程并满足边界条件 $\left(\varepsilon\dfrac{\partial\phi}{\partial n} + \alpha\phi\right)_L = g$ 的解就等价于求解下列泛函数的变分 $\delta L = 0$。

此时泛函 $L(\phi)$ 应取下式：

$$L(\phi) = \iiint \frac{\varepsilon}{2}|\nabla \boldsymbol{\phi}|^2 \mathrm{d}v - \iiint \rho\phi \mathrm{d}v + \iint_s \left(\frac{1}{2}\alpha\phi^2 - g\phi\right)\mathrm{d}s \tag{3-23}$$

利用格林定理可以得到证明：取上式泛函的极值

$$\begin{aligned}\delta L(\phi) &= -\varepsilon\iiint \delta\phi\Delta\phi \mathrm{d}v + \varepsilon\iint \delta\phi\frac{\partial\phi}{\partial n}\mathrm{d}s - \iiint \rho\delta\phi \mathrm{d}v + \\ &\quad \iint(\alpha\phi\delta\phi - g\delta\phi)\mathrm{d}s \\ &= -\varepsilon\iiint\left(\delta\phi\Delta\phi + \frac{\rho\delta\phi}{\varepsilon}\right)\mathrm{d}v + \iint\delta\phi\left[\varepsilon\left(\frac{\partial\phi}{\partial n}\right) + \alpha\phi - g\right]\mathrm{d}s \\ &= -\varepsilon\left[\iiint\delta\phi\left(\Delta\phi + \frac{\rho}{\varepsilon}\right)\right]\mathrm{d}v + \iint\delta\phi\left[\varepsilon\frac{\partial\phi}{\partial n} + \alpha\phi - g\right]\mathrm{d}s \\ &= 0\end{aligned} \tag{3-24}$$

要满足 $\delta L = 0$，对任意 $\delta\phi$ 必有下列两式：

（1）$\Delta\phi + \frac{\rho}{\varepsilon} = 0$，即 $\Delta\phi = -\frac{\rho}{\varepsilon}$，这就是泊松方程。

（2）$\varepsilon\frac{\partial\phi}{\partial n} + \alpha\phi - g = 0$ 这就是说边界条件自动得到满足，其中 $\alpha\phi = g$ 称为强制边界条件或第一类边界条件。第一类边界条件就是强制规定边界上的电位。$\frac{\partial\phi}{\partial n} = 0$ 成为自然边界条件，或第二类边界条件。

3.3 静电场有限元法的计算过程

3.3.1 场域的剖分与函数的近似表示

求泛函时涉及到场域的积分计算，将场域剖分后成为一系列单元，各单元之间依靠单元结点（或边）相互联系。整个场域的积分便是各单元积分之和。各结点的电位分布 ϕ_1，ϕ_2，…，

ϕ_n 便构成整个场域的电位分布。场域剖分越细，结点数目越多。结点的电位越能代表场域的电位分布。通常将场域剖分为三角形或四边形单元（二维情况）或三角锥或平行六面体单元（三维情况）。以三角形为例（见图3-3）。3个结点的电位分布 ϕ_i，ϕ_j，ϕ_m 便可以构成一列矢量 $[\phi]_e=(\phi_i,\ \phi_j,\ \phi_m)^{\mathrm{T}}$ 在此单元中坐标为（x，y）的 $Q(x,y)$ 点的电位则可以表示为

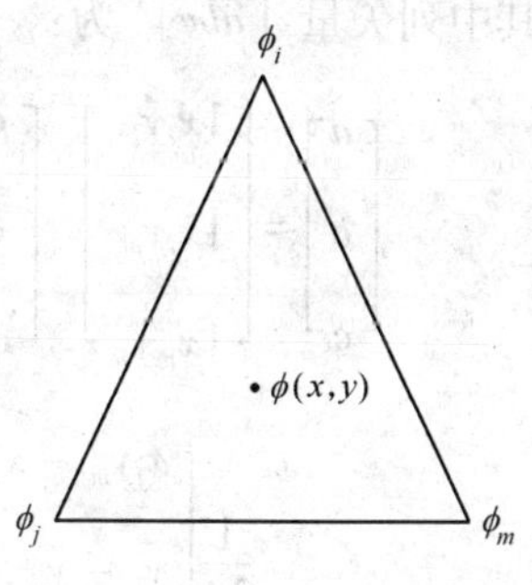

图3-3　三角形单元

$$\phi(x,\ y)=(\zeta_i,\ \zeta_j,\ \zeta_m)\begin{bmatrix}\phi_i\\ \phi_j\\ \phi_m\end{bmatrix}$$

$$=(\zeta_i,\ \zeta_j,\ \zeta_m)[\phi]_e \tag{3-25}$$

式中，ζ_i、ζ_j、ζ_m 称为形函数。形函数肯定与三角形形状有关。还与 Q 点的坐标有关。例如 $Q(x,y)$ 靠近 ϕ_i 点，则 ϕ_i 所占 $\Phi(x,y)$ 比重较大，ζ_i 值相对于 ζ_j 和 ζ_m 就越大。

令 $\phi(x,y)=a+bx+cy$ 即

$$\phi(x,y)=[1xy]\begin{bmatrix}a\\ b\\ c\end{bmatrix} \tag{3-26}$$

对结点 i, j, m 也有

$$\begin{bmatrix}\phi_i\\ \phi_j\\ \phi_m\end{bmatrix}=\begin{bmatrix}1x_iy_i\\ 1x_jy_j\\ 1x_my_m\end{bmatrix}\begin{bmatrix}a\\ b\\ c\end{bmatrix} \tag{3-27}$$

其中列矢量［abc］^{T}为：

$$\begin{bmatrix} a \\ b \\ c \end{bmatrix} = \begin{bmatrix} 1 x_i y_i \\ 1 x_j y_j \\ 1 x_m y_m \end{bmatrix}^{-1} \begin{bmatrix} \phi_i \\ \phi_j \\ \phi_m \end{bmatrix}$$

$$= \frac{1}{2\Delta} \begin{bmatrix} x_j y_m - x_m y_j, & x_m y_i - x_i y_m, & x_i y_j - x_j y_i \\ y_i - y_m, & y_m - y_j, & y_i - y_j \\ x_m - x_j, & x_i - x_m, & x_j - x_i \end{bmatrix} \begin{bmatrix} \phi_i \\ \phi_j \\ \phi_m \end{bmatrix}$$

$$= \frac{1}{2\Delta} \begin{bmatrix} a_i a_j a_m \\ b_i b_j b_m \\ c_i c_j c_m \end{bmatrix} \begin{bmatrix} \phi_i \\ \phi_j \\ \phi_m \end{bmatrix}$$

其中，矩阵元 $a_i \cdots c_m$ 与矩阵元 $x_j y_m - y_j x_m$，…，$x_j - x_i$ 相对应，

$\Delta = \frac{1}{2}\det\begin{bmatrix} 1 x_i y_i \\ 1 x_j y_j \\ 1 x_m y_m \end{bmatrix}$ 为三角形单元面积。x_k，y_l 为结点的坐标。又可将列矢量［abc］^{T} 代入式 3-26 和式 3-27，于是点 $\phi(x,y)$ 的电位可以表示为

$$\phi(x,y) = \frac{1}{2\Delta}[a_i + b_i x + c_i y, a_j + b_j x + c_j y, a_m + b_m x + c_m y][\phi]_e$$

$$= \frac{1}{2\Delta} \begin{bmatrix} a_i + b_i x + c_i y \\ a_j + b_j x + c_j y \\ a_m + b_m x + c_m y \end{bmatrix}^{\mathrm{T}} \begin{bmatrix} \phi_i \\ \phi_j \\ \phi_m \end{bmatrix}$$

又将它表示为：

$$\phi(x,y) = [\zeta_i \ \zeta_j \ \zeta_m] \begin{bmatrix} \phi_i \\ \phi_j \\ \phi_m \end{bmatrix}$$

其中 $$\begin{bmatrix}\zeta_i\\ \zeta_j\\ \zeta_m\end{bmatrix}=\frac{1}{2\Delta}\begin{bmatrix}a_i+b_ix+c_iy\\ a_j+b_jx+c_jy\\ a_m+b_mx+c_my\end{bmatrix}=\frac{1}{2\Delta}\begin{bmatrix}a_i & b_i & c_i\\ a_j & b_j & c_j\\ a_m & b_m & c_m\end{bmatrix}\begin{bmatrix}1\\ x\\ y\end{bmatrix} \quad (3\text{-}28)$$

对于三维情况下的三角锥立体单元，则相应有单元中一点 $(x,\ y,\ z)$ 的电位

$$\phi(x,y,z)=(\zeta_i,\zeta_j,\zeta_m,\zeta_e)\begin{bmatrix}\phi_i\\ \phi_j\\ \phi_m\\ \phi_e\end{bmatrix}=(\zeta_i,\zeta_j,\zeta_m,\zeta_e)[\phi]_e$$

其中 $$\begin{bmatrix}\zeta_i\\ \zeta_j\\ \zeta_m\\ \zeta_e\end{bmatrix}=\frac{1}{6V_e}\begin{bmatrix}a_i & b_i & c_i & d_i\\ a_j & b_j & c_j & d_j\\ a_m & b_m & c_m & d_m\\ a_e & b_e & c_e & d_e\end{bmatrix}\begin{bmatrix}1\\ x\\ y\\ z\end{bmatrix} \quad (3\text{-}29)$$

式中，V_e 为三角锥体积。

当场域中的点 $Q(x,y,z)$ 的电位 $\phi(x,y,z)$ 求微商时，则分别有

$$\frac{\partial\phi}{\partial x}=\frac{1}{6V_e}[b_i,b_j,b_m,b_e][\phi]_e=\frac{1}{6V_e}[B]_e[\phi]_e$$

$$\frac{\partial\phi}{\partial y}=\frac{1}{6V_e}[c_i,c_j,c_m,c_e][\phi]_e=\frac{1}{6V_e}[C]_e[\phi]_e$$

$$\frac{\partial\phi}{\partial z}=\frac{1}{6V_e}[d_i,d_j,d_m,d_e][\phi]_e=\frac{1}{6V_e}[D]_e[\phi]_e \quad (3\text{-}30)$$

二维情况由上式可以类似推出：

$$\frac{\partial\phi}{\partial x}=\frac{1}{2\Delta_e}[b_i,b_j,b_m][\phi]_e$$

$$\frac{\partial\phi}{\partial y}=\frac{1}{2\Delta_e}[c_i,c_j,c_m][\phi]_e \quad (3\text{-}31)$$

3.3.2 泛函的计算过程

3.3.2.1 单元方程

对于二维静电场来说，当场域中存在电荷时，则其电位分布必须满足泊松方程，考虑到场边界 L 的第二类边界条件 $\left.\frac{\partial\phi}{\partial n}\right|_L=0$。此时泛函数

$$L(\phi)=\iint_s\frac{\varepsilon}{2}\left[\left(\frac{\partial\phi}{\partial x}\right)^2+\left(\frac{\partial\phi}{\partial y}\right)^2\right]\mathrm{d}x\mathrm{d}y-\iint_s\rho\phi\mathrm{d}x\mathrm{d}y \tag{3-32}$$

二维场域 S 被剖分为 e_1，e_2，…，e_s 个单元，则总泛函等于各单元泛函的代数和，即有 $L(\phi)=\sum_{e_1}^{e_s}L^e(\phi)$，即：

$$L(\phi)=\sum_{e_1}^{e_s}\left\{\frac{\varepsilon}{2}\iint_e\left[\left(\frac{\partial\phi}{\partial x}\right)^2+\left(\frac{\partial\phi}{\partial y}\right)^2\right]\mathrm{d}x\mathrm{d}y-\iint_e\rho\phi\mathrm{d}x\mathrm{d}y\right\} \tag{3-33}$$

下面介绍直接泛函的极值条件的求解过程，即 $\delta L(\phi)=0$。实际上，只是结点 i 附近的单元对 ϕ_i 有影响。因此有

$$\begin{aligned}\frac{\partial L(\phi)}{\partial\phi_i}&=\frac{\partial}{\partial\phi_i}\left[\sum_{e_1}^{e_s}L^e(\phi)\right]\\&=\frac{\partial}{\partial\phi_i}\sum_{i\text{近邻单元}}\left[L^e(\phi)\right]\\&=\sum_{i\text{近邻单元}}\frac{\partial L^e(\phi)}{\partial\phi_i}=0\end{aligned} \tag{3-34}$$

其中

$$\frac{\partial L^e(\phi)}{\partial\phi_i}=\iint_e\left\{\varepsilon\left[\frac{\partial\phi}{\partial x}\frac{\partial}{\partial\phi_i}\left(\frac{\partial\phi}{\partial x}\right)+\frac{\partial\phi}{\partial y}\frac{\partial}{\partial\phi_i}\left(\frac{\partial\phi}{\partial y}\right)\right]-\rho\frac{\partial\phi}{\partial\phi_i}\right\}\mathrm{d}x\mathrm{d}y \tag{3-35}$$

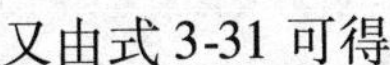

又由式 3-31 可得

$$\frac{\partial \phi}{\partial x} = \frac{1}{2\Delta_e}[b_i, b_j, b_m][\phi]_e$$

$$\frac{\partial \phi}{\partial y} = \frac{1}{2\Delta_e}[c_i, c_j, c_m][\phi]_e$$

代入式 3-35 可得

$$\frac{\partial L^e(\phi)}{\partial \phi_i} = \frac{1}{(2\Delta_e)^2}\iint_e \varepsilon\{b_i[b_i, b_j, b_m] + c_i[c_i, c_j, c_m]\}[\phi]_e \mathrm{d}x\mathrm{d}y - \iint_e \rho\zeta_i \mathrm{d}x\mathrm{d}y$$

对 j，m 也同样可以写

$$\frac{\partial L^e(\phi)}{\partial \phi_j} = \frac{1}{(2\Delta_e)^2}\iint_e \varepsilon\{b_j[b_i, b_j, b_m] + c_j[c_i, c_j, c_m]\}[\phi]_e \mathrm{d}x\mathrm{d}y - \iint_e \rho\zeta_j \mathrm{d}x\mathrm{d}y$$

$$\frac{\partial L^e(\phi)}{\partial \phi_m} = \frac{1}{(2\Delta_e)^2}\iint_e \varepsilon\{b_m[b_i, b_j, b_m] + c_m[c_i, c_j, c_m]\}[\phi]_e \mathrm{d}x\mathrm{d}y - \iint_e \rho\zeta_m \mathrm{d}x\mathrm{d}y$$

或写成向量式

$$\left\{\frac{\partial L^e(\phi)}{\partial \phi}\right\} = (K)_e[\phi]_e - [P]_e \tag{3-36}$$

这被称为单元方程，其中

$$\left\{\frac{\partial L^e(\phi)}{\partial \phi}\right\} = \left\{\frac{\partial L^e(\phi)}{\partial \phi_i}, \frac{\partial L^e(\phi)}{\partial \phi_j}, \frac{\partial L^e(\phi)}{\partial \phi_m}\right\}^{\mathrm{T}}$$

$[\boldsymbol{K}]_e$ 的矩阵元为

$$K_{kl} = \frac{1}{(2\Delta_e)^2}\left[\iint \varepsilon(b_k b_l + c_k c_l)\mathrm{d}x\mathrm{d}y\right] \quad k = i, j, m;\ l = i, j, m$$

向量 $[\boldsymbol{P}]_e$ 的分量为

$$P_k = \iint_e \rho \zeta_k \mathrm{d}x\mathrm{d}y \quad k = i,j,m$$

3.3.2.2 综合方程

将式3-36单元方程代入式3-34，便可以得到下列联立方程

$$\frac{\partial L(\phi)}{\partial \phi_1} = \sum_{1\text{近邻}} \left\{ \frac{1}{(2\Delta_e)^2} \varepsilon \iint_e [b_1 b_e + c_1 c_e] \mathrm{d}x\mathrm{d}y \right\} [\phi]_e - \sum_{1\text{近邻}} P_1 = 0$$

e 取1近邻单元的各结点

……

$$\frac{\partial L(\phi)}{\partial \phi_k} = \sum_{k\text{近邻}} \left\{ \frac{1}{(2\Delta_e)^2} \varepsilon \iint_e [b_k b_e + c_k c_e] \mathrm{d}x\mathrm{d}y \right\} [\phi]_e - \sum_{k\text{近邻}} P_k = 0$$

e 取 k 近邻单元的各结点

……

$$\frac{\partial L(\phi)}{\partial \phi_n} = \sum_{n\text{近邻}} \left\{ \frac{1}{(2\Delta_e)^2} \varepsilon \iint_e [b_n b_e + c_n c_e] \mathrm{d}x\mathrm{d}y \right\} [\phi]_e - \sum_{n\text{近邻}} P_n = 0$$

e 取 n 近邻单元的各结点 (3-37)

又可简写成如下矩阵代数方程形式：$\left[\frac{\partial L(\phi)}{\partial \phi}\right] = 0$，即

$$[\boldsymbol{K}][\boldsymbol{\phi}] - [\boldsymbol{P}] = 0 \quad (3\text{-}38)$$

其中

$$[\boldsymbol{\phi}] = [\phi_1, \phi_2, \cdots, \phi_n]^{\mathrm{T}}$$

$$[\boldsymbol{P}] = \left[\sum_{1\text{近邻}} P_1, \cdots, \sum_{k\text{近邻}} P_k, \cdots, \sum_{n\text{近邻}} P_n\right]^{\mathrm{T}}$$

$$[\boldsymbol{K}_{kl}] = \sum_{k\text{邻近}} \frac{1}{(2\Delta_e)^2} \varepsilon \iint_e [b_k b_e + c_k c_e] \mathrm{d}x\mathrm{d}y, \ k = 1,2,3,\cdots,n$$

e 取 k 邻近单元的各结点。这就是综合方程，它应包括全部结点，最终构成维数与网格结点总数相等的联立方程。

3.3.3 综合方程的系数矩阵形式

有限元方法中通常将所考虑的二维场域剖分为一系列的三角形元。三角形元面积不一定相等，视面积的实际形状进行剖分。图 3-4 所示的场域可以被划分为 24 个三角形元，20 个网格结点，依次顺序编号。因为 20 个结点上的未知电位分量为 20，故系数矩阵[$\boldsymbol{K}$]总元素为 $20^2=400$。

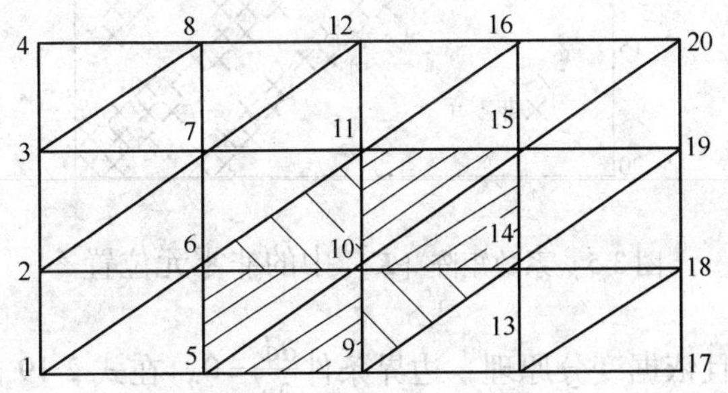

图 3-4 场域的剖分网格与结点编号

通常将剖分的网格结点编成号，第 k 结点未知势 ϕ_k 就将排在第 k 行，k 结点周围紧邻有若干（如 Q 个）与其构成三角形元的结点，每一个三角形元有一个单元矩阵向量方程。因此综合方程 2-19 的系数矩阵[$\boldsymbol{K}$]的 k 行将出现 $Q+1$ 个非零项，例如图 3-4剖分的结点 1，与其构成三角形的近邻结点为 2、5、6，因此系数矩阵[$\boldsymbol{K}$]的第 1 行的 1、2、5、6 列为非零项，又如结点 6，系数矩阵的第 1、2、5、6、7、10、11 列为非零项。图 3-5 示出全部 20 行中每一行中非零元所在列数。

由图 3-5 可以看出，系数矩阵的非零元在 $i-5$ 与 $i+5$ 之间，这一宽度称为带宽 m。本例中 $m=5$。带宽以外的各元均为零。因此用计算机解矩阵方程时，只需记忆带宽中的各元，必要的记忆量为 $M=20\times6=120$ 个数字，而矩阵元的总数为 400。特别是 n 比较大时，知道这一特点，就能使必要的内存记忆量减少。有限元法中矩阵向量代数方程通常是一个对称矩阵，它的解有标准

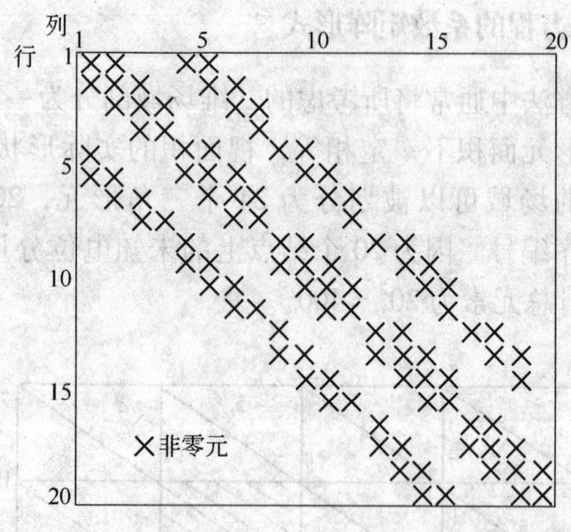

图 3-5 系数矩阵 [$\boldsymbol{K}$] 中的非零元位置

方法。而且依据变分原理，边界条件$\frac{\partial \phi}{\partial n}=0$，在式 2-19 的泛函 L 的极小值时则自动满足。

以 10 号结点，其周围有结点 5、6、9、10、11、14、15。涉及到最近邻 6 个单元（阴影所示）。因此图 3-5 中矩阵[$\boldsymbol{K}$]带×的矩阵元肯定不为零。即有下面的一个适合结点 10 的方程

$$
\begin{aligned}
&K_{10,5}\phi_5+K_{10,6}\phi_6+K_{10,9}\phi_9+K_{10,10}\phi_{10}+\\
&K_{10,11}\phi_{11}+K_{10,14}\phi_{14}+K_{10,15}\phi_{15}\\
&=P_{e6,10,11}+P_{e5,10,6}+P_{e5,9,10}+P_{e9,14,10}+P_{e10,14,15}+P_{e10,15,11}
\end{aligned}
$$

例如 $K_{10,5}=\sum_{e}\frac{1}{(2\Delta_e)^2}\varepsilon\iint_{e}(b_{10}b_5+c_{10}c_5)\mathrm{d}x\mathrm{d}y$，

$$
P_{e6,10,11}=\iint_{e6,10,11}\rho\zeta_{10}\mathrm{d}x\mathrm{d}y
$$

其中 $e=e5$，6，10 和 $e5$，9，10，其余类推。

3.3.4 强制边界条件的处理

强制边界条件，又称为第一类边界条件，强制规定边界上的

电位 ϕ 值。通常将场域内部的结点编为 1 至 n_0，而将边界上的结点编为 n_0+1，n_0+2，…，n。内部结点电位的向量记为 $[\phi_1]=[\phi_1,\phi_2,\cdots,\phi_{n_0}]^{\mathrm{T}}$，边界结点电位向量记为 $[\phi_2]=[\phi_{n_0+1},\phi_{n_0+2},\cdots,\phi_n]^{\mathrm{T}}$。相应的 $[\boldsymbol{P}]$ 向量也分为 $[P_1]$ 内部向量和 $[P_2]$ 边界向量。综合方程

$$[\boldsymbol{K}][\boldsymbol{\phi}]=[\boldsymbol{P}] \tag{3-39}$$

就变成分块形式：

$$\begin{bmatrix} (K_{11}) & (K_{12}) \\ (K_{21}) & (K_{22}) \end{bmatrix}\begin{bmatrix} (\phi_1) \\ (\phi_2) \end{bmatrix}=\begin{bmatrix} (P_1) \\ (P_2) \end{bmatrix} \tag{3-40}$$

于是可以分列求解：

$$\begin{aligned} (K_{11})(\phi_1) &= (P_1)-(K_{12})(\phi_2) \\ (K_{21})(\phi_1) &= (P_2)-(K_{22})(\phi_2) \end{aligned} \tag{3-41}$$

当强制边界条件 $(\phi_2)=(\phi_{n_0+1},\ \phi_{n_0+2},\ \cdots,\ \phi_n)^{\mathrm{T}}=(\phi_0,\phi_0,\cdots,\phi_0)^{\mathrm{T}}=\phi_0(1,1,\cdots,1)^{\mathrm{T}}$ 代入上式后便可以进一步求解 (ϕ_1)。其中 ϕ_0 为边界电位定值。

3.3.5 对称带形方程组的解法

对称带形矩阵 $[\boldsymbol{K}]$ 可以做如下分解

$$[\boldsymbol{K}]=[\boldsymbol{L}][\boldsymbol{D}][\boldsymbol{L}]^{\mathrm{T}} \tag{3-42}$$

其中 $[\boldsymbol{L}]$ 为下半带形阵，即当 $i-j>m$ 时 $1_{i,j}=0$，$[\boldsymbol{D}]$ 为对角阵，其对角线元素为 $d_{i,j}=1/1_{i,j}$，由式 3-42 可得

$$1_{i,j}=k_{i,j}-\sum_{t=t_m}^{j-1}1_{i,t}1_{j,t}/1_{tt} \quad i=1,2,\cdots,n;\ j=t_m,\cdots,i。$$

$$t_m=\begin{cases}1 & i\leqslant m+1\\ i-m & i>m+1\end{cases}$$

对列向量 $[\boldsymbol{P}]$ 也作 $[\boldsymbol{P}]=[\boldsymbol{L}][\boldsymbol{D}][\tilde{\boldsymbol{P}}]$ 分解：

$$\tilde{P}_i = P_i - \sum_{j=tm}^{i-1} 1_{i,j}\tilde{P}_j/1_{j,j} \quad i = 1,\cdots,n$$

方程 3-42 变成$[\boldsymbol{L}][\boldsymbol{D}][\boldsymbol{L}]^{\mathrm{T}}[\phi] = -[\boldsymbol{L}][\boldsymbol{D}][\tilde{\boldsymbol{P}}]$。

即有 $[\boldsymbol{L}]^{\mathrm{T}}[\phi] = -[\tilde{\boldsymbol{P}}]$，最终解上述上三角型方程得

$$\phi_i = -[\tilde{P}_i - \sum_{j=i+1}^{tm} 1_{j,i}\phi_j]/1_{j,i} \quad i = n, n-1,\cdots,1$$

$$t_m = \begin{cases} n & i > n-m-1 \\ i+m & i \leqslant n-m-1 \end{cases}$$

$\boldsymbol{L}$ 各元可以由上而下，由左至右逐个计算，最后再得到各结点的电位 ϕ_i。

3.4 电流场中重要方程

3.4.1 电流场中电学连续方程

电流场中电学连续方程可表示为 $\partial\rho'_{ij}/\partial t = \nabla\cdot\boldsymbol{J}$，其中 ρ'是电荷密度，$\rho'_{ij} = \rho'_i\delta_{ij}$，又 i，$j = x$，y，z。该式表示电流流过某处有电荷累积时，则电流密度的散度不为零，$\partial\rho'_{ij}/\partial t$ 代表不同方向上电荷密度随时间的变化。又有电场强度 $\boldsymbol{E}$ 与电位 ϕ 关系：$\boldsymbol{E} = -\nabla\phi$及 $\boldsymbol{J} = \Sigma\boldsymbol{E}$ 即

$$\begin{bmatrix} J_x \\ J_y \\ J_z \end{bmatrix} = \begin{pmatrix} \sigma_{xx} & \sigma_{xy} & \sigma_{xz} \\ \sigma_{yx} & \sigma_{yy} & \sigma_{yz} \\ \sigma_{zx} & \sigma_{zy} & \sigma_{zz} \end{pmatrix} \begin{bmatrix} E_x \\ E_y \\ E_z \end{bmatrix} \tag{3-43}$$

$\Sigma = [\sigma_{ij}]$是电导率二阶张量。在稳定态条件下有 $\partial\rho'_{ij}/\partial t = 0$，即有$\nabla\cdot\boldsymbol{J} = 0$。如果是各向同性材料，则电导率为常数。此时

$$\begin{aligned} \nabla\cdot\boldsymbol{J} &= \frac{\partial J_x}{\partial x} + \frac{\partial J_y}{\partial x} + \frac{\partial J_z}{\partial x} \\ &= -\sigma\left[\frac{\partial^2\phi}{\partial x^2} + \frac{\partial^2\phi}{\partial y^2} + \frac{\partial^2\phi}{\partial z^2}\right] = 0 \end{aligned} \tag{3-44}$$

如果是各向异性材料，则 $\Sigma=[\sigma_{ij}]$ 为各向异性。在正交晶系情况下。此时

$$\Sigma=\begin{pmatrix}\sigma_x & 0 & 0\\ 0 & \sigma_y & 0\\ 0 & 0 & \sigma_z\end{pmatrix} \tag{3-45}$$

于是 $\nabla\cdot\boldsymbol{J}=\dfrac{\partial J_x}{\partial x}+\dfrac{\partial J_y}{\partial x}+\dfrac{\partial J_z}{\partial x}=-\left[\sigma_x\dfrac{\partial^2\phi}{\partial x^2}+\sigma_y\dfrac{\partial^2\phi}{\partial y^2}+\sigma_z\dfrac{\partial^2\phi}{\partial z^2}\right]=0$ 或 $\dfrac{1}{\rho_x}\dfrac{\partial^2\phi}{\partial x^2}+\dfrac{1}{\rho_y}\dfrac{\partial^2\phi}{\partial y^2}+\dfrac{1}{\rho_z}\dfrac{\partial^2\phi}{\partial z^2}=0$，这里 ρ_x、ρ_y、ρ_z 是 x、y、z 方向上各向异性的电阻率。

3.4.2 电学连续方程相应的泛函

电学连续方程相应的泛函 $L(\phi)$ 可表示成：

$$L(\phi)=\frac{1}{2}\iiint\left[\left(\frac{1}{\rho_x}\frac{\partial\phi}{\partial x}\right)^2+\left(\frac{1}{\rho_y}\frac{\partial\phi}{\partial y}\right)^2+\left(\frac{1}{\rho_z}\frac{\partial\phi}{\partial z}\right)^2\right]\mathrm{d}x\mathrm{d}y\mathrm{d}z \tag{3-46}$$

$$\frac{\partial L(\phi)}{\partial\phi}=\iiint\left[\left(\frac{1}{\rho_x}\frac{\partial\phi}{\partial x}\frac{\partial}{\partial\phi}\frac{\partial\phi}{\partial x}\right)+\left(\frac{1}{\rho_y}\frac{\partial\phi}{\partial y}\frac{\partial}{\partial\phi}\frac{\partial\phi}{\partial y}\right)+\left(\frac{1}{\rho_z}\frac{\partial\phi}{\partial z}\frac{\partial}{\partial\phi}\frac{\partial\phi}{\partial z}\right)\right]\mathrm{d}x\mathrm{d}y\mathrm{d}z \tag{3-47}$$

由格林定理：

$$\iiint_v\nabla\psi\nabla\phi\mathrm{d}v=-\iiint_v\psi\nabla^2\phi\mathrm{d}v+\iint_s\psi\frac{\partial\phi}{\partial n}\mathrm{d}s \tag{3-48}$$

于是

$$\iiint_v\nabla\delta\phi\nabla\phi\mathrm{d}v=-\iiint_v\delta\phi\nabla^2\phi\mathrm{d}v+\iint_s\delta\phi\frac{\partial\phi}{\partial n}\mathrm{d}s \text{ 或}$$

$$\iiint_v\nabla\frac{1}{\delta\phi}\nabla\phi\mathrm{d}v=-\iiint_v\frac{1}{\delta\phi}\nabla^2\phi\mathrm{d}v+\iint_s\frac{1}{\delta\phi}\frac{\partial\phi}{\partial n}\mathrm{d}s$$

$$\frac{\delta L(\phi)}{\delta\phi}=\iiint\left[\frac{1}{\rho_x}\frac{\partial^2\phi}{\partial x^2}+\frac{1}{\rho_y}\frac{\partial^2\phi}{\partial y^2}+\frac{1}{\rho_z}\frac{\partial^2\phi}{\partial z^2}\right]\mathrm{d}v+\iint q_n\mathrm{d}s$$

其中 $q_n=\left[n_x\frac{1}{\rho_x}\frac{\partial\phi}{\partial x}+n_y\frac{1}{\rho_y}\frac{\partial\phi}{\partial y}+n_z\frac{1}{\rho_z}\frac{\partial\phi}{\partial z}\right]$，$(n_xn_yn_z)$ 是与边界垂直的法向分量。由泛函 $L(\phi)$ 的变分 $\delta L(\phi)=0$，可得：$\frac{1}{\rho_x}\frac{\partial^2\phi}{\partial x^2}+\frac{1}{\rho_y}\frac{\partial^2\phi}{\partial y^2}+\frac{1}{\rho_z}\frac{\partial^2\phi}{\partial z^2}=0$ 及 $q_n=0$，也就是稳定态条件下电学连续方程和边界条件自动满足。因此求解电学连续方程转化成求泛函的变分 $\delta L(\phi)=0$。

3.5 反偏二极管的计算机辅助设计

反偏二极管常用作整流元件，其形状和掺杂会影响击穿特性，可用计算机辅助设计观察效果。

3.5.1 基本方程

半导体器件外的电势由拉氏方程给出

$$\frac{\partial^2\Psi}{\partial x^2}+\frac{\partial^2\Psi}{\partial y^2}=0 \tag{3-49}$$

半导体器件中的内势由泊松方程给出

$$\frac{\partial^2\Psi}{\partial x^2}+\frac{\partial^2\Psi}{\partial y^2}=-\frac{\rho}{\varepsilon} \tag{3-50}$$

假定杂质全部离化，则空间电荷由下式给出

$$\rho=q(\Gamma+p-n) \tag{3-51}$$

其中 $\Gamma=N_D^+-N_\Lambda^-$ 是电活性杂质净浓度，n 和 p 分别是电子和空穴的浓度，载流子的电流密度应包括漂移电流的扩散电流。

$$J_n=q\mu_n nE+qD_n\nabla n$$

$$J_p=q\mu_p pE+qD_p\nabla p \tag{3-52}$$

其中 μ_i 和 D_i 是迁移率和扩散系数。电子和空穴的浓度又可用下

式表示

$$n = n_i \exp\left[\frac{q(\Psi - \Psi_n)}{kT}\right]$$

$$p = n_i \exp\left[\frac{q(\Psi_p - \Psi)}{kT}\right] \tag{3-53}$$

式中，Ψ_n 和 Ψ_p 是准费米势；n_i 为本征载流子浓度。此外，电子和空穴还必须满足其连续性方程

$$-\frac{1}{q}\nabla \cdot \boldsymbol{J}_n - G + R + \frac{\partial n}{\partial t} = 0$$

$$\frac{1}{q}\nabla \cdot \boldsymbol{J}_p - G + R + \frac{\partial p}{\partial t} = 0 \tag{3-54}$$

式中，G 和 R 分别是产生率和复合率。

我们的器件模拟工作是把注意力放在二极管处于反偏情况下工作，以了解二极管的耐压能力。因为反向电流很小，载流子的输送便是次要问题，这样便可把问题简化。在反偏的情况下，二极管结区中的准费米能级 φ_n 和 φ_p 之差为反向偏压 V。令 $\psi_p = 0$，则 $\psi_n = V$，式 3-53 变成

$$n = n_i \exp\left[\frac{q(\psi - V)}{kT}\right]$$

$$p = n_i \exp\left[\frac{q\psi}{kT}\right] \tag{3-55}$$

半导体的边界条件是

$$\frac{\partial \psi}{\partial n} = 0 \quad \text{对自由表面}$$

$$\psi_n = V + \frac{q}{kT}\ln\frac{\Gamma(0,0)}{n_i} \quad \text{对 n 区电极} \tag{3-56}$$

$$\psi_p = -\frac{q}{kT}\ln\frac{\Gamma(0,W)}{n_i} \quad \text{对 p 区电极}$$

式中，$\Gamma(0,0)$ 和 $\Gamma(0,W)$ 分别是 n 区和 p 区电极附近的净电离

杂质浓度。

3.5.2 按有限元法求解泊松方程

3.5.2.1 泊松方程的迭代形式

由式3-50和式3-51可以看出，ρ 是结区内的势函数，于是泊松方程可以写为

$$\frac{\partial^2\psi}{\partial x^2}+\frac{\partial^2\psi}{\partial y^2}=f_0(\psi) \tag{3-57}$$

现用迭代法变换上述方程，设随着迭代次数 n 的增加，$f_0(\psi^{(n)})$ 逐渐向 $f_0(\psi)$ 逼近，如图3-6所示。令 $\psi^{(n)}$ 和 $\psi^{(n-1)}$ 分别为 n 次和（$n-1$）次迭代的电位值，于是

$$f_0(\psi^{(n)})=f_0(\psi^{(n-1)})+\frac{\partial f_0(\psi^{(n-1)})}{\partial\psi}[(\psi^{(n)})-(\psi^{(n-1)})] \tag{3-58}$$

又

$$\frac{\partial f_0(\psi)}{\partial\psi}=\frac{\partial}{\partial\psi}\left[-\frac{q}{\varepsilon}\left(\Gamma+n_i\mathrm{e}^{-\frac{q\psi}{kT}}-n_i\mathrm{e}^{\frac{q(\psi-V)}{kT}}\right)\right]$$

$$=\frac{q^2}{\varepsilon}\frac{n_i}{kT}\left[\mathrm{e}^{-\frac{q\psi}{kT}}+\mathrm{e}^{\frac{q(\psi-V)}{kT}}\right]=-g(\psi) \tag{3-59}$$

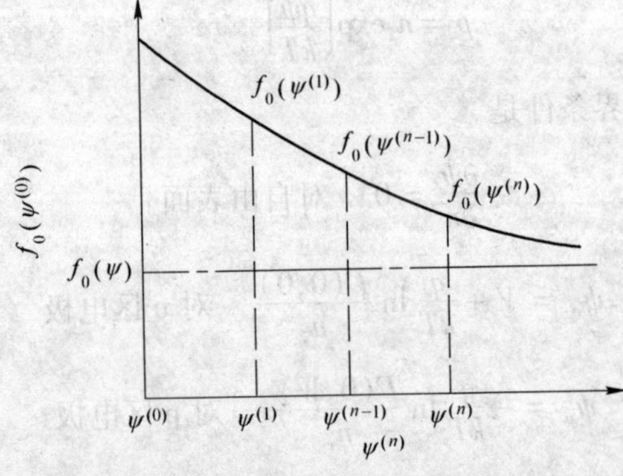

图3-6 随迭代次数的增加 $f_0(\psi^{(n)})$ 向 $f_0(\psi)$ 接近

则式 3-58 变成

$$f_0(\psi^{(n)}) - f_0(\psi^{(n-1)}) + g(\psi^{(n-1)})[(\psi^{(n)}) - (\psi^{(n-1)})]$$

$$= f_0(\psi^{(n)}) + g(\psi^{(n-1)})\psi^{(n)} - f_0(\psi^{(n-1)}) - g(\psi^{(n-1)})\psi^{(n-1)}$$

$$= f_0(\psi^{(n)}) + g(\psi^{(n-1)})\psi^{(n)} + f(\psi^{(n-1)}) = 0 \tag{3-60}$$

其中 $f(\psi^{(n-1)}) = f_0(\psi^{(n-1)}) + g(\psi^{(n-1)})\psi^{(n-1)}$

因为 $\dfrac{\partial^2\psi^{(n)}}{\partial x^2} + \dfrac{\partial^2\psi^{(n)}}{\partial y^2} = f_0(\psi^{(n)})$

考虑到式 3-60 得到:

$$\frac{\partial^2\psi^{(n)}}{\partial x^2} + \frac{\partial^2\psi^{(n)}}{\partial y^2} + g(\psi^{(n-1)})\psi^{(n)} + f(\psi^{(n-1)}) = 0 \tag{3-61}$$

用此式求解则初始试探势可如下选用:

$$\psi^{(0)} = \begin{cases} V + \dfrac{q}{kT}\ln\dfrac{\Gamma(x,y)}{n_i} & \text{n 区} \\ -\dfrac{q}{kT}\ln\dfrac{-\Gamma(x,y)}{n_i} & \text{p 区} \end{cases} \tag{3-62}$$

式中, $\Gamma(x,y)$ 为空间净电荷，由掺杂分布决定。

3.5.2.2 按有限元法求解泊松方程

根据变分原理，求解满足一定边界条件的微分方程等价于求某确定泛函 $\prod$ 的极小值问题，或者说简化为求解电场能量的极小值问题，即

$$\prod = \iint_s F\mathrm{d}x\mathrm{d}y = \min \tag{3-63}$$

我们按式 3-61 构造这一泛函 $\prod$，该泛函的一阶变分 $\delta\prod = 0$ 时，必须等价于式 3-61。该泛函 $\prod$ 的被积函数如下:

$$F=\frac{1}{2}\left[\left(\frac{\partial^2\psi}{\partial x^2}\right)^2+\left(\frac{\partial^2\psi}{\partial y^2}\right)^2-g(\psi^{(n-1)})\psi^2\right]-f(\psi^{(n-1)})\psi$$

这里 ψ 代表 $\psi^{(n)}$，S 代表所论域的面积。

在施行有限元法时，我们将所论域分割成 m 个三角形单元，单元内的势 $\psi(x,y)$ 可用结点上的势表示，如任一单元 e（见图 3-7）。

$$\psi(x,y)=[N_iN_jN_k]\begin{Bmatrix}\psi_i\\\psi_j\\\psi_k\end{Bmatrix}=[N_iN_jN_k]\{\psi\}^e \tag{3-64}$$

其中

$$N_r=\frac{a_r+b_rx+c_ry}{2\Delta} \tag{3-65}$$

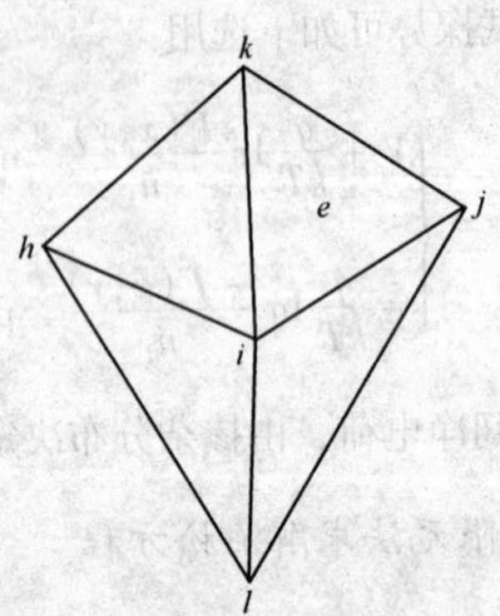

图 3-7 i 结点的相关单元

Δ 为单元 e 占据的三角形面积，a_r、b_r、c_r 为单元 e 结点坐标值的组合，且 $r=i$，j，k 循环排列，如 $a_i=x_jy_k-x_ky_j$，$b_i=y_i-y_k$，$c_i=-x_j+x_k$。

因而欲使式 3-63 成立，则需要满足 $\frac{\partial\prod}{\partial\psi}=0$，考虑到式

3-64，则可写为

$$\frac{\partial \prod}{\partial \psi_r} = 0 \quad r = 1, \cdots, i, \cdots, n \quad r \text{为所论域上的全部结点} \tag{3-66}$$

但任一结点 i 上的势变化，仅能对其相关单元（见图 3-7 中与结点 i 直接相连的 4 个单元）上的泛函产生影响，因而对结点 i 写出式 3-66 时，则为

$$\frac{\partial \prod}{\partial \psi_i} = \frac{\partial \Sigma \prod^e}{\partial \psi_i} = \Sigma_i \frac{\partial \prod^e}{\psi_i}$$

其中 $\sum\limits_i$ 表示对结点 i 的相关单元上的泛函数对 ψ_i 的偏导数求和。

现考虑结点 i 对其一个相关单元 e 的 $\frac{\partial \prod^e}{\partial \psi_i}$ 计算，在单元 e 中，结点 i 的相关结点为 i，j，k（见图 3-7），由式 3-63 可得

$$\frac{\partial \Sigma \prod^e}{\partial \psi_i} \left[\iint_\varepsilon \frac{\partial \psi}{\partial x} \frac{\partial}{\partial \psi_i}\left(\frac{\partial \psi}{\partial x}\right) + \frac{\partial \psi}{\partial y} \frac{\partial}{\partial \psi_i}\left(\frac{\partial \psi}{\partial y}\right) - g\psi \frac{\partial \psi}{\partial \psi_i} - f \frac{\partial \psi}{\partial \psi_i} \right] \mathrm{d}x\mathrm{d}y \tag{3-67}$$

由式 3-64 可知，上式右端被积函数中的第一、三、四项为

$$\frac{\partial \psi}{\partial x} = \frac{\partial}{\partial x}[N_i N_j N_k]\{\psi\}^e = \frac{1}{2\Delta}[b_i b_j b_k]\{\psi\}^e$$

$$\frac{\partial}{\partial \psi_i} \frac{\partial \psi}{\partial x} = \frac{1}{2\Delta}[b_i b_j b_k]\begin{Bmatrix}1\\0\\0\end{Bmatrix} = \frac{1}{2\Delta} b_i$$

$$\frac{\partial \psi}{\partial \psi_i} = [N_i N_j N_k]\begin{Bmatrix}1\\0\\0\end{Bmatrix} = N_i$$

$$\psi \frac{\partial \psi}{\partial \psi_i} = [N_i N_i \quad N_i N_j \quad N_i N_k]\{\psi\}^e$$

类似地，可知式 3-67 右端被积函数的第二项。同理可得 $\frac{\partial \prod^e}{\partial \psi_j}$，$\frac{\partial \prod^e}{\partial \psi_k}$，于是得到单元 e 的单元方程：

$$\begin{Bmatrix} \dfrac{\partial \prod^{e}}{\partial \psi_i} \\ \dfrac{\partial \prod^{e}}{\partial \psi_j} \\ \dfrac{\partial \prod^{e}}{\partial \psi_k} \end{Bmatrix} = \begin{bmatrix} H_{ii}^{e} & H_{ij}^{e} & H_{ik}^{e} \\ H_{ji}^{e} & H_{jj}^{e} & H_{jk}^{e} \\ H_{ki}^{e} & H_{kj}^{e} & H_{kk}^{e} \end{bmatrix} \begin{Bmatrix} \psi_i \\ \psi_j \\ \psi_k \end{Bmatrix} + \begin{Bmatrix} G_i \\ G_j \\ G_k \end{Bmatrix} \tag{3-68}$$

或写为

$$\left\{\frac{\partial \prod^{e}}{\partial \psi_r}\right\}[H_{rs}]^{e}\{\psi_r\}^{e} + \{G_r\}^{e}$$

其中

$$[H_{rs}]^{e} = \frac{1}{(2\Delta)^2}\iint_{\varepsilon}(b_r b_s + c_r c_s)\,dxdy - \iint_{\varepsilon} g(N_r N_s)\,dxdy$$

$$[G_r]^{e} = -\iint_{\varepsilon} f N_r\,dxdy \quad r = i,j,k;\ s = i,j,k;\ i,j,k \in e$$

由式 3-68 可以看出，当考虑单元 e 时，与 $\dfrac{\partial \prod^{e}}{\partial \psi_i}$ 相对应的 [$\boldsymbol{H}$] 矩阵的行元素的脚标是由结点 i 与其相关结点 i，j，k 形成的。由此，我们可以写出所论域 S 的各结点（这时 i 的相关结点为 i，j，k，h，l，见图 3-7）上势变化时，对泛函影响的表达式，即综合方程为

$$\begin{Bmatrix} \dfrac{\partial \prod}{\partial \psi_1} \\ \vdots \\ \dfrac{\partial \prod}{\partial \psi_i} \\ \vdots \\ \dfrac{\partial \prod}{\partial \psi_n} \end{Bmatrix} = \begin{bmatrix} H_{11} & H_{12} & \cdots & \cdots & \cdots & \cdots & 0 \\ \cdots & \cdots & \cdots & \cdots & \cdots & \cdots & \cdots \\ & & H_{ii} & H_{ij} & H_{ik} & \cdots & \cdots \\ \cdots & \cdots & \cdots & \cdots & \cdots & \cdots & \cdots \\ 0 & & & & & & H_{nn} \end{bmatrix} \begin{Bmatrix} \psi_1 \\ \vdots \\ \psi_i \\ \vdots \\ \psi_n \end{Bmatrix} + \begin{Bmatrix} G_1 \\ \vdots \\ G_i \\ \vdots \\ G_n \end{Bmatrix} \tag{3-69}$$

据式 3-66、式 3-69 可写为

$$[\boldsymbol{H}]\{\boldsymbol{\psi}\} = -\{\boldsymbol{G}\} \tag{3-70}$$

矩阵中第 i 行行元素的脚标是结点 i 与其相关结点 i，j，k，h，l 形成的，该矩阵带宽内某行的非零元素的个数等于以该行行数为标识的结点号的相关结点数，如带宽内第 i 行的非零元素有 5 个，综合方程组的系数矩阵$[\boldsymbol{H}]$是一个稀疏、带状、对称矩阵，对此方程组的求解是将$[\boldsymbol{H}]$，$\{\boldsymbol{G}\}$矩阵进行分解，即

$$[\boldsymbol{H}] = [\boldsymbol{L}][\boldsymbol{D}][\boldsymbol{L}]^{\mathrm{T}}, \{\boldsymbol{G}\} = [\boldsymbol{L}][\boldsymbol{D}]\{\tilde{\boldsymbol{G}}\}$$

$[\boldsymbol{D}]$为对角矩阵，$d = \dfrac{1}{L_{ii}}$，$[\boldsymbol{L}]$为下三角阵，L_{ij}的计算公式及$\tilde{G}_j$的计算公式如下：

$$L_{ij} = H_{ij} - \sum_{t=t_m}^{j-1} L_{it}L_{jt}/L_{tt}$$

$$i = 1,\cdots,n;\ j = t_m,\cdots,i;$$

$$t_m = \begin{cases} 1 & (i \leqslant m+1) \\ i-m & (i > m+1) \end{cases} \tag{3-71}$$

$$\tilde{G}_i = G_i - \sum_{j=t_m}^{i-1} L_{ij}\,\tilde{G}_j/L_{jj}, i = 1,2,\cdots,n \tag{3-72}$$

最后得到二极管结面上各点的电势 ψ_i：

$$\psi_i = -(\tilde{G}_i - \sum_{j=i+1}^{t_m} L_{ji}\psi_j)/L_{ii}, i = n, n-1,\cdots,m,m-1,\cdots,1$$

$$t_m = \begin{cases} n & (i > n-m-1) \\ i+m & (i \leqslant n-m-1) \end{cases} \tag{3-73}$$

3.5.3 计算结果及实用意义

本文对反偏情况下，轻掺杂 n 型衬底扩散硼形成 p 区所构成

的二极管，其电位和电场强度的分布情况进行了模拟计算。若此过程属于限定源扩散，则杂质浓度按下式分布

$$\Gamma(x,y) = -C_{PB}e^{-m(W-y)^2} + C_{NB} \tag{3-74}$$

$$m = \frac{1}{W_p^2}\ln\left(\frac{C_{PB}}{C_{NB}}\right) \tag{3-75}$$

式中，C_{PB}和C_{NB}分别为上表面硼浓度和衬底中磷浓度；W为二极管的总厚度；W_p为p-n结位置。

如果将器件切成斜角，大头为重掺，小头为轻掺，则是正斜角，反之则是负斜角。图3-8示出自动剖分形成的单元，图3-9示出不同负斜角和正斜角的二极管中的电位分布及最大电场强度所在位置。由图可见，正斜角时，最大电场强度处在管子的中心，而且电场较弱。而负斜角时，最大电场强度处在斜面附近，且电场较强。因此，负斜角情况下，耐反向电压低，容易击穿，而且还易受表面杂质的玷污，表面电荷的影响是使击穿电压降低。计算机模拟结果指出有关衬底浓度、扩散浓度分布、p-n结深度、斜角大小及性质与二极管耐压之间的关系，这为二极管的优化设计提供了十分重要的信息。

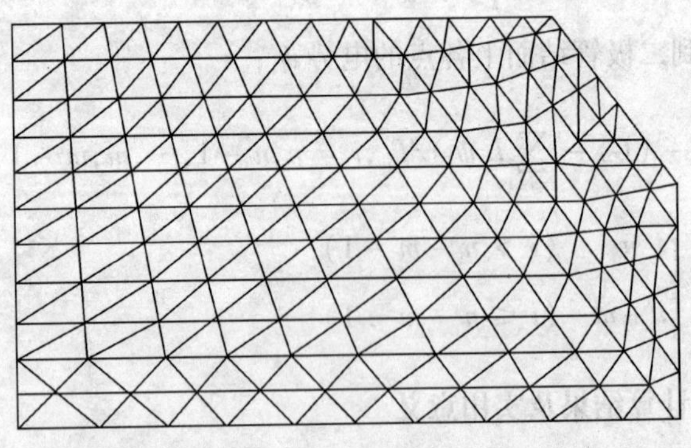

图3-8 自动剖分形成的单元及网格

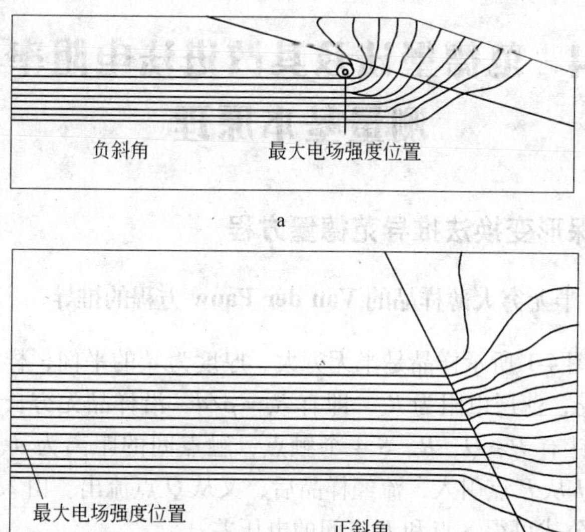

图 3-9 负斜角与正斜角二极管中电位分布

a—负斜角二极管中电位分布；b—正斜角二极管中电位分布

4 范德堡法及其改进法电阻率测量基本原理

4.1 保形变换法推导范德堡方程

4.1.1 半无穷大薄样品的 Van der Pauw 方程的推导

设图 4-1 所示样品是半无穷大、厚度为 d 的平面，样品的电阻率为 ρ，薄层电阻为 R_s，即有 $R_s = \rho/d$。沿样品无穷长直线边界逆时针有 P、Q、R、S 4 个触点，触点间的距离为 a、b、c。当电流 I 从 P 点引入，流经样品后，又从 Q 点流出。由 2.7 节理论相应公式可得 S 点和 R 点间的电压差：

$$V_S - V_R = \frac{IR_s}{\pi}\ln\frac{(a+b)(b-c)}{b(a+b+c)}$$

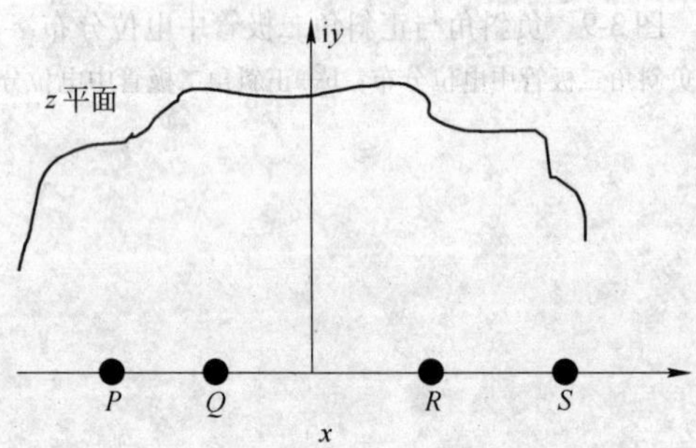

图 4-1　一躺在 z 复平面上，边缘上有 4 个触点 P、Q、R、S 的样品

当电流 I 从 Q 点引入，流经样品后，又从 R 点流出。同样有 S 点和 P 点间的电压差：

$$V_S - V_P = \frac{IR_s}{\pi}\ln\frac{(a+b)(b+c)}{ca}$$

于是由上两式分别有：

$$\exp-\frac{\pi(V_S-V_R)}{IR_s}=\frac{b(a+b+c)}{(a+b)(b+c)}$$

$$\exp-\frac{\pi(V_S-V_P)}{IR_s}=\frac{ca}{(a+b)(b+c)}$$

由上述两式相加可得：

$$\exp-\frac{\pi(V_S-V_P)}{IR_s}+\exp-\frac{\pi(V_S-V_R)}{IR_s}$$

$$=\frac{ca}{(a+b)(b+c)}+\frac{b(a+b+c)}{(a+b)(b+c)}=1$$

这就是半无穷大薄样品的 Van der Pauw 方程。

同时，Van der Pauw 给出了样品的薄层电阻 R_s：

$$R_s=\frac{\pi}{2\ln2}[(V_S-V_P)+(V_S-V_R)]f\left[\frac{(V_S-V_P)}{(V_S-V_R)}\right]$$

其中 $f[(V_d-V_c)/(V_d-V_a)]$ 人们称之为 Van der Pauw 函数。

4.1.2 任意形状薄样品的 Van der Pauw 方程的推导

Van der Pauw 用保形变换（conformal mapping）法推导出，人们称之为 Van der Pauw 方程：

$$\exp-\frac{\pi(V_d-V_a)}{I'R'_s}+\exp-\frac{\pi(V_d-V_c)}{I'R'_s}=1$$

图 4-1 所示样品平面与复平面 $z=x+iy$ 相重合，即该样品躺在复平面 z 上。样品的边缘上有 4 个触点 P、Q、R、S，设其间距离为 a、b、c。又引入函数 $w=f(z)=u(x,y)+iv(x,y)$。其中 u 和 v 是 x，y 的函数。函数 $f(z)$ 按以下要求选取：u 代表样品中势场。函数 u 和 v 满足柯西-黎曼（Cauchy-Riemann）关系：

$$\frac{\partial u}{\partial x}=\frac{\partial v}{\partial y},\frac{\partial u}{\partial y}=-\frac{\partial v}{\partial x}$$

如果在样品上半平面上，沿路径 s 从任意点 T_1 走到点 T_2。路径 s

法向净电流为

$$I_{T_2T_1} = \frac{1}{R_s}\int_{T_1}^{T_2} E_n \mathrm{d}s$$

E_n 是电场强度沿 s 的法向分量。上式应等于

$$I_{T_2T_1} = \frac{1}{R_s}\int_{T_1}^{T_2}\left(-\frac{\partial u}{\partial y}\mathrm{d}x + \frac{\partial u}{\partial x}\mathrm{d}x\right)$$

$$= \frac{1}{R_s}\int_{T_1}^{T_2}\left(\frac{\partial v}{\partial x}\mathrm{d}x + \frac{\partial v}{\partial y}\mathrm{d}x\right)$$

$$= \frac{1}{R_s}(v_{T_2} - v_{T_1})$$

也就是说，当沿路径 s 从任意点 T_1 走到点 T_2 时，从路径 s 法向流出的电流只与该两点虚轴 v 上的坐标差及薄层电阻 R_s 有关。可见，如果沿路径 s 从法向无电流流出，则 v 值不变。当沿路径 s 从法向有电流 I 流出时，则 v 值增加，其增加量为 $\Delta v = R_s I$。

如果沿样品边界实轴 u 从 $-\infty$ 到 $+\infty$，无电流垂直流入或流出实轴 u，即就无电流流入或流出样品边界，则 $v = 0$，也就是说 v 保持不变。

现在考虑图 4-2 所示一躺在复平面 t 上任意形状的样品：$t = r + is$。按照图形变换（conformal transformation）理论，总可以找到一个分析函数 $t(z)$ 使 z 平面的上半平面复制并映射到 t 平面上的样品上，而且可让 $k(t) = l + im$ 与 $f(z) = f[z(t)] = k(t)$ 完全一致，一一对应。此

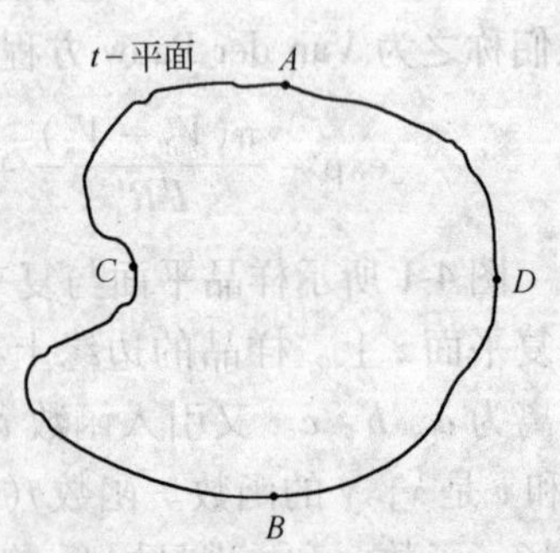

图 4-2 躺在 t 复平面的任意形状的样品及其 A、B、C、D 边缘四点（边缘四点 A、B、C、D 是 z 复平面边缘 P、Q、R、S 的镜像映射）

时，t 平面上位于样品边缘任意位置的 A、B、C、D 点成为 z 平面位于实轴 u 上的 P、Q、R、S 点的镜像（如图 4-2 所示）。由图形变换理论可知，此时 t 平面上的 m 可理解为 z 平面上的 v。如果 u 代表 z 平面上的势场的话，则 l 代表 t 平面上的势场。因此沿 t 平面上的样品边缘逆时针走时，m 保持不变。这是因为，当边缘无电流流入或流出时，边缘的法向电场强度为零，故 $\Delta m=0$。

当沿 z 平面上的样品边缘逆时针走时，此时无电流从边缘流出，边缘的法向电场强度处处为零，因而 v 值不变。但到达 z 平面的边缘的 P 点，若此时有电流 I 从 P 点流入，则在 P 点处边缘的法向电场强度不为零。设想在 P 点又沿里面一小的半圆走，因为在 P 点处边缘的法向电场强度应与边缘的电流密度矢量相平行一致，因此小半圆的法向电场强度不为零。沿此小半圆法向电场强度的积分等于从 P 点流入的电流 I。于是在 P 点处 v 值增加，增加量为 $\Delta v=R_s I$。过 P 点后，继续沿样品边缘走时，因为边缘无电流流入，v 值保持不变。但是到达 Q 点时，Q 点有电流 I 流出，在 Q 点处存在负的法向电场强度，又沿一小的半圆走，沿此小半圆法向电场强度的积分等于从 Q 点流入的电流 I。因此 v 值又减小至零，其减小量为 $\Delta v=-R_s I$。现在再来研究躺在 t 平面上的样品，样品的薄层电阻为 R'_s。当电流 I' 仅从样品边缘的触点 A 进入时，则 $\Delta m=R'_s I'$。又当仅从样品的触点 B 流出时，$\Delta m=-R'_s I'$。如果我们选择电流 $I'=IR_s/R'_s$，则 $I'R'_s=IR_s$，而且当电流 I' 由样品边缘 A 点流入并由 B 点流出时，$V_d-V_c=V_S-V_R$。当电流 I' 由样品边缘 B 点流入并由 C 点流出时，$V_d-V_a=V_S-V_P$，便有下式：

$$\begin{aligned}V_d-V_c&=\frac{I'R'_s}{\pi}\ln\frac{(a+b)(b-c)}{b(a+b+c)}\\&=\frac{IR_s}{\pi}\ln\frac{(a+b)(b-c)}{b(a+b+c)}\\&=V_S-V_R\end{aligned}$$

同样有

$$
\begin{aligned}
V_d - V_a &= \frac{I'R_s'}{\pi}\ln\frac{(a+b)(b+c)}{ca} \\
&= \frac{IR_s}{\pi}\ln\frac{(a+b)(b+c)}{ca} \\
&= V_S - V_P
\end{aligned}
$$

也就是说，z 平面上边缘上的 P、Q、R、S 点适合的公式：

$$
V_S - V_R = \frac{IR_s}{\pi}\ln\frac{(a+b)(b-c)}{b(a+b+c)}
$$

和
$$
V_S - V_P = \frac{IR_s}{\pi}\ln\frac{(a+b)(b+c)}{ca}
$$

也应完全适合于 t 平面上边缘上的 A、B、C、D 点。这是因为 A、B、C、D 点是 P、Q、R、S 的镜像映射，而且他们之间的距离也应为 a、b、c。

前面已指出，半无穷大样品实轴上的 P、Q、R、S 点分别进行两次测量时 Van der Pauw 方程成立。于是任意形状样品边缘上的 A、B、C、D 点也同样有 Van der Pauw 方程：

$$
\begin{aligned}
&\exp - \frac{\pi(V_d - V_a)}{I'R_s'} + \exp - \frac{\pi(V_d - V_c)}{I'R_s'} \\
&= \frac{ca}{(a+b)(b+c)} + \frac{b(a+b+c)}{(a+b)(b+c)} = 1
\end{aligned}
$$

这就是任意形状薄样品的 Van der Pauw 方程。

同时，样品的薄层电阻 R_s'：

$$
R_s' = \frac{I'}{2\ln 2}\frac{[(V_{ad}) + (V_{dc})]}{I'} f\left(\frac{V_{ad}}{V_{dc}}\right)
$$

其中 I' 是测试电流。$V_{ad} = V_d - V_a$，$V_{dc} = V_d - V_c$ 是两次轮换 A、D 和 D、C 触点间测定的电压。

4.2 图形变换理论推导范德堡方程

4.2.1 图形变换方法

设四个探针位于圆形二维样品的边缘。当电流注入样品时，

由于样品不是无穷大，则电流场要发生畸变。如果把样品转化为两个半无穷大样品，四个探针便在两个半无穷大样品的直径上。此时可应用无穷大二维样品电流场所适用的公式：$V_r = IR_s/2\pi\ln r$。其中 I 为从某一探针注入放射状流经二维无穷大样品的电流。如果 I 是流经二维半无穷大样品的电流，则 $V_r = IR_s/\pi\ln r$，相当于流经二维无穷大样品的电流是 $2I$。

如图 4-3 所示，二维样品在 z 平面上，x、y 坐标通过样品圆心，则有 $z = x + \mathrm{i}y$ 其中 $x = \rho\cos\phi$，$y = \rho\sin\phi$。圆的半径为 a。位于圆周上的四个探针的坐标为

$$x_1 = a\cos\phi_1, y_1 = a\sin\phi_1, x_2 = a\cos\phi_2,$$

$$y_2 = a\sin\phi_2, \cdots, x_4 = a\cos\phi_4, y_4 = a\sin\phi_4$$

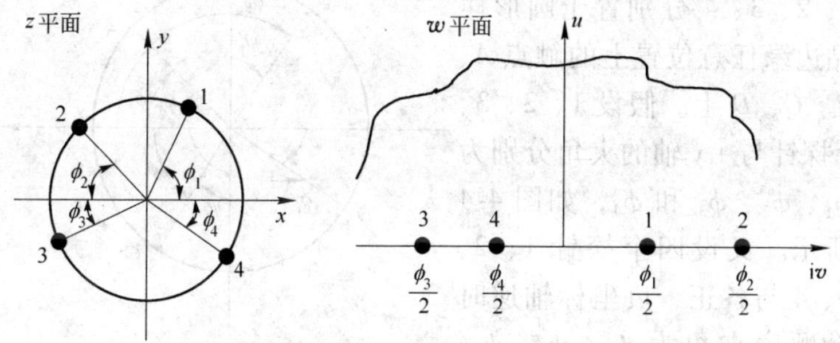

图 4-3　由 x-iy 轴构成的 z 平面转化为 iv-u 轴构成的 w 平面

现将 z 平面转化为如图 4-3 所示的 w 平面，设 $w = u + \mathrm{i}v$ 且 $u = \dfrac{a^2 - z^2}{\rho + x}$和 $v = \dfrac{y}{\rho + x} = \dfrac{\sin\phi}{1 + \cos\phi} = \tan\dfrac{\phi}{2}$。$z$ 平面上的圆心则位于 w 平面无穷远处（$\rho = x = y = 0$），即 $u = \infty$，因此 w 平面为半无穷大平面。z 平面的圆周上的点在 w 平面上的坐标 $u = 0$，而 iv 坐标为 $v = \tan\dfrac{\phi}{2}$。也就是说，z 平面的圆周上的点映射到 w 平面的 iv 坐标上。该点在 z 平面圆周上的点的方位角 ϕ 映射到 w 平面上的坐标轴 iv 的坐标为 $\tan\dfrac{\phi}{2}$。因此，在 z 平面圆周上方位角为 ϕ_1、ϕ_2、

ϕ_3、ϕ_4 的四根探针 1、2、3、4 便映射到 w 平面的 iv 坐标上的坐标分别为 $\tan\dfrac{\phi_1}{2}$、$\tan\dfrac{\phi_2}{2}$、$\tan\dfrac{\phi_3}{2}$、$\tan\dfrac{\phi_4}{2}$。相应各探针的距离记为 $S_1=\tan\dfrac{\phi_1}{2}-\tan\dfrac{\phi_2}{2}$，$S_2=\tan\dfrac{\phi_2}{2}-\tan\dfrac{\phi_3}{2}$，$S_3=\tan\dfrac{\phi_3}{2}-\tan\dfrac{\phi_4}{2}$。

4.2.2 图形变换的计算方法

用三种方法证明当四个探针位于样品边缘任何位置时，范德堡方程成立。

4.2.2.1 方法一

顺时针编号的四个探针 1、2、3、4 分别置于圆形样品边缘任意位置上的触点 A、B、C、D 上。假设 1、2、3、4 探针与 $+x$ 轴的夹角分别为 ϕ_1、ϕ_2、ϕ_3 和 ϕ_4，如图 4-4 所示。又设四个探针 1、2、3、4 与各正、负坐标轴逆时针顺序夹角为 ψ_1、ψ_2、ψ_3、ψ_4。它们与 ϕ_1、ϕ_2、ϕ_3、ϕ_4 的关系为：

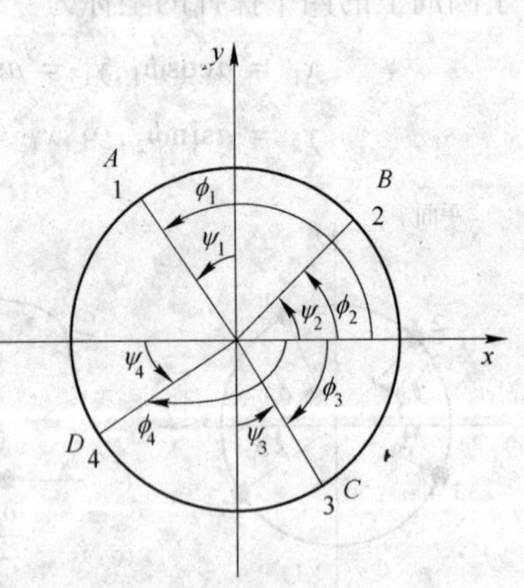

图 4-4 触点 A、B、C、D 上的四个探针 1、2、3、4

$$\begin{bmatrix}\phi_1\\ \phi_2\\ \phi_3\\ \phi_4\end{bmatrix}=\begin{bmatrix}\psi_1\\ \psi_2\\ \psi_3\\ \psi_4\end{bmatrix}+\begin{bmatrix}90^\circ\\ 0^\circ\\ -90^\circ\\ -180^\circ\end{bmatrix} \tag{4-1}$$

经图形变换理论得圆的边界 i 点在 w 平面的坐标分别为：$v=\tan\phi_i/2$，$u_i=0$。

第一次测量时，3 点为电流 I 注入点，2 点为电流输出点，流经半无穷大样品后则有1、4电压：

$$V_1=\frac{IR_s}{\pi}\ln\frac{W_{13}}{W_{12}}\cdot\frac{W_{24}}{W_{34}}=\frac{IR_s}{\pi}\ln\frac{\tan\frac{\phi_1}{2}-\tan\frac{\phi_3}{2}}{\tan\frac{\phi_1}{2}-\tan\frac{\phi_2}{2}}\times\frac{\tan\frac{\phi_2}{2}-\tan\frac{\phi_4}{2}}{\tan\frac{\phi_3}{2}-\tan\frac{\phi_4}{2}}$$

$$=\frac{IR_s}{\pi}\ln\frac{\tan\frac{\psi_1+90°}{2}-\tan\frac{\psi_3-90°}{2}}{\tan\frac{\psi_1+90°}{2}-\tan\frac{\psi_2}{2}}\times\frac{\tan\frac{\psi_2}{2}-\tan\frac{\psi_4-180°}{2}}{\tan\frac{\psi_3-90°}{2}-\tan\frac{\psi_4-180°}{2}}\tag{4-2}$$

其中 $w_{ij}=\tan\phi_i/2-\tan\phi_j/2$。由于 z 平面的圆周上的点映射到 w 平面的虚轴 iv 坐标上，探针之间的直线距离为 w_{ij}。

第二次测量时，触点 A、B、C、D 位置不变，探针尽量不动，但编号进行轮换，A、B、C、D 上的探针分别变成2、3、4、1。由于探针编号变化，设逆时针顺序的与各正、负坐标轴夹角相应为 ψ_1'、ψ_2'、ψ_3'、ψ_4'，则它们与原来 ψ_1、ψ_2、ψ_3、ψ_4 的关系为：

$$\begin{bmatrix}\psi_1'\\ \psi_2'\\ \psi_3'\\ \psi_4'\end{bmatrix}=\begin{bmatrix}0001\\ 1000\\ 0100\\ 0010\end{bmatrix}\begin{bmatrix}\psi_1\\ \psi_2\\ \psi_3\\ \psi_4\end{bmatrix}$$

则有 ϕ_i' 与 ψ_i' 类似式 4-1 的关系：

$$\begin{bmatrix}\phi_1'\\ \phi_2'\\ \phi_3'\\ \phi_4'\end{bmatrix}=\begin{bmatrix}\psi_1'\\ \psi_2'\\ \psi_3'\\ \psi_4'\end{bmatrix}+\begin{bmatrix}90^\circ\\ 0^\circ\\ -90^\circ\\ -180^\circ\end{bmatrix}=\begin{bmatrix}0001\\ 1000\\ 0100\\ 0010\end{bmatrix}\begin{bmatrix}\psi_1\\ \psi_2\\ \psi_3\\ \psi_4\end{bmatrix}+\begin{bmatrix}90^\circ\\ 0^\circ\\ -90^\circ\\ -180^\circ\end{bmatrix}$$

$$=\begin{bmatrix}\psi_4\\ \psi_1\\ \psi_2\\ \psi_3\end{bmatrix}+\begin{bmatrix}90^\circ\\ 0^\circ\\ -90^\circ\\ -180^\circ\end{bmatrix}\tag{4-3}$$

其中 ϕ_1'、ϕ_2'、ϕ_3'、ϕ_4' 分别是新编号探针 1、2、3、4 探针在 z 平面上与 $+x$ 轴的相应夹角度。第二次测量时，新编号探针 3 也为电流注入点，新编号探针 1 为电流输出点，流经样品后则 1、4 电压也有同样的公式，此时将 $\tan\phi_i/2$ 换成 $\tan\phi_i'/2$ 即可：

$$V_2=\frac{IR_s}{\pi}\ln\frac{W_{13}}{W_{12}}\cdot\frac{W_{24}}{W_{34}}=\frac{IR_s}{\pi}\ln\frac{\tan\dfrac{\phi_1'}{2}-\tan\dfrac{\phi_3'}{2}}{\tan\dfrac{\phi_1'}{2}-\tan\dfrac{\phi_2'}{2}}\times$$

$$\frac{\tan\dfrac{\phi_2'}{2}-\tan\dfrac{\phi_4'}{2}}{\tan\dfrac{\phi_3'}{2}-\tan\dfrac{\phi_4'}{2}}$$

$$=\frac{IR_s}{\pi}\ln\frac{\tan\dfrac{\psi_1'+90^\circ}{2}-\tan\dfrac{\psi_3'-90^\circ}{2}}{\tan\dfrac{\psi_1'+90^\circ}{2}-\tan\dfrac{\psi_2'}{2}}\times$$

$$\frac{\tan\frac{\psi_2'}{2}-\tan\frac{\psi_4'-180°}{2}}{\tan\frac{\psi_3'-90°}{2}-\tan\frac{\psi_4'-180°}{2}}$$

$$=\frac{IR_s}{\pi}\ln\frac{\tan\frac{\psi_4+90°}{2}-\tan\frac{\psi_2-90°}{2}}{\tan\frac{\psi_4+90°}{2}-\tan\frac{\psi_1}{2}}\times$$

$$\frac{\tan\frac{\psi_1}{2}-\tan\frac{\psi_3-180°}{2}}{\tan\frac{\psi_2-90°}{2}-\tan\frac{\psi_3-180°}{2}} \qquad (4\text{-}4)$$

其中 $w_{ij}=\tan\phi_i'/2-\tan\phi_j'/2$，即探针之间的直线距离为 w_{ij}。并按式 4-1 将 ψ'_i 各自相应换成 ψ_i。上面两式，式 4-2 和式 4-4 中 V_1、V_2 分别代入下式 4-5：

$$\exp\left(-\frac{\pi V_1}{IR_s}\right)+\exp\left(-\frac{\pi V_2}{IR_s}\right) \qquad (4\text{-}5)$$

于是左端

$$=\frac{\sin(\psi_1-\psi_2+90°)/2\sin(\psi_3-\psi_4+90°)/2}{\cos(\psi_1-\psi_3)\cos(\psi_2-\psi_4)}+$$

$$\frac{\sin(\psi_4-\psi_1+90°)/2\sin(\psi_2-\psi_3+90°)/2}{\cos(\psi_2-\psi_4)\cos(\psi_1-\psi_3)}$$

$$=\frac{\cos(\psi_1-\psi_2-\psi_3+\psi_4)-\cos(\psi_1-\psi_2+\psi_3-\psi_4+90°)}{2\cos(\psi_1-\psi_3)\cos(\psi_2-\psi_4)}+$$

$$\frac{\cos(\psi_4-\psi_1-\psi_2+\psi_3)-\cos(\psi_4-\psi_1+\psi_2-\psi_3+90°)}{2\cos(\psi_1-\psi_3)\cos(\psi_2-\psi_4)}$$

$$=[\cos(\psi_1-\psi_2-\psi_3+\psi_4)-\sin(\psi_1-\psi_2+\psi_3-\psi_4)+\cos(\psi_4-\psi_1-\psi_2+\psi_3)-\sin(\psi_4-\psi_1+\psi_2-\psi_3)]/[\cos(\psi_1-\psi_3+\psi_2-\psi_4)+\cos(\psi_1-\psi_3-\psi_2+\psi_4)]$$

$$=1$$

从而可知，用图像变换理论证得圆形样品，当四个探针位于样品边缘任何位置时，范德堡方程式成立：

$$\exp\left(-\frac{\pi V_1}{IR_s}\right)+\exp\left(-\frac{\pi V_2}{IR_s}\right)=1$$

4.2.2.2 方法二

第一次测量，3、2 通电流，1、4 测电压：

$$U_{14}=\frac{IR_s}{\pi}\ln\frac{w_{24}\cdot w_{13}}{w_{34}\cdot w_{12}}$$

$$=\frac{IR_s}{\pi}\ln\frac{\left(\tan\frac{\phi_4}{2}-\tan\frac{\phi_2}{2}\right)\left(\tan\frac{\phi_3}{2}-\tan\frac{\phi_1}{2}\right)}{\left(\tan\frac{\phi_4}{2}-\tan\frac{\phi_3}{2}\right)\left(\tan\frac{\phi_2}{2}-\tan\frac{\phi_1}{2}\right)}$$

第二次测量，4、3 通电流，2、1 测电压：

$$U_{21}=\frac{IR_s}{\pi}\ln\frac{w_{31}\cdot w_{24}}{w_{41}\cdot w_{23}}$$

$$=\frac{IR_s}{\pi}\ln\frac{\left(\tan\frac{\phi_1}{2}-\tan\frac{\phi_3}{2}\right)\left(\tan\frac{\phi_4}{2}-\tan\frac{\phi_2}{2}\right)}{\left(\tan\frac{\phi_1}{2}-\tan\frac{\phi_4}{2}\right)\left(\tan\frac{\phi_3}{2}-\tan\frac{\phi_2}{2}\right)}$$

于是有 $\exp\left(\frac{-\pi U_{14}}{IR_s}\right)+\exp\left(\frac{-\pi U_{12}}{IR_s}\right)=\frac{w_{34}}{w_{24}}\cdot\frac{w_{12}}{w_{13}}+\frac{w_{23}}{w_{24}}\cdot\frac{w_{41}}{w_{31}}$

$$=\frac{\left(\tan\frac{\phi_4}{2}-\tan\frac{\phi_3}{2}\right)\left(\tan\frac{\phi_2}{2}-\tan\frac{\phi_1}{2}\right)}{\left(\tan\frac{\phi_4}{2}-\tan\frac{\phi_2}{2}\right)\left(\tan\frac{\phi_3}{2}-\tan\frac{\phi_1}{2}\right)}+\frac{\left(\tan\frac{\phi_1}{2}-\tan\frac{\phi_4}{2}\right)\left(\tan\frac{\phi_3}{2}-\tan\frac{\phi_2}{2}\right)}{\left(\tan\frac{\phi_1}{2}-\tan\frac{\phi_3}{2}\right)\left(\tan\frac{\phi_4}{2}-\tan\frac{\phi_2}{2}\right)}$$

$$=\frac{\left(\tan\frac{\phi_4}{2}-\tan\frac{\phi_3}{2}\right)\left(\tan\frac{\phi_2}{2}-\tan\frac{\phi_1}{2}\right)-\left(\tan\frac{\phi_1}{2}-\tan\frac{\phi_4}{2}\right)\left(\tan\frac{\phi_3}{2}-\tan\frac{\phi_2}{2}\right)}{\left(\tan\frac{\phi_4}{2}-\tan\frac{\phi_2}{2}\right)\left(\tan\frac{\phi_3}{2}-\tan\frac{\phi_1}{2}\right)}$$

$$=\frac{\tan\frac{\phi_1}{2}\tan\frac{\phi_2}{2}+\tan\frac{\phi_3}{2}\tan\frac{\phi_4}{2}-\tan\frac{\phi_1}{2}\tan\frac{\phi_4}{2}-\tan\frac{\phi_2}{2}\tan\frac{\phi_3}{2}}{\left(\tan\frac{\phi_4}{2}-\tan\frac{\phi_2}{2}\right)\left(\tan\frac{\phi_3}{2}-\tan\frac{\phi_1}{2}\right)}$$

$$=\frac{\left(\tan\frac{\phi_4}{2}-\tan\frac{\phi_2}{2}\right)\left(\tan\frac{\phi_3}{2}-\tan\frac{\phi_1}{2}\right)}{\left(\tan\frac{\phi_4}{2}-\tan\frac{\phi_2}{2}\right)\left(\tan\frac{\phi_3}{2}-\tan\frac{\phi_1}{2}\right)}=1$$

从而验证了当四个探针位于样品边缘任何位置时，范德堡方程成立。

4.2.2.3 方法三

在 x-y 的 z 平面内圆的边缘上四个点与 x 正半轴夹角为任意的。按上述变换理论，将 z 平面变换到 w 半无穷大平面后，假设在 iv 坐标上从左到右命名为 A、B、C、D 四个点与边缘上四个点相对应，设它们之间的距离依次间隔为 S_1、S_2 和 S_3。如图 4-5 所示。

对于二维半无穷大样品来说，当电流 I_1 通过 A 和 B 时，求 C 与 D 处的电位得：

$$\phi_C=\frac{I_1R_s}{\pi}\ln\left(\frac{S_2}{S_1+S_2}\right)$$

$$\phi_D=\frac{I_1R_s}{\pi}\ln\left(\frac{S_2+S_3}{S_1+S_2+S_3}\right)$$

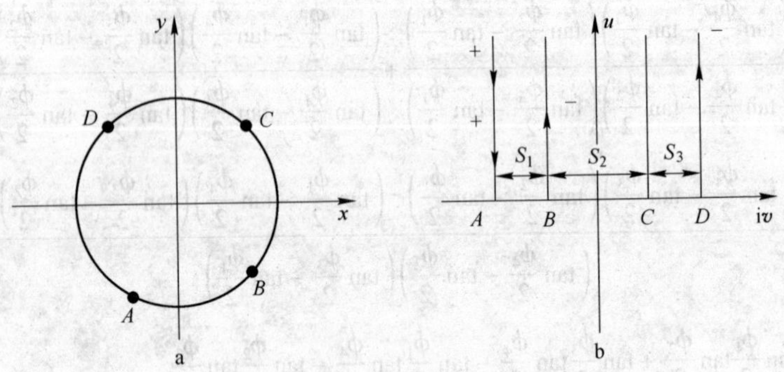

图 4-5 z 平面（a）和 w 平面（b）之间的图形变换

a—z 平面的边缘任意位置上 A、B、C、D 四点；b—w 平面上 A、B、C、D 之间的直线距离为 S_1、S_2 和 S_3

于是 C、D 之间的电压为

$$V_1 = \phi_D - \phi_C = \frac{I_1 R_s}{\pi} \ln\left[\frac{(S_2 + S_3)(S_1 + S_2)}{(S_1 + S_2 + S_3)S_2}\right] \tag{4-6}$$

当电流 I_2 通过 A、D 之间时，求 B 与 C 处的电位得：

$$\phi_B = \frac{I_2 R_s}{\pi} \ln\left(\frac{S_2 + S_3}{S_1}\right)$$

$$\phi_C = \frac{I_2 R_s}{\pi} \ln\left(\frac{S_3}{S_1 + S_2}\right)$$

于是 B、C 之间的电压为

$$V_2 = \phi_B - \phi_C = \frac{I_2 R_s}{\pi} \ln \frac{(S_2 + S_3)(S_1 + S_2)}{S_1 S_3} \tag{4-7}$$

由式 4-6 和式 4-7 两式可得：

$$\exp\left(-\frac{\pi V_1}{I_1 R_s}\right) + \exp\left(-\frac{\pi V_2}{I_2 R_s}\right)$$

$$= \frac{(S_1 + S_2 + S_3)S_2}{(S_2 + S_3)(S_1 + S_2)} + \frac{S_1 S_3}{(S_2 + S_3)(S_1 + S_2)}$$

$$= \frac{(S_2 + S_3)(S_1 + S_2)}{(S_2 + S_3)(S_1 + S_2)} = 1$$

式中，I_1、I_2是流经二维半无穷大样品的电流。由此可以看出在检测过程中起主要作用的是$R_1 = V_1/I_1$与$R_2 = V_2/I_2$，而与针间的距离无关。

如果把二维半无穷大样品扩大为无穷大样品，本来位于样品边缘的四探针则位于样品中心线上。这相当于鲁美采夫斯基直线四探针法。不过，流经二维半无穷大样品的电流应扩大一倍流经二维无穷大样品，才保持电位不变。如果流经二维无穷大样品的电流为I，则流经二维半无穷大样品的电流应为$I/2$。此时适用于探针边缘位置的范德堡方程便转化为如下的鲁美采夫斯基方程：

$$\exp\left(-\frac{2\pi V_1}{I_1 R_s}\right) + \exp\left(-\frac{2\pi V_2}{I_2 R_s}\right)$$

$$= \frac{(S_1 + S_2 + S_3)S_2}{(S_2 + S_3)(S_1 + S_2)} + \frac{S_1 S_3}{(S_2 + S_3)(S_1 + S_2)}$$

$$= \frac{(S_2 + S_3)(S_1 + S_2)}{(S_2 + S_3)(S_1 + S_2)} = 1$$

式中，I_1、I_2是流经二维无穷大样品的电流。这与范德堡方程中流经二维半无穷大样品的电流的I_1、I_2不同，两者相差一倍。范德堡方程中的探针可以在样品边缘的任何角度（位置），那么鲁美采夫斯基法中S_i可取任意值，与针间的距离无关，探针可任意游移，其游移不影响测量正确性。

4.3 有限元理论推导范德堡方程

以下以有限元理论为例加以说明。经典电阻率公式可由拉氏方程或泊松方程导出，但都可将它及相应边界条件转化为求泛函的极值问题。将样品剖分后，由泛函的积分值转化为代数方程，这是样品上的电势分布与电阻率的关系代数方程，由测得样品上的若干点电势分布，可进一步反演得到样品的均匀电阻率。因此需依靠有限元方法，才能得到各种情况下的几何因子Γ，然后再得到$\rho = \Gamma^{-1}R$，解决电阻率测量问题。

Van der Pauw 曾提出的以下公式适用于触点在样品边缘时的情况：

$$\exp\left(-\frac{\pi R_1}{R_s}\right) + \exp\left(-\frac{\pi R_2}{R_s}\right) = 1$$

$$R_s = \frac{\pi}{2\ln 2}\left(\frac{V_1 + V_2}{I}\right) f(V_1/V_2) \tag{4-8}$$

式中，R_s 是任意形状的均匀薄层电阻，当四个探针或触点位于样品边缘时，$R_1 = \frac{V_1}{I}$，$R_2 = \frac{V_2}{I}$，V_1、V_2 为两次测量中 C、D 和 B、C 探针的电压。

电流从探针 A 流入，流经样品平面后从另一探针 B 流出，如图4-4 所示。围绕探针 A 在样品面上做一任意封闭面，由欧姆定律则有

$$\oiint \boldsymbol{E} \cdot \mathrm{d}\boldsymbol{S} = \oiint \frac{\boldsymbol{j}}{\sigma} \cdot \mathrm{d}\boldsymbol{S} = \frac{I}{\sigma} \tag{4-9}$$

式中，$\boldsymbol{E}$ 为电场强度；$\mathrm{d}\boldsymbol{S}$ 为面元矢量；σ 为样品材料的电导率；I 为由 A 点注入并流经样品的电流强度。由奥-高定理可知，在探针 A 处有正电荷

$$q_A = \frac{I}{\sigma} \tag{4-10}$$

同样在探针 B 处应有负电荷

$$q_B = -\frac{I}{\sigma} \tag{4-11}$$

这样可把电流场问题转化成静电场问题进行处理，电流场中电势分布即为静电场中的电势分布，整个区域的边值问题为求解

泊松方程，

$$\Delta u = -\rho_e \tag{4-12}$$

令

$$f = -\rho_e$$

则

$$\Delta u = f$$

边界条件

$$\frac{\partial u}{\partial n} = 0$$

式中，n 为边界的单位法向矢量；ρ_e 为电荷的面密度。

在有限元方法中，将求解区域剖分成三角形单元。为了计算方便，假设电荷 q_A，q_B 均匀分布在探针结点周围的 6 个三角形单元中，设 S 为这些三角形单元面积的总和，如图 4-6 所示，则

$$\rho_e = \begin{cases} q_A/S & \text{（探针 A 周围的各单元）} \\ q_B/S & \text{（探针 B 周围的各单元）} \\ 0 & \text{（其余各单元）} \end{cases}$$

图 4-6 样品面的剖分及电荷在电流流入探针 A 及流出探针 B 附近相关三角形单元中的分布（阴影区）

有限元方法中利用变分原理将上面边值问题转换为泛函 $L(u)$ 极值问题，

$$L(u) = \int_v \frac{1}{2}(\nabla u)^2 \mathrm{d}v - \int_v fu \mathrm{d}v = \min \tag{4-13}$$

其中边界条件$\frac{\partial u}{\partial n}=0$自然满足。

区域剖分后可以得 n 个结点，其中任一点的电势 u 近似用结点电势值 u_1，u_2，…，u_n 展开

$$u = \sum_{i=1}^{n} u_i N_i \tag{4-14}$$

其中 N_i 叫形函数或基函数，只与剖分单元形状有关。

求泛函极小值 $\delta L(u)=0$，

即
$$\frac{\partial L}{\partial u} = 0 \tag{4-15}$$

将式 4-14 代入式 4-13 泛函，并令泛函 $L(u)$ 对每一变量 u_i 的偏导数为零，则有

$$\sum_{i=1}^{n} S_{ij} u_i = F_i \quad (i = 1,2,\cdots,n) \tag{4-16}$$

其中
$$S_{ij} = \int_v \nabla N_i \nabla N_j \mathrm{d}v, F_i = \int_v f N_i \mathrm{d}v$$

这是一个 n 阶线性方程组，可以写成如下矩阵形式：

$$[S_{ij}]\begin{bmatrix} u_1 \\ u_2 \\ \vdots \\ u_n \end{bmatrix} = \begin{bmatrix} F_1 \\ F_2 \\ \vdots \\ F_n \end{bmatrix} \tag{4-17}$$

这样把有关电势 u 的微分方程变成关于结点电势 u_1，u_2，…，u_n 的线性方程组。这是样品上的电势分布与电阻率的方程。由测得样品上的若干点电势分布，可进一步反演得到样品的均匀电阻率。以正方形样品为例，+和－为电流注入点，得到边缘电位 U_1 及 U_2（单位为 IR_s/π）分布，如图 4-7 所示，满足

$$\exp - U_1 + \exp - U_2 = \sqrt{2}$$

由此可推出范德堡方程：

$$\exp - \pi V_1/IR_s + \exp - \pi V_2/IR_s = 1$$

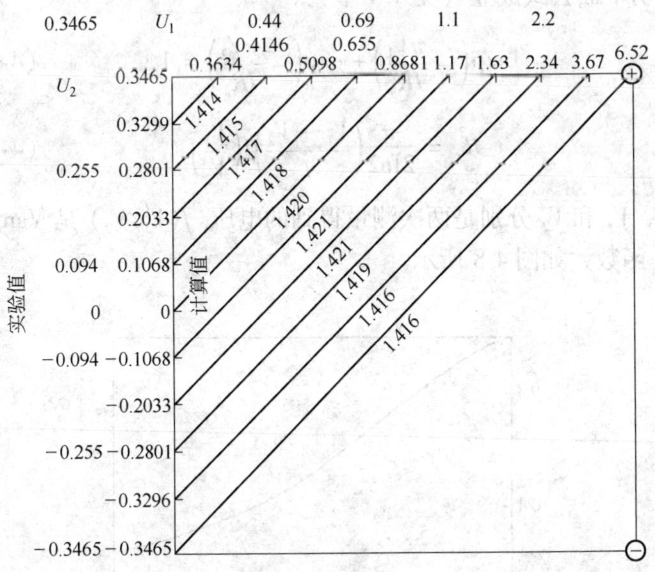

图 4-7 方形样品边缘电位分布（计算与测试结果一致）

其中，$V_1=(U_1+0.3465)IR_s/\pi$，$V_2=(U_2+0.3465)IR_s/\pi$，$V_1-V_2=(U_1-U_2)IR_s/\pi$

$$\Gamma=\frac{V_1-V_2}{\rho I}=\frac{U_1-U_2}{\pi\delta}$$

Γ 就是理论几何因子，R_s 是样品均匀的薄层电阻，$R_s=\rho/\delta$。因此需依靠有限元理论完成反演理论构架，才能得到各种情况下的几何因子 Γ。建立$\frac{V_1-V_2}{I}$和 ρ 关系。V_1、V_2 是方形样品的边缘电位（V）。

4.4 改进的范德堡法的推导

4.4.1 改进的范德堡法的要领

Van der Pauw 曾对任意形状样品，当触点在边界上任意位置时证明下面公式成立（见4.1节）：

$$\exp\left(-\frac{\pi V_1}{IR_s}\right)+\exp\left(-\frac{\pi V_2}{IR_s}\right)=1 \tag{4-18}$$

$$R_s=\frac{\pi}{2\ln 2}\left(\frac{V_1+V_2}{I}\right)f\left(\frac{V_1}{V_2}\right) \tag{4-19}$$

式中，V_1 和 V_2 分别是两次测量得到的电压。$f(V_1/V_2)$ 是 Van der Pauw 函数，如图4-8所示。

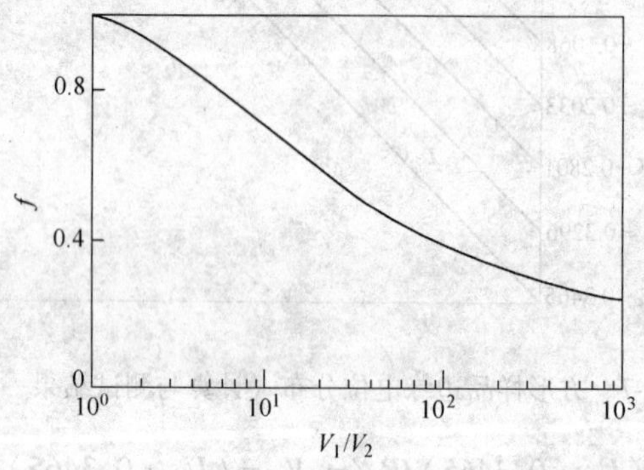

图4-8 $f(V_1/V_2)$ 与 V_1/V_2 的关系曲线

但对微小样品而言，在边缘上制备小触点是十分困难的。因此 Van der Pauw 法不能直接应用于微小样品的方块电阻测量。我们提出的改进的 Van der Pauw 法很好地解决了上述问题，且成功地应用于微小样品的方块电阻测量。这一方法的要点是：在显微镜帮助下用目视法只要保证四探针尖分别置于方形微小样品面上的内切圆外四个角区，如图4-9所示。就可以正确测出它的方块电阻，不需要测定探针的几何位置。

第一次测量时，用A、B探针作为通电流探针，电流为 I，D、C探针作为测电压探针，其间电压为 V_1；第二次测量时用B、C探针作为通电流探针，电流仍为 I，A、D探针作为测电压探针，其间电压为 V_2；然后依次以C、D和D、A作为通电流的

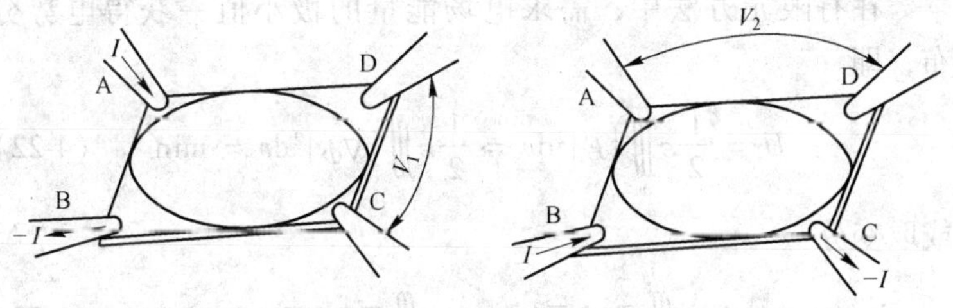

图 4-9　改进的 Van der Pauw 法示意图

探针，相应测电压的探针 B、A 和 C、D 间电压分别为 V_3 和 V_4，由四次测量可得样品的方块电阻为

$$R_s = \frac{1}{4}\sum_{n=1}^{4}\frac{\pi}{2\ln 2}\left(\frac{V_n + V_{n+1}}{I}\right)f\left(\frac{V_{n+1}}{V_n}\right) \tag{4-20}$$

其中 $f(V_{n+1}/V_n)$ 即为 Van der Pauw 函数。这一方法的特点是：

（1）4 根探针从 4 个方向分别由操纵架伸出到样品上，探针杆有足够的刚性。探针间距取决于探针针尖的半径，不受探针杆直径所限。

（2）测量精度与探针的游移无关；测量重复性好，无需保证重复测量时探针位置的一致性。

下面将利用有限元法对上述改性的 Van der Pauw 法的有效性进行证明。

4.4.2　基本原理

用改进的 Van der Pauw 法测定样品的方块电阻时，电流从一通电探针注入，流经样品后从另一电流探针流出。对各向同性导体中的恒定电场而言，其电势应满足拉普拉斯方程

$$\nabla^2\phi = 0 \tag{4-21}$$

因电流不从垂直样品边界方向流出，故边界条件为 $\frac{\partial\phi}{\partial \boldsymbol{n}} = 0$，其中 $\boldsymbol{n}$ 是边界的单位法向矢量。

在有限元方法中，需求电场能量的极小值—获得电势分布，即

$$U = \frac{1}{2}\varepsilon\iiint_v |E|^2 \mathrm{d}v = \frac{1}{2}\varepsilon\iiint_v |\nabla\phi|^2 \mathrm{d}v = \min \tag{4-22}$$

或取变分

$$\delta U = \varepsilon\iiint_v \nabla\phi\delta\nabla\phi \mathrm{d}v = \varepsilon\iiint_v \nabla\delta\phi\nabla\phi \mathrm{d}v = 0 \tag{4-23}$$

这一过程等价于求解拉普拉斯方程$\nabla^2\phi=0$，并满足边界条件$\frac{\partial\phi}{\partial n}=0$。

因此利用有限元方法获得的样品中的点位分布是严格的。边界条件自动得到满足，且不受样品形状的制约，所以对有限尺寸的样品而言，探针的边缘效应便自动考虑在其中。这一理论比无限系列镜像源理论以及图形变换理论优越。

将方形样品划分成 800 个三角形单元，441 个结点，如图4-10所示。

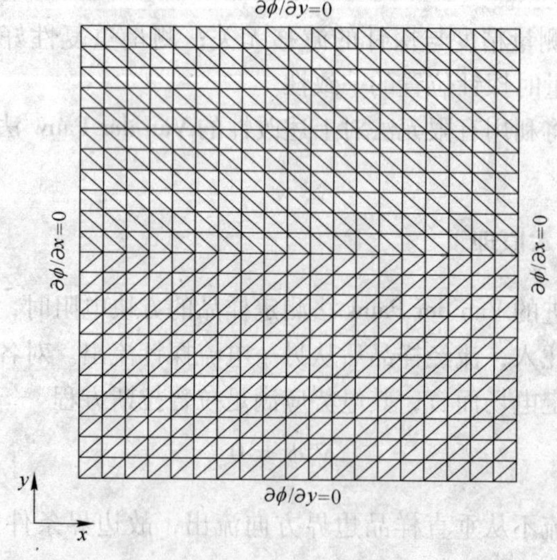

图 4-10　网格的剖分与边界条件

利用有限元通用程序 SAP 84 来获得各结点的电势。按这一程序要求编制计算机输入卡时，规定了如图 4-10 所示的边界条件以及电流注入探针的结点号。为方便起见，将计算机所得到的电势值以 IR_s^0/π 为单位输出。R_s^0 是设置的样品的方块电阻。

对应改进的 Van der Pauw 法 4 次测量，需要进行 4 次有限元计算，分别得到相应侧电压探针上的 U_1、U_2、U_3、U_4 四个值，代入式 4-20，计算得到的方块电阻为

$$R_s = \frac{1}{4}\sum_{n=1}^{4}\frac{\pi}{2\ln 2}\left[\frac{U_n(IR_s^0/\pi) + U_{n+1}(IR_s^0/\pi)}{I}\right]f\left(\frac{U_{n+1}}{U_n}\right)$$

$$= \frac{R_s^0}{8\ln 2}\sum_{n=1}^{4}(U_n + U_{n+1})f\left(\frac{U_{n+1}}{U_n}\right) = KR_s^0 \tag{4-24}$$

其中
$$K = \frac{1}{8\ln 2}\sum_{n=1}^{4}(U_n + U_{n+1})f\left(\frac{U_{n+1}}{U_n}\right) \tag{4-25}$$

当 $K=1$ 或接近于 1 时，则计算的 R_s 等于设置的 R_s^0，这表明改进的 Van der Pauw 法成立。

首先选择探针若干特定位置（角隅与对角线上点），利用有限元法计算样品上电势分布。如果与实验结果一致，则说明这种计算结果是可靠的。然后将探针设置在内切圆上，选择若干典型点进行计算。假若 K 接近于 1，则证明内切圆外区域使用改进的 Van der Pauw 法测量成立。

电流注入点在角隅上时的电势分布。图 4-11 所示为这种情况下的电势分布。中线的电势为零，上下电势对称，但符号相反。

左边两角隅的电势为 $\pm 0.3465(IR_s^0/\pi)$，其电势差为 $0.6930(IR_s^0/\pi)$。这符合 Van der Pauw 法的结果。因为用 Van der Pauw 法测量时，这种情况下，$V_1 = V_2 = V, f(V_1/V_2) = 1$，由式 4-19 可得

$$V = \ln 2(IR_s^0/\pi) = 0.693IR_s^0/\pi \tag{4-26}$$

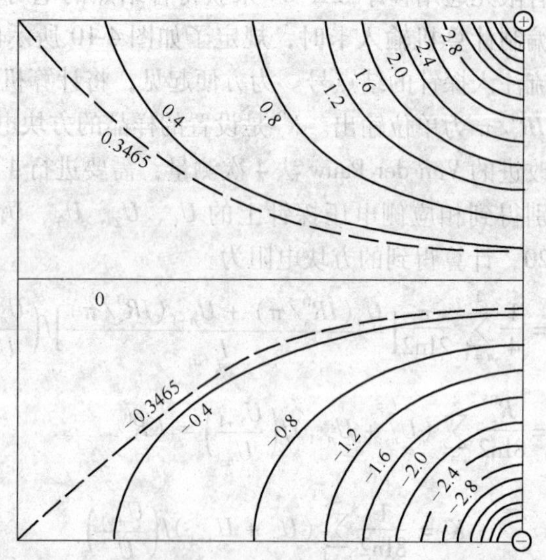

图 4-11 电流注入点在角隅时（$r = r_0$）的电势分布

在图 4-11 中还表示出计算得到的样品边界上的电势，并与实验结果作了比较。又在样品上画了一个系列 45°的直线，分别与边界相交两点。该两点上的电势 U_1 和 U_2 均符合下式（见图 4-7）：

$$\exp(-U_1) + \exp(-U_2) = \sqrt{2} \tag{4-27}$$

即 $$\exp[-(U_1 + 0.3465)] + \exp[-(U_2 + 0.3465)] = 1 \tag{4-28}$$

令 $V_1 = (U_1 + 0.3465) IR_s^0/\pi$，$V_2 = (U_2 + 0.3465) IR_s^0/\pi$，代入式 4-28 可得：

$$\exp\left(-\frac{\pi V_1}{IR_s^0}\right) + \exp\left(-\frac{\pi V_2}{IR_s^0}\right) = 1 \tag{4-29}$$

在用 Van der Pauw 法第一次测量时，如果把通电流探针 A，B 放在右边两角上，测电压探针 C 放在电势为 U_1 那点上，另一探针 D 置于左下角，其电势为 −0.3465。这样 C、D 间的电势差为 $V_1 = (U_1 + 0.3465)IR_s^0/\pi$。第二次测量时，下边的两个探针 D、A 作通电流探针，电流不变，右上角探针 B 的电势应为 −0.3465，探针 C 的电势为 U_2，故 C、B 间的电势差应为 $V_2 = (U_2 + 0.3465)IR_s^0/\pi$，由此可见，式 4-20 正是 Van der Pauw 方程。由图 4-7 可以看出，这一计算结果还与实验结果相符。这说明 Van der Pauw 理论的正确性，也说明有限元法计算的正确性。

电流注入点在对角线上时的电势分布。设样品的对角线长度的一半为 r_0，两通电探针对称地置于对角线上，样品中心到它们之间的距离为 r。设 $r/r_0 = 0.9, 0.8, \cdots, 0.1$，用 SAP 84 分别计算样品上的电势分布，如图 4-12 所示。如果把测电压的探针也置于通电流探针的对称位置上，则构成一个方块形四探针。

样品方块电阻与测电压探针间的电压降 V 有如下关系：

$$R_s^0 = C(V/I)$$

其中 C 称作修正系数

$$C = \frac{IR_s^0}{V} = \frac{IR_s^0}{U(IR_s^0/\pi)} = \frac{\pi}{U} \tag{4-30}$$

其中 U 为测电压探针间的电压降，以 IR_s^0/π 为单位。图 4-13 示出计算得到的修正系数 C 与 r 的关系曲线，与实验结果符合得很好。其中曲线 A 是 Keywell 利用无限系列镜像源理论得到的，曲线 B 是 Mircea 利用图形变换理论得到的。曲线 A 与实验结果有很大偏差，说明前一种理论不恰当。$r = 0.707r_0$ 是内切圆的半径。由图 4-13 可以看出，内切圆外曲线是平坦的，修正系数 C 近似为常数 4.53。而 Keywell 的曲线是陡峭的。

用改进的 Van der Pauw 法测量方块电阻时，假若四探针对称地置于对角线上，则 4 次测得的电压降是相同的，因此 $f(U_{n+1}/U_n) = 1$，则由式 4-25 所得 $K(r)$ 为

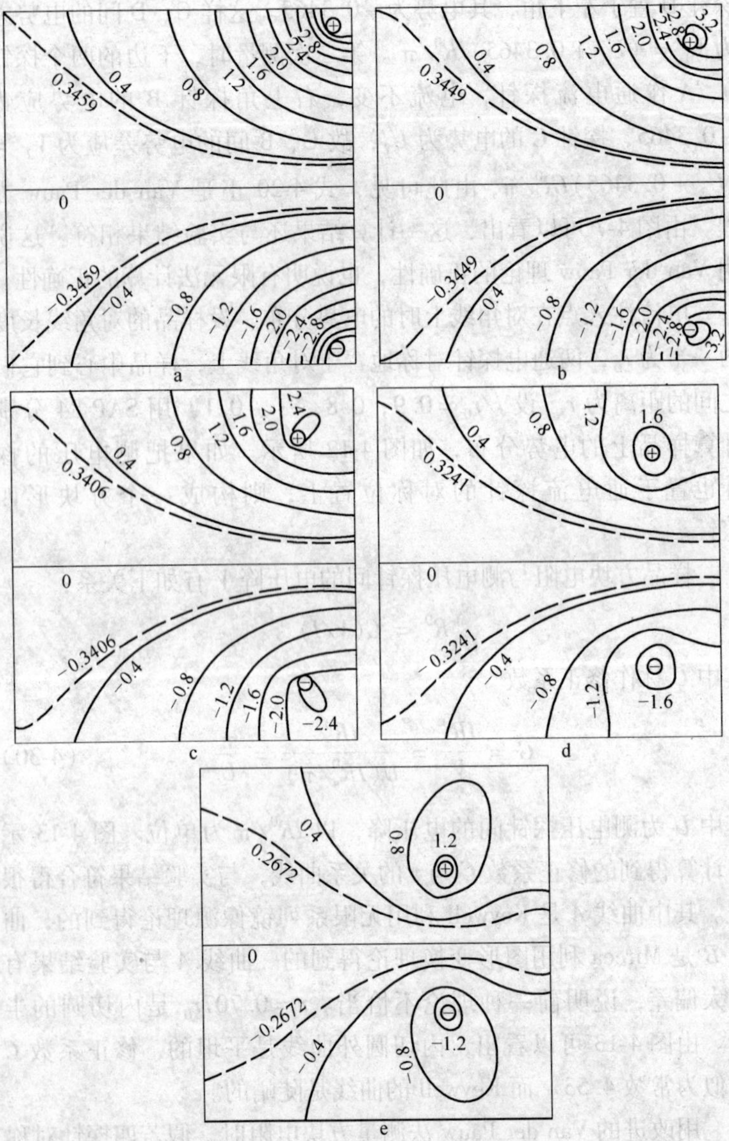

图 4-12 电流注入点在对角线上不同位置时的电势分布

a—$r=0.9r_0$；b—$r=0.8r_0$；c—$r=0.7r_0$；d—$r=0.6r_0$；e—$r=0.4r_0$

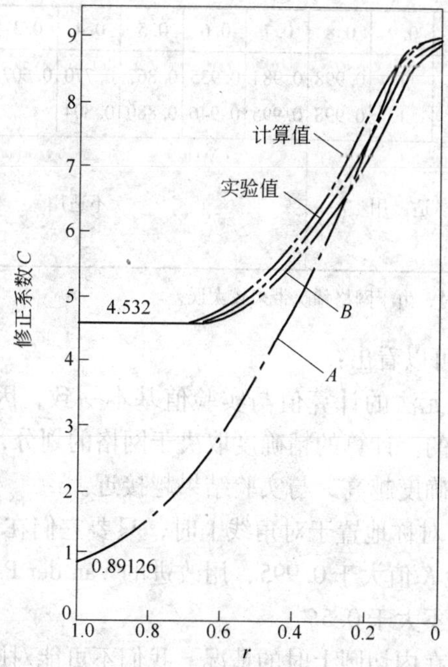

图 4-13 修正系数 C 与 r 的关系

$$K(r) = \frac{1}{4}\sum_{n=1}^{4} \frac{U_n(r) + U_{n+1}(r)}{2\ln 2} f\left(\frac{U_{n+1}}{U_n}\right) = \frac{U_n(r)}{\ln 2} \quad (4\text{-}31)$$

其中 $U_n(r)$ 是第 n 次测量时两侧电压探针间的电压降。表 4-1 中示出计算得到的和实验得到的 K 值和修正系数 C。

表 4-1 K 和修正系数 C 的计算值和实验值

r/r_0		1	0.9	0.8	0.7	0.6	0.5	0.4	0.3	0.2	0.1
计算的 $U(r)(IR_s^*/\pi)$		0.693	0.693	0.692	0.682	0.648	0.601	0.534	0.462	0.402	0.367①
C	计算值	4.53	4.53	4.54	4.61	4.85	5.23	5.88	6.80	7.81	8.55①
	实验值	4.53	4.53	4.54	4.55	4.79	5.15	5.64		7.59	8.90

续表 4-1

r/r_0		1	0.9	0.8	0.7	0.6	0.5	0.4	0.3	0.2	0.1
K	计算值	1	1	0.998	0.984	0.935	0.867	0.770	0.607	0.580	0.53①
	实验值	1	1	0.998	0.995	0.946	0.880	0.804		0.597	0.509
改进的 Van der Pauw 法的适用性		适用		不适用							

① $r/r_0=0.1$ 时，由于网格稀疏带来较大误差。

由表 4-1 可以看出：

（1）有限元法的计算值与实验值基本一致，因此这一计算式是可以信赖的。计算的精确度取决于网格的划分，网格划分越细，则计算精确度越高，与实验结果越接近。

（2）探针对称地置于对角线上时，只要它们在内切圆外 $r\geqslant 0.707r_0$，实验 K 值大于 0.995，用改进的 Van der Pauw 法测得的方块电阻低估不大于 0.5%。

四探针均在内切圆上时的情况。我们不可能对圆上随机的各种位置进行计算，比较可行的是选择下列 4 种情况作典型计算，以代表可能出现的各种情况。探针 A、B、C、D 在内切圆上以逆时针顺序分布。

（1）探针 A、D 以顺时针方向，而 B、C 以逆时针方向偏离对角线 8°（8°探针正好在网格结点上）。

（2）探针 A、B、C、D 都逆时针方向偏离对角线 8°。

（3）探针 B、C、D 逆时针，而 A 顺时针方向偏离对角线 8°。

（4）. 探针 A、C 以顺时针方向，而 B、D 以逆时针方向偏离对角线 8°。

对应改进的 Van der Pauw 法的四次测量，电流 I 分别从 AB、BC、CD、DA 注入样品。用 SAP 84 程序分别计算出相应测试点 DC、AD、BA、CB 间的电压降 U_1、U_2、U_3、U_4。表 4-2 中示出

上述四种情况下的各计算值。于是对一种情况均有

$$K = \frac{1}{4}\sum_{n=1}^{4}\frac{U_n + U_{n+1}}{2\ln 2}f\left(\frac{U_{n+1}}{U_n}\right)$$

对应上述四种情况分别得到 $K = 0.990$，0.995，0.988，0.987（见表4-2）。理论预示探针均在内切圆上的4种典型情况下，测得的方块电阻可能低估1%，0.5%，1.2%，1.3%。

偏离角大于8°时，探针更接近于边缘，K 值更接近1，误差则更小。

表4-2 四探针均在内切圆上的4种典型位置的计算结果

情况	探针位置偏离对角线8°的方向				探针间电压降（IR_s^0/π）				K 值
	A	B	C	D	CB	BA	AD	DC	
1	+	−	−	+	0.698	0.681	0.698	0.664	0.990
2	−	−	−	−	0.690	0.690	0.690	0.690	0.995
3	+	−	−	−	0.594	0.796	0.592	0.780	0.988
4	+	−	+	−	0.507	0.897	0.507	0.897	0.987

注：表中“+”代表顺时针方向偏离，“−”代表逆时针方向偏离。又A，B，C，D在内切圆上以逆时针顺序分布。

4.4.3 实验结果

首先在尺寸为25mm×25mm的硅衬底上进行测量。所用数字电压表和恒定电流源是由Keithley仪器公司生产的。电压灵敏度为0.1μV，输入阻抗大于0.1GΩ。所用恒流为0.1A，此时恒流源的精度为50μA。K 值是依据探针在不同的位置时与在边缘位置时所测得的方块电阻之比而得到。图4-13中已示出 C-r 的实验关系曲线，它与利用有限元法计算所得的理论曲线是一致的，另外，只要将四探针的位置控制在内切圆外的四个角区，用改进的Van der Pauw法测量所得样品的方块电阻全部一致且 $K=1$。在大样品上反复实验都证实了这个结论。

然后再用改进的Van der Pauw法对一金微触点的方块电阻进

行测量。该样品的面积为 100μm × 100μm，厚度 δ 为 16μm，所用的碳化钨探针直径为 0.5mm，针尖直径为 7μm，锥角为 12.5°。视场用显微镜放大 8 ×10 倍。利用操纵架探针可以作空间3 个方向的移动，依靠目视将它们的针尖分别控制在 100μm × 100μm 的方形面积的内切圆外四个角区。细心去做，这是不成问题的。仪器条件同上。测量中按改进的 Van der Pauw 法改变各探针的电流与电压连接方式。将所得 4 个测量值代入式 4-24 便得到该金触点的方块电阻。共进行 10 次测量。每次的方块电阻在 1.22 ~1.30mΩ 之间。10 次测量的平均值为 1.26mΩ，标准差为 $\sigma = 0.04\mathrm{m\Omega}$，相对标准偏差为 $y = \sigma/\overline{R}_s = 3.2\%$。该金触点的体电阻率 $\rho = \delta\overline{R}_s = 2.02 \times 10^{-6}\Omega \cdot \mathrm{cm}$，与文献报道的是一致的。由此可见，用本法测定微小方形样品的方块电阻是成功的。

4.4.4 十字形样品中范德堡方程的推导

和4.3 节应用有限元方法一样，可推导出十字形样品中范德堡方程，这里只介绍计算和实验结果。电流注入点在十字边的中点 $A(+)$和 $B(-)$时的电势分布。图 4-14 所示为这种情况下的电势分布。对角线两端的电势为零，对角线左右电势对称，但符号相反。D 和 C 两点的电势分别为 $\pm 0.3465(IR_s^0/\pi)$，其电势差为 $0.6930(IR_s^0/\pi)$。这符合 Van der Pauw 法的结果。因为用 Van der Pauw 法测量时，这种情况下，$V_1 = V_2 = V$，$f(V_1/V_2) = 1$，由式 4-24 可得

$$V = \ln 2(IR_s^0/\pi) = 0.693IR_s^0/\pi \tag{4-32}$$

在图 4-14 中还表示出计算得到的样品十字边界上的电势，并与实验结果作了比较。又在样品十字边上画了一个系列平行的直线，分别与边界相交两点。该两点上的电势 U_1 和 U_2 均符合下式（见图 4-14）:

$$\exp(-U_1) + \exp(-U_2) = \sqrt{2} \tag{4-33}$$

即

$$\exp[-(U_1 + 0.3465)] + \exp[-(U_2 + 0.3465)] = 1 \tag{4-34}$$

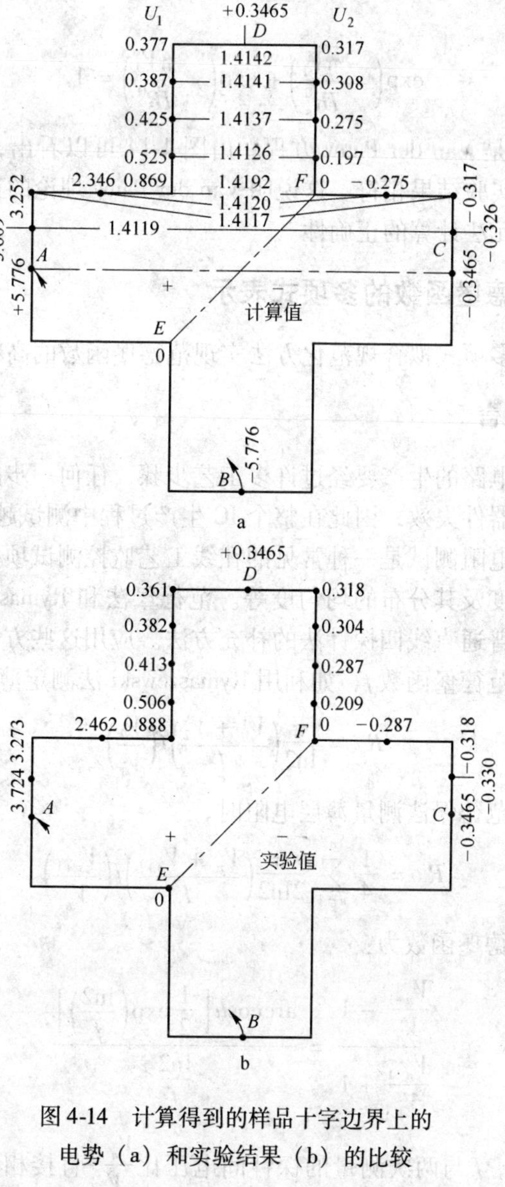

图 4-14 计算得到的样品十字边界上的电势（a）和实验结果（b）的比较

令 $V_1 = (U_1 + 0.3465) IR_s^0/\pi$，$V_2 = (U_2 + 0.3465) IR_s^0/\pi$，代入式 4-34 可得：

$$\exp\left(-\frac{\pi V_1}{IR_s^0}\right) + \exp\left(-\frac{\pi V_2}{IR_s^0}\right) = 1 \tag{4-35}$$

式 4-35 正是 Van der Pauw 方程。由图 4-14 可以看出，这一计算结果还与实验结果相符。这说明 Van der Pauw 理论的正确性，也说明有限元法计算的正确性。

4.5 范德堡函数的多项式表示

利用多项式拟合规范化方法实现范德堡函数的高精度反演。

4.5.1 引言

集成电路的生产要经过许多工艺步骤，任何一步的错误，都可能导致器件失效，因此在整个 IC 生产过程中测试越来越重要，其中薄层电阻测试是一种常见的在线工艺监控测试项目，用于判定杂质浓度及其分布的均匀度等。范德堡法和 Rymaszewski 法经常被作为普通直线四探针法的补充方法。应用这些方法的共同点是必须用范德堡函数 f，如利用 Rymaszewski 法测定薄层电阻时，

$$R_s = \frac{\pi}{\ln 2}\left(\frac{V_1 + V_2}{I}\right) f\left(\frac{V_2}{V_1}\right) \tag{4-36}$$

用改进的范德堡法测量薄层电阻时，

$$R_s = \frac{1}{4}\sum_{n=1}^{4} \frac{\pi}{2\ln 2}\left(\frac{V_n + V_{n+1}}{I}\right) f\left(\frac{V_{n+1}}{V_n}\right) \tag{4-37}$$

其中的范德堡函数为：

$$\frac{\dfrac{V_{n+1}}{V_n} - 1}{\dfrac{V_{n+1}}{V_n} + 1} = \frac{\operatorname{arccos}h\left[\dfrac{1}{2}\exp\left(\dfrac{\ln 2}{f}\right)\right]}{\dfrac{\ln 2}{f}} \tag{4-38}$$

可以看出，f 与两次测量的探针间电压比 $\frac{V_{n+1}}{V_n}$ 直接相关，是一个

由f值正演得到$\frac{V_{n+1}}{V_n}$的非线性函数，而实际测量时只能测得$\frac{V_{n+1}}{V_n}$，为此必须解决由$\frac{V_{n+1}}{V_n}$到f的高精度反演问题。

我们首先解决由$\frac{V_{n+1}}{V_n}$到f的局部点反演问题，再利用本节我们提出的非线性函数的规范化拟合方法实现全局反演，得到一条与 ASTM 标准中基本一致的曲线。这为范德堡法和 Rymaszewski 法测量薄层电阻时计算f函数带来极大的方便。

4.5.2 范德堡函数的局域反演和全局反演

规范化多项式拟合方法可以把任意非线性函数表示成式 4-39

$$f = f_0 + \alpha_1 t + \alpha_2 t^2 + \alpha_3 t^3 + \alpha_4 t^4 + \alpha_5 t^5 + \varepsilon \qquad (4\text{-}39)$$

其中ε是一小量。

但由于范德堡函数f的定义域起始值为$t=1$，不是$t=0$，所以我们取f_0为$t=1$时的值，由式 4-38 可知$f_0=1$，此时式 4-39 变为：

$$\begin{aligned} f &= f_0 + \alpha_1(t-1) + \alpha_2(t-1)^2 + \alpha_3(t-1)^3 + \\ &\quad \alpha_4(t-1)^4 + \alpha_5(t-1)^5 + \varepsilon \\ &= f_0 + \alpha_1 x + \alpha_2 x^2 + \alpha_3 x^3 + \alpha_4 x^4 + \alpha_5 x^5 + \varepsilon \qquad (4\text{-}40) \end{aligned}$$

其中$t=\frac{V_{n+1}}{V_n}$，$x=t-1$可取全局值，即$x\in[0,10]$。而实现我们所提出的全局反演的前提是必须知道横坐标的等分点（如$x=2$，4，6，8，10）上对应的f的真值或者接近值，即首先必须实现等分点上的局域反演。

如何进行局域反演呢？这一过程可用图 4-15 来表示。我们选取其中一点说明局域反演的实现。设与$x=2$相对应的范德堡函数的真值为f_2。按先验知识（ASTM 上有此曲线），f_2大致在 0.98 和

0.95之间。于是便可以确定 f_2 的初始搜索空间，如图4-15中点 a 的外圈所示。对横坐标的等分点也提出严格的要求。例如，规定 2 ± 0.00001 才算精确，相应地有 $f_2\pm\Delta f_2$，$\Delta f_2=\tan\alpha_2\Delta(x)=\tan\alpha_2(\pm0.00001)$，其中 $\tan\alpha_2$ 为 $x=2$ 处的斜率。据先验知识，$\tan\alpha_2\approx-0.5714$。因此，可以规定 $\Delta f=0.000001<\Delta f_2$ 为正演操作时 f 的搜索步长。图4-15中点 a 的黑点便是在局域搜索空间中搜索时最终所要达到的目标，即 $f=f_2\pm0.000001$，$x=2\pm0.00001$。若采用系统顺序搜索和蒙特卡洛随机搜索，需3万次给定 f 才能命中目标，这是不可取的。我们的方法是初始搜索空间（$f_2=0.98\sim0.95$）采用 $\Delta f=0.01$ 步长进行正演搜索，然后确定 $x=2\pm0.00001$ 所对应的 f_2 的范围，即图4-15中点 a 的外数第二个圈。接着采用 $\Delta f=0.001$ 步长进行正演搜索，再确定 $x=2\pm0.00001$ 所对应的 f_2 的范围，即图4-15中点 a 的外数第三个圈。如此进行下去直至达到目标黑圈为止。这样搜索次数为 $\sum\frac{\text{搜索范围}}{\text{步长}}=\frac{0.98-0.95}{10^{-2}}+\frac{10^{-2}}{10^{-3}}+\frac{10^{-3}}{10^{-4}}+\frac{10^{-4}}{10^{-5}}+\frac{10^{-5}}{10^{-6}}=43$ 次，也就是说，不到100次正演操作搜索便可以得到 $f_2\pm(1\times10^{-6})$ 的接近值。对于全局上的10个分点，进行1000次正演操作便可完成全部局域操作。表4-3所列出的为我们得到的部分局域反演搜索结果。

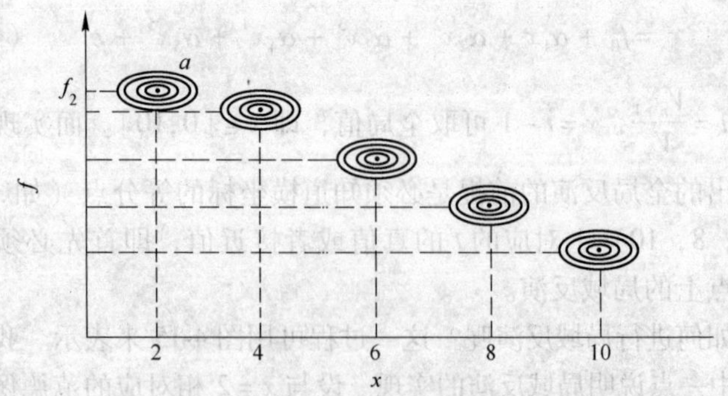

图4-15 在等分点上实现局部反演示意图

表 4-3 范德堡函数部分局域反演搜索结果

x	2 +0.00001	4 ±0.00001	6 +0.00001	8 −0.00001	10 +0.00001
f	0.96028	0.860292	0.789283	0.738118	0.699259
$f-f_0$	−0.03972	−0.139708	−0.210717	−0.261882	−0.300741

通过上述反演过程得到范德堡曲线上的一系列$\frac{V_{n+1}}{V_n}$的等分点上的f值以后，便可以用非线性函数标准化拟合的方法实现全局反演。

将式 4-40 移项后得：

$$f-f_0 = \alpha_1 x + \alpha_2 x^2 + \alpha_3 x^3 + \alpha_4 x^4 + \alpha_5 x^5 + \varepsilon \quad (4\text{-}41)$$

即有

$$f-f_0 = an + bn^2 + cn^3 + dn^4 + en^5 + \varepsilon \quad (4\text{-}42)$$

其中，$n=\frac{x}{x_1}$；$a=\alpha_1 x_1^1$；$b=\alpha_2 x_1^2$；$c=\alpha_3 x_1^3$；$d=\alpha_4 x_1^4$；$e=\alpha_5 x_1^5$。

这样便可把范德堡非线性函数转化为一个标准的规范化多项式 4-42。

取 5 次局域反演值（x_1，f_1），（x_2，f_2），（x_3，f_3），（x_4，f_4），（x_5，f_5），且 $x_2=2x_1$，$x_3=3x_1$，$x_4=4x_1$，$x_5=5x_1$，x_1 为横坐标的比例缩尺，此时 $n=1,2,3,4,5$，式 4-41 的向量形式为

$$\begin{pmatrix} f_1-f_0 \\ f_2-f_0 \\ f_3-f_0 \\ f_4-f_0 \\ f_5-f_0 \end{pmatrix} = \begin{pmatrix} 1 & 1 & 1 & 1 & 1 \\ 2 & 2^2 & 2^3 & 2^4 & 2^5 \\ 3 & 3^2 & 3^3 & 3^4 & 3^5 \\ 4 & 4^2 & 4^3 & 4^4 & 4^5 \\ 5 & 5^2 & 5^3 & 5^4 & 5^5 \end{pmatrix} \begin{pmatrix} a \\ b \\ c \\ d \\ e \end{pmatrix} = (n_{ij}^j)_{5\times5} \begin{pmatrix} a \\ b \\ c \\ d \\ e \end{pmatrix}$$

其中 $(n_{ij}^j)_{5\times5}$是一规范化的矩阵。

于是可以得到下式：

$$\begin{pmatrix} a \\ b \\ c \\ d \\ e \end{pmatrix} = (n_{ij}^{j})_{5\times5}^{-1} \begin{pmatrix} \Delta f_1 \\ \Delta f_2 \\ \Delta f_3 \\ \Delta f_4 \\ \Delta f_5 \end{pmatrix} = (n_{ij}^{j})_{5\times5}^{-1} \begin{pmatrix} -0.03972 \\ -0.139708 \\ -0.210717 \\ -0.261882 \\ -0.300741 \end{pmatrix}$$

$$= \begin{pmatrix} 0.06475430000000 \\ -0.16150716666667 \\ 0.06863054166667 \\ -0.01243083333333 \\ 0.00083315833333 \end{pmatrix} \tag{4-43}$$

其中 $(n_{ij}^{j})_{5\times5}^{-1}$是 $(n_{ij}^{j})_{5\times5}$的逆矩阵，两者满足正交关系；Δf_i由前面局域反演求得（见表4-3）。

又因为 $\alpha_1 = \dfrac{a}{x_1}$，$\alpha_2 = \dfrac{b}{x_1^2}$，$\alpha_3 = \dfrac{c}{x_1^3}$，$\alpha_4 = \dfrac{d}{x_1^4}$，$\alpha_5 = \dfrac{e}{x_1^5}$于是得到式 4-41 的各项系数：

$$\begin{pmatrix} \alpha_1 \\ \alpha_2 \\ \alpha_3 \\ \alpha_4 \\ \alpha_5 \end{pmatrix} = \begin{pmatrix} a\times2^{-1} \\ b\times2^{-2} \\ c\times2^{-3} \\ d\times2^{-4} \\ e\times2^{-5} \end{pmatrix} = \begin{pmatrix} 0.03237715000000 \\ -0.04037679166667 \\ 0.00857881770833 \\ -0.00077692708333 \\ 0.00002603619792 \end{pmatrix} \tag{4-44}$$

所以，范德堡函数可以表示为：

$$\begin{aligned} f = 1 &+ 0.03237715000000x - 0.04037679166667x^2 + \\ &0.00857881770833x^3 - 0.00077692708333x^4 + \\ &0.00002603619792x^5 + 0.00017171 \end{aligned} \tag{4-45}$$

其中 $x = V_{n+1}/V_n$。式 4-45 的曲线如图 4-16 所示，与 ASTM 中的曲线十分吻合。

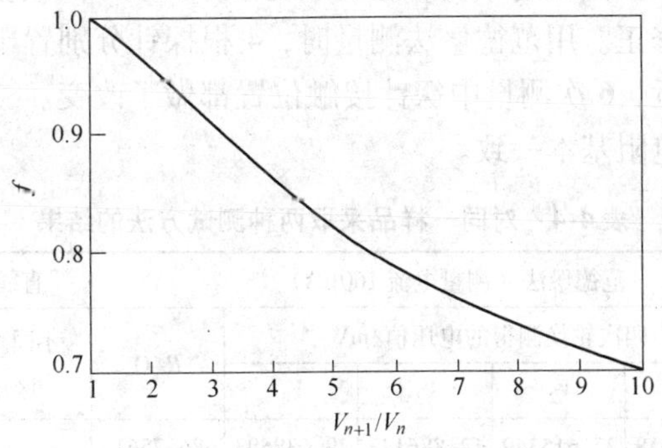

图 4-16 范德堡函数全局反演的多项式拟合曲线

4.5.3 范德堡函数非线性多项式在硅单晶圆片测试中的应用

因为只要采用范德堡法和 Rymaszewski 法测量薄层电阻，就必须用到范德堡函数，所以它的精度直接影响着最终的测量结果。我们把其高精度拟合多项式编入相应的计算程序中，可得到更为精确的薄层电阻值。在测量过程中 4 根探针分别需 4 次轮换供给恒流和测量电压，即每一次让相邻两根探针如 1、4 经样品流过恒流，从另两根探针 2、3 便测量出与样品接触点之间的电势差，即范德堡公式中的 V_x。

测量过程中我们采用单片机控制，用计算机处理数据。单片机部分选用 3 片 4052 做成模拟通道，对其控制端进行操作以选通不同的通道，来完成 4 次轮换，然后将输出端的微弱电压信号放大，接入 A/D 转换器 7135 进行模数转换，7135 输出端即为公式 4-45 中所需的 V_x，通过串行口送给计算机，用 C51 语言将拟合的多项式公式编到主程序中，最后在计算机相应界面上显示测量结果。

测试所用样品为 n-Si 片，直径为 40mm，厚度为 400μm，表面经金刚砂研磨以减小少子注入。表 4-4 中所给出的是为用直线四探针法和可移动倾斜四探针范德堡法的测量结果，前者不涉及范德堡函数但需经过厚度和边缘效应修正，表中所列数据已经过几何效应修正。用范德堡法测量时，4 根探针分别置于样品的正面边缘附近，6 次测量中探针接触位置都做了改变。二者所测样品的薄层电阻基本一致。

表 4-4 对同一样品采取两种测试方法的结果

范德堡法（测量电流 160μA）						直线四探针法	
测量次数	四次轮换测得的电压值/mV				R/Ω	不同测量区域	R/Ω
	V_1	V_2	V_3	V_4			
1	21.357618	37.615349	12.886143	29.638693	686.75616	a	662.5
2	23.086053	29.297726	13.610287	32.017804	673.61285	b	660.8
3	20.133531	36.676559	11.043522	27.373889	639.26971	c	657.5
4	22.538717	35.686349	11.746589	29.163549	671.17456	d	695.2
5	21.656397	34.273636	12.563481	30.164924	670.39606	e	682.9
6	20.686512	35.779531	11.945619	28.435697	654.54504	f	664.7
薄层电阻平均值/Ω					665.95906	670.6	

4.5.4 范德堡函数非线性拟合多项式的误差分析

在函数进行局域反演和全局反演拟合的整个过程中不可避免地存在误差，对高精度反演误差分析就显得尤为重要了。

首先讨论拟合公式 4-45 的误差情况。在全局 $f \in [0.7, 1]$ 区间取步长为 0.001，记为 f_i，其中 $i=1$，2，3，…，300。根据公式 4-38 可以得到一组正演结果，分别用 x_i 表示，然后将 x_i 代入公式 4-45 即可得到另一组反演结果（f_{ri}）。实际上，我们可以看到，x_i 为由原始范德堡函数正演得到的一组精确值，f_{ri} 为拟合公式得到的一组反演值，讨论 f_{ri} 偏离 f_i 的程度就可以代表拟合公式 4-45 的精确度。正反演结果的差用 $\Delta f_i = f_{ri} - f_i$ 表示，相对误差为 $\Delta f_i / f_i$，其中 $i=1$，2，3，…，300。

最大偏差 $\mathrm{Max}\ \dfrac{\Delta f_i}{f_i} = 0.00416$，相对标准偏差：

$$\sigma_1 = \sqrt{\frac{1}{n-1}\sum_{i=1}^{n}\left(\frac{\Delta f_i}{f_i}\right)^2} = 0.001900 \approx 0.19\%$$

其中 $n=300$，$i=1, 2, 3, \cdots, 300$。

文献中提到的范德堡近似公式为

$$f \approx 1 - \frac{\ln 2}{2}\left(\frac{R_{AB,CD} - R_{BC,DA}}{R_{AB,CD} + R_{BC,DA}}\right)^2 - \left(\frac{R_{AB,CD} - R_{BC,DA}}{R_{AB,CD} + R_{BC,DA}}\right)^4\left[\frac{(\ln 2)^2}{4} - \frac{(\ln 2)^3}{12}\right]$$

$$= 1 - \frac{\ln 2}{2}\left(\frac{R_{AB,CD}/R_{BC,DA} - 1}{R_{AB,CD}/R_{BC,DA} + 1}\right)^2 - \left(\frac{R_{AB,CD}/R_{BC,DA} - 1}{R_{AB,CD}/R_{BC,DA} + 1}\right)^4 \times \left[\frac{(\ln 2)^2}{4} - \frac{(\ln 2)^3}{12}\right] \tag{4-46}$$

由于采用恒流源，$R_{AB,CD}/R_{BC,DA}$ 等价于式 4-45 中 x，但它只有在 $R_{AB,CD}$ 和 $R_{BC,DA}$ 近似相等时才能应用，而式 4-45 中 x 只要在 [1,10] 间均可应用。

4.5.5 小结

利用非线性反演和规范化拟合的办法得出的范德堡函数的多项式形式，将它由隐函数表示为显函数，经过严格的误差分析，并在实际的薄层电阻测量中应用，发现它的精度在误差允许范围内，这为使用范德堡法和 Rymaszewski 法测量薄层电阻带来很大方便。

4.6 神经网络计算法

人工神经网络（Artificial Neural Network，ANN），也称为神经网络（Neural Network，NN），是由大量处理单元（神经元 Neurons）互连而成的网络，是对人脑的抽象、简化和模拟，反映人脑的基本特征。人工神经网络的研究是从人脑的生理结构出发来研究人的智能行为，模拟人脑信息处理的功能。人工神经网络是由简单的处理单元所组成的大量并行分布处理机，这种处理机具有存储和应用经验的知识的自然特性，它与人脑的相似之处可以概括为两个方面：一是通过学习过程利用神经网络从外部环境中获取知识；二是内部神经元（突触权值）用来获取的知识信息。人工神经网络是近年来的热点研究领域，涉及到电子科学与技术、信息与通信工程、计算机科学与技术、电气工程、控制科学与技术等诸多学科，其应用领域包括建模、时间序列分析、模式识别和控制等，并在不断地拓展。

4.6.1 人工神经网络模型

人工神经网络是由大量的处理单元互连而成的网络，是人脑的抽象、简化、模拟，反映人脑的基本功能。一般来说，作为神经元模型应具备以下三个要素：

（1）具有一组突触或连接，常用 w_{ij} 表示神经元 i 和神经元 j 之间的连接强度，或称之为权值，与人脑神经元不同，人工的神经元权值的取值可以在负值与正值之间。

（2）具有反映生物神经元时空整合功能的输入信号累加器。

（3）具有一个激励函数，用于限制神经元输出。激励函数将输出函数信号压缩（限制）在一个允许的范围内，使其成为有限值，通常，神经元输出的扩充范围在[0,1]或[-1,1]闭区间。

图 4-17 是一个人工神经元模型。

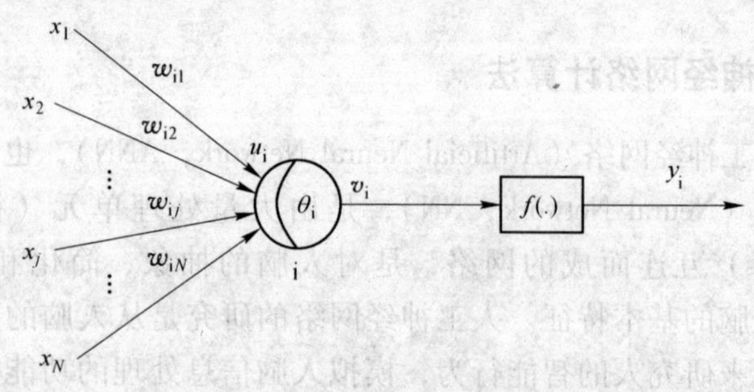

图 4-17 人工神经元模型

图 4-17 中，$x_j(j = 1,2,\cdots,N)$ 为神经元 i 的输入信号；w_{ij} 为突触强度或连接权；u_i 是由输入信号线性组合后的输出；是神经元 i 的净输出；θ_i 为神经元的阈值或称为偏差，用 b_i 表示；v_i 为经过偏差调整后的值，也称为神经元的局部感应区。

$$u_i = \sum_i w_{ij} x_j \tag{4-47}$$

$$v_i = u_i + b_i \tag{4-48}$$

$$y_i = (\sum_j w_{ij} x_j + b_i) \tag{4-49}$$

$f(.)$ 是激励函数，y_i 是神经元 i 的输出通常用的基本激励函数，有 3 种：（1）阈值函数（Threshold Function）；（2）分段函数（Piecewise-Linear Function）；（3）Sigmoid 函数（Sigmoid Function）。

4.6.2 人工神经网络的分类

将网络结构和学习算法相结合，对人工神经网络可以进行以下 5 种分类。

4.6.2.1 单层前向网络

所谓单层前向网络是指拥有的计算结点（神经元）是“单层”的，如图 4-18 所示。这里表示元结点个数的“输入层”看作一层神经元，因为该“输入层”不具有计算的功能。

4.6.2.2 多层前向网络

多层前向网络与单层前向网络的区别在于：多层前向网络含有一个或更多的隐含层，其中的计算结点被相应地称为隐含神经元或隐含单元。如图 4-19 所示。

图 4-19 所示的多项前向网络由含有 8 个神经元的输入层、含有 4 个神经元的隐含层和含有 2 个神经元的输出层所组成。

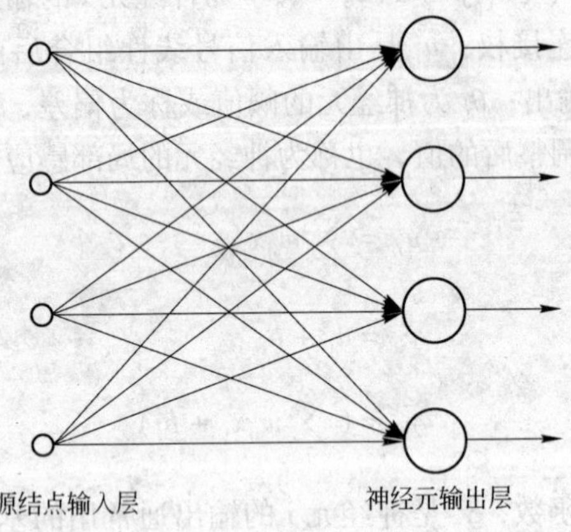

图 4-18 单层前向网络

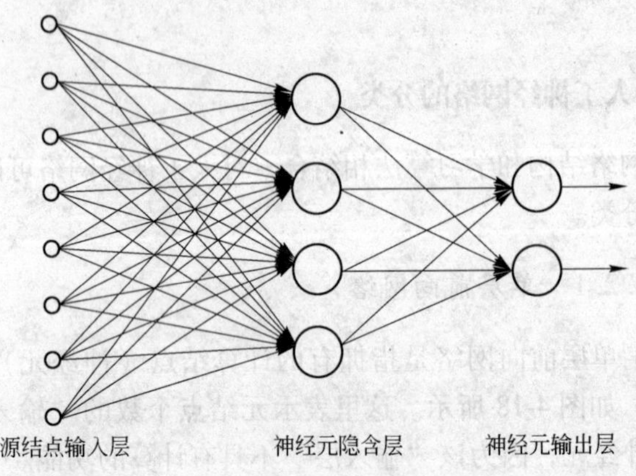

图 4-19 多层前向网络

网络输入层中的每个源结点的激励模式（输入向量）单元组成了应用于第二层（如第一隐含层）中神经元（计算结点）的输入信号，第二层输出信号成为第三层的输入，其余层类似。网络每一层的神经元只含有作为它们输入前一层的输出信号，网络输出层（终止层）神经元的输出信号组成了对网络中输入层

（起始层）源结点产生的激励模式的全部响应。即信号从输入层输入，经隐含层传给输出层，由输出层得到输出信号。

通过加一个或更多的隐含层，使网络能提取更高序的统计，尤其当输入层规模庞大时，隐神经元提取统计数据的能力便显得格外重要。

4.6.2.3 反馈网络

所谓反馈网络是指在网络中至少含有一个反馈回路的网络。反馈网络可以包含一个单层神经元，其中每个神经元将自身的输出信号反馈给其他所有神经元的输入，Hopfield 网络就是一个典型的反馈网络。

4.6.2.4 随机神经网络

随机神经网络是对神经网络引入随机机制，认为神经网络是按照概率的原理进行工作的，也就是说，每个神经元的兴奋或抑制具有随机性，其概率取决于神经元的输入，Boltzmann 机就是典型的随机神经网络。

4.6.2.5 竞争神经网络

竞争神经网络的显著特点是它的输入神经元相互竞争以确定胜者，胜者指哪一种原型模式最能代表输入模式，Hamming 网络就是一个最简单的竞争神经网络。

4.7 无学习率权值调整神经计算法拟合范德堡函数多项式

已有的神经网络计算方法在计算的时候都要加入学习率的选择，而下面提出了一种新的神经计算的方法，其最大的特点是在进行特定的权值调整时无须加入学习率。开始计算时先给出一组权值，通过反复计算由这组权值得到的与期望值的误差调整权值，最终得到期望的权值。在实际的计算中利用这种方法进行曲线拟合能方便地求出拟合多项式的系数，简化了计算过程，便于编程计算。将这种方法应用到范德堡函数的多项式拟合中，得出了范德堡函数。

4.7.1 样本数与权值数相等的神经网络拟合算法拟合范德堡函数

目前，我们比较常见的范德堡函数的拟合方法有最小二乘法、非线性函数的规范化拟合法等，但普遍存在的问题是拟合的精度较低。我们提出的无学习率权值调整神经计算法拟合范德堡多项式法比较好地解决了这个问题，这种方法最大的特点就是，在权值的调整过程中不需要使用学习率，这样就简化了计算过程，便于编程计算，最终达到要求的精度，可以比较精确地得到期望的拟合曲线。

4.7.1.1 范德堡函数和范德堡函数的局部反演

应用改进的范德堡法和 Rymaszewski 法的共同特点是必须用范德堡函数。如利用改进的 Rymaszewski 法测定薄层电阻时，

$$R_s = \frac{\pi}{\ln 2}\left(\frac{V_1 + V_2}{I}\right) f\left(\frac{V_1}{V_2}\right) \tag{4-50}$$

用改进的范德堡测量薄层电阻时，

$$R_s = \frac{1}{4}\sum_{n=1}^{4}\frac{\pi}{2\ln 2}\left(\frac{V_n + V_{n+1}}{I}\right) f\left(\frac{V_{n+1}}{V_n}\right) \tag{4-51}$$

其中范德堡函数为：

$$\frac{\frac{V_{n+1}}{V_n} - 1}{\frac{V_{n+1}}{V_n} + 1} = \frac{\operatorname{arccosh}\left[\frac{1}{2}\exp\left(\frac{\ln 2}{f}\right)\right]}{\frac{\ln 2}{f}} \tag{4-52}$$

f 与两次测量的探针间的电压比 $\frac{V_{n+1}}{V_n}$ 相关，是一个由 $\frac{V_{n+1}}{V_n}$ 值反演

得到f的非线性函数。

范德堡函数经过反演以后，可以得到一组局部点的反演值，再利用我们提出的无学习率权值调整神经计算法拟合范德堡多项式法实现数据的多项式拟合，得到了一条和ASTM标准中基本一致的曲线，为利用范德堡法测试薄层电阻提供了方便。表4-5就是范德堡函数部分局域反演的搜索结果。利用这一组数据通过神经网络的计算就可以求出范德堡函数的全局反演拟合多项式。

表4-5 范德堡函数部分局域反演的搜索结果

x	2	4	6	8	10
$f-f_0$	−0.03972	−0.139708	−0.210717	−0.261882	−0.300741

4.7.1.2 无学习率权值调整理论

一般来讲，神经网络权值调整的过程中都需要加入学习率，这样就会使权值W更加有效地逼近真实值。在权值调整的过程中，构建的神经网络模型如图4-20所示，输入层输入向量是连接权W。

输入层经隐层后的输出为$\boldsymbol{W}\boldsymbol{X}^{\mathrm{T}}$，其中矩阵$\boldsymbol{X}$的矩阵元为$x_j^i$，$i$为阶数，取到5阶便足够；$j$为拟合点数，假定取到6点。$\boldsymbol{W}$为$\boldsymbol{W}=(w_1,w_2,w_3,w_4,w_5)$，是$x_j^i$的系数。隐层的输出为$\boldsymbol{Y}=\boldsymbol{W}\boldsymbol{X}^{\mathrm{T}}$，其中$\boldsymbol{Y}=(y_1,y_2,y_3,y_4,y_5,y_6)$。

$$\boldsymbol{X}=\begin{bmatrix} x_1 & x_1^2 & x_1^3 & x_1^4 & x_1^5 \\ x_2 & x_2^2 & x_2^3 & x_2^4 & x_2^5 \\ x_3 & x_3^2 & x_3^3 & x_3^4 & x_3^5 \\ x_4 & x_4^2 & x_4^3 & x_4^4 & x_4^5 \\ x_5 & x_5^2 & x_5^3 & x_5^4 & x_5^5 \\ x_6 & x_6^2 & x_6^3 & x_6^4 & x_6^5 \end{bmatrix},\ \boldsymbol{W}=(w_1,w_2,w_3,w_4,w_5) \tag{4-53}$$

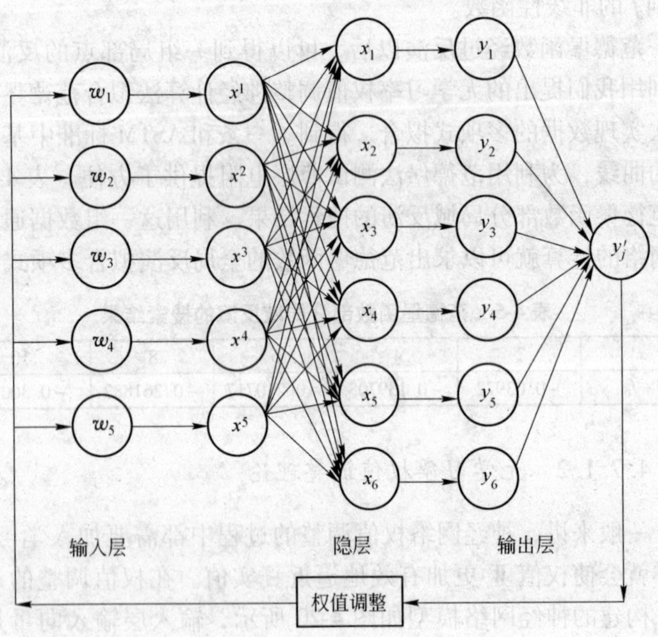

图 4-20　神经网络原理示意图

隐层每个结点的期望输出为 y_1，y_2，y_3，y_4，y_5，y_6，所以方差和的一半就是：

$$F(w) = \frac{1}{2}\sum_{j=1}^{6} |E_j|^2 = \frac{1}{2}\sum_{j=1}^{6}\left(\sum_i w_i x_j^i - y'_j\right)^2 \tag{4-54}$$

其中 y'_j 是期望输出值。它的梯度值 $\nabla_{wi}F$：

$$\nabla_{w_i}F(w) = \frac{1}{2}\nabla_{w_i}\sum_{j=1}^{6}\left(\sum_{i=1}^{5} w_i x_j^i - y'_j\right)^2$$

$$= \sum_{j=1}^{6}\left(\sum_{i=1}^{5} w_i x_j^i - y'_j\right)x_j^i = \sum_{j=1}^{6} E_j x_j^i \tag{4-55}$$

则相应的权值的调整公式应该为：

$$\delta W_i = -\alpha\nabla_{w_i}F = -\alpha\sum_{j=1}^{5} E_j x_j^i \tag{4-56}$$

即 $$W_i(k+1) = w_i(k) - \alpha(\sum_{j=1}^{5} E_j x_j^i) \tag{4-57}$$

其中 α 为学习率，现在我们来看式 4-57 的右边：

$$\begin{aligned}
\text{当 } i = 1, \quad & \sum_{j=1}^{6} E_j x_j = E_1 x_1 + E_2 x_2 + \cdots + E_6 x_6 \\
i = 2, \quad & \sum_{j=1}^{6} E_j x_j^2 = E_1 x_1^2 + E_2 x_2^2 + \cdots + E_6 x_6^2 \\
& \cdots\cdots \\
i = 5, \quad & \sum_{j=1}^{6} E_j x_j^5 = E_1 x_1^5 + E_2 x_2^5 + \cdots + E_6 x_6^5
\end{aligned} \tag{4-58}$$

由式 4-56、式 4-57 和式 4-58 可以看出 δw_i 根据 i 值（x 的阶次）的不同所选择的学习率相差太大，所以一个统一的学习率是较难确定的。

因此我们尝试放弃学习率的选取。各结点隐层的输出为 $y_j = \sum_{i}^{5} w_i x_j^i$，与期望值间的误差为 $E_j(k) = y_j - y_j'$。每一次权值的调整都会引起一个微小的变化 δw_i，从而引起拟合点 j 的输出与期望值间的误差的变化量为：

$$\begin{aligned}
\delta E_1(k) &= x_1 \delta w_1 + x_1^2 \delta w_2 + \cdots + x_1^i \delta w_i + \cdots + x_1^5 \delta w_5 \\
\delta E_2(k) &= x_2 \delta w_1 + x_2^2 \delta w_2 + \cdots + x_2^i \delta w_i + \cdots + x_2^5 \delta w_5 \\
&\cdots\cdots \\
\delta E_5(k) &= x_5 \delta w_1 + x_5^2 \delta w_2 + \cdots + x_5^i \delta w_i + \cdots + x_5^5 \delta w_5 \\
\delta E_6(k) &= x_6 \delta w_1 + x_6^2 \delta w_2 + \cdots + x_6^i \delta w_i + \cdots + x_6^5 \delta w_5 \\
&\cdots\cdots \\
\delta E_j(k) &= x_j \delta w_1 + x_j^2 \delta w_2 + \cdots + x_j^i \delta w_i + \cdots + x_j^5 \delta w_5
\end{aligned} \tag{4-59}$$

设 j 的最大拟合点数为 8，我们选择 δw_i 的值为

$$\delta W_i = -\frac{1}{n}\frac{1}{x_8^i}\left\{E_i + \frac{1}{s}\left[(1-\delta_{6j})(1-\delta_{7j})(1-\delta_{8j})\sum_{m=6}^{8}[E_m]\right] + \delta_{jm}E_m\right\} \tag{4-60}$$

其中 $i=1, 2, 3, 4, 5$；$j=1$ to max 8；从式4-60可以看出权值的每一次调整的幅度 δw_i 为：当 $j=1, 2, 3, 4, 5$ 时，由 E_6、E_7、E_8 的绝对值之和和各 E_i（比例不同）决定，之所以选择各误差绝对值之和是为了避免各误差相互抵消。当 $j=6, 7, 8$ 时，由 E_6、E_7、E_8 的分别值和各 E_i（比例不同）决定。而我们只需要选取不同的 n，s 的。经过我们实际的计算迭代前20次各误差会有振荡（将 δw_i 代入式4-49可看出，可能会出现 $|\delta E_j| > |E_j|$ 的情况），但随迭代计算各误差都逐渐减小，10000次（15s）后 δE_j 和 E_j 都趋于零。并且随之各 δw_i 也趋于零，这样 w_i 则收敛于最佳值。

4.7.1.3 无学习率权值调整神经计算法拟合范德堡多项式

范德堡函数最终要表示成如式4-61所表示的多项式形式：

$$f - f_0 = a_1x + a_2x^2 + a_3x^3 + a_4x^4 + a_5x^5 + \varepsilon \tag{4-61}$$

式中，f_0 为范德堡函数设想在 $x=0$ 时的值，由式4-45可知，与 $x=1$ 时相同，即 $f_0=1$。构建的神经网络模型如图4-20所示。输入向量和期望值为表4-5所示的反演得到的范德堡函数部分局域反演的搜索结果（x_1，y_1）、（x_2，y_2）、（x_3，y_3）、（x_4，y_4）、（x_5，y_5）。a_1、a_2、a_3、a_4、a_5 是输入的连接权。y_j 和 y_j' 分别是第 j 个输出向量的实际输出和期望值。权值的训练过程如下：把范德堡函数部分局域反演搜索结果 $\{x_j\}$ 作为输入值，$\{y_j\}$ 作为输出值，连接权用 A 表示。输入输出关系用矩阵形式表示：

$$\boldsymbol{Y} = \boldsymbol{AX} \tag{4-62}$$

神经网络的迭代算法如下：

$$y_j(k) = \sum_i^5 x_j^i a_i(k) \tag{4-63}$$

$$E_j(k) = y_j(k) - y_j'(k) \tag{4-64}$$

由于我们要得到范德堡函数的五阶多项式，选取 5 个结点可简化计算，对应的权值调整公式可以简化为：

$$a_i(k+1) = a_i(k) - \frac{1}{n}\frac{E_i}{x_n^i} \tag{4-65}$$

在式 4-65 中我们可以看到在权值调整中没有加入学习率，只需选取 n 值。其中，$y_j(k)$ 为第 j 个输出值对应的输出值；y_j' 为第 j 个输出值对应的期望值；E_j 为第 j 个输出值对应的输出值与期望值的误差；$a_i(k)$ 为第 k 步的第 i 个连接权；n 是权值输入向量的个数，取为 5。

由上述式 4-65 权值调整公式，可以看出在权值调整过程中没有加入学习率，最终通过网络迭代计算的各 a_i 权值的收敛最佳值就是多项式的系数。我们应用该神经网络的计算方法最终得到的范德堡函数如式 4-66 所示：

$$\begin{aligned} y = 1 &+ 0.03237713942644x - 0.04037678154427x^2 + \\ &0.00857881456949x^3 - 0.00077692669669x^4 + \\ &0.00002603618156x^5 \end{aligned} \tag{4-66}$$

在计算中为了方便起见式 4-66 取为：

$$\begin{aligned} y = 1 &+ 0.03237714x - 0.04037678x^2 + 0.00857881x^3 - \\ &0.00077693x^4 + 0.00002604x^5 \end{aligned}$$

其中 x 的值是两次测量的探针间电压比 $\frac{V_{n+1}}{V_n}$，式 4-66 的拟合曲线图如图 4-21 所示，与 ASTM 中的曲线十分接近。

4.7.1.4 权值调整的软件实现

这种计算方法的计算机编程是十分简便的。具体的计算步骤如图 4-22 所示。在进行神经网络计算时首先输入要求达到的误

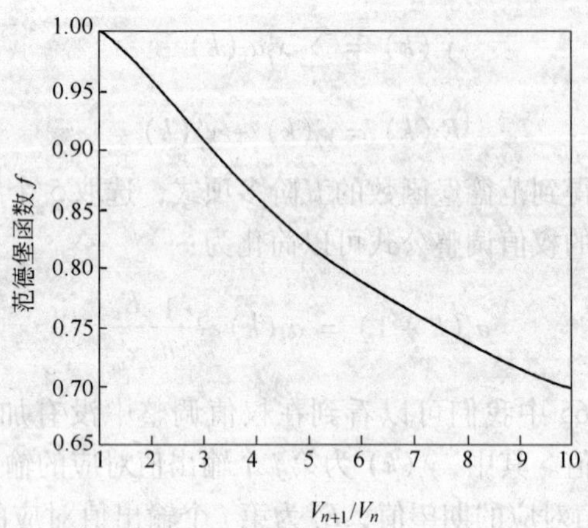

图 4-21　范德堡函数多项式拟合曲线

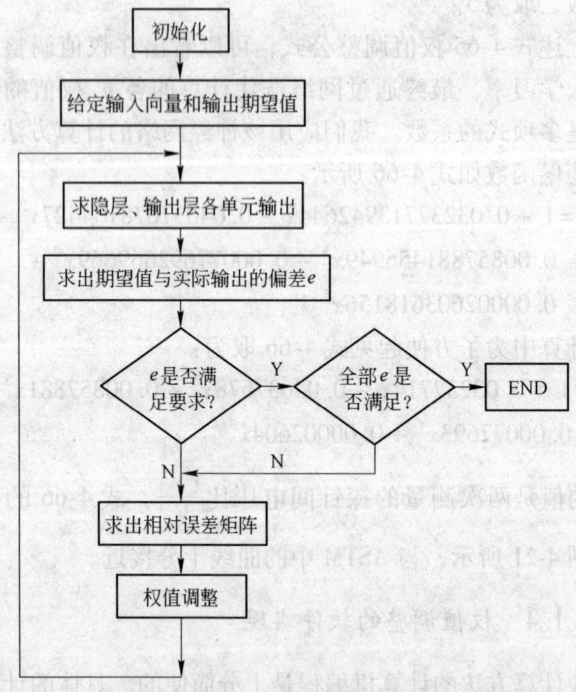

图 4-22　流程图

差精度，在图 4-20 中初始化时给定的权值是一组（5 个）数值，在 4. 7. 2. 3 节中将介绍初始权值的选取方法，这里暂不介绍。并且输入要进行多项式拟合的输入和输出向量期望值，然后根据式 4-63、式 4-64、式 4-65 进行计算。每进行一次计算都要与提前设定好的误差值比对，如果误差值不在规定范围之内，则反复进行计算，否则返回计算结果。我们在计算过程中发现这组值在经过一定时间的计算后都能达到我们要求的精度，在权值调整的过程中不需要加入学习率，并且网络迭代计算的编程简单易行，是一种有效的神经网络计算方法。

图 4-23 表示的是随迭代次数增加各权值（即多项式的系数）的变化情况，图中的水平的虚线部分为最后要求达到的真实值，最初给定的权值为一组随机数值，经过若干次计算以后（中间会有振荡）各个权值（如图中曲线所示）会逼近真实值。图 4-24表示的是各组误差的变化情况，由于权值的初值是随机给定的，所以各组误差也是不确定的，在图 4-24 中可以看到计算开始时误差大小不一，但随着计算次数的增加，各误差最后趋于零，收敛到规定的范围之内。

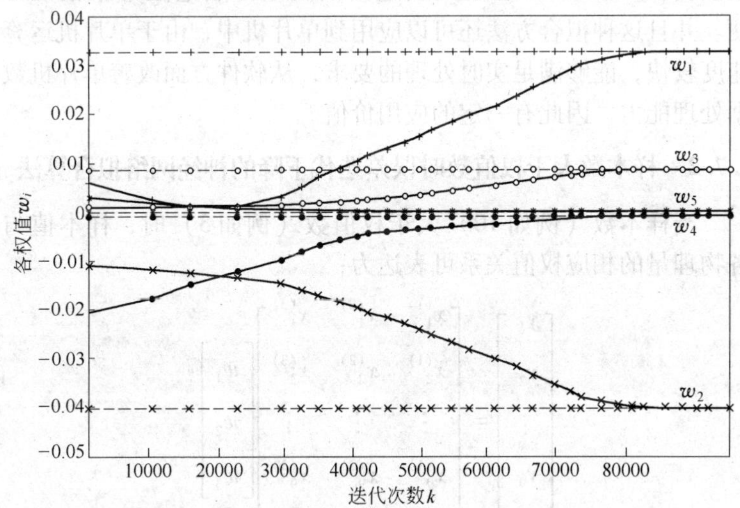

图 4-23　权值随迭代次数变化示意图

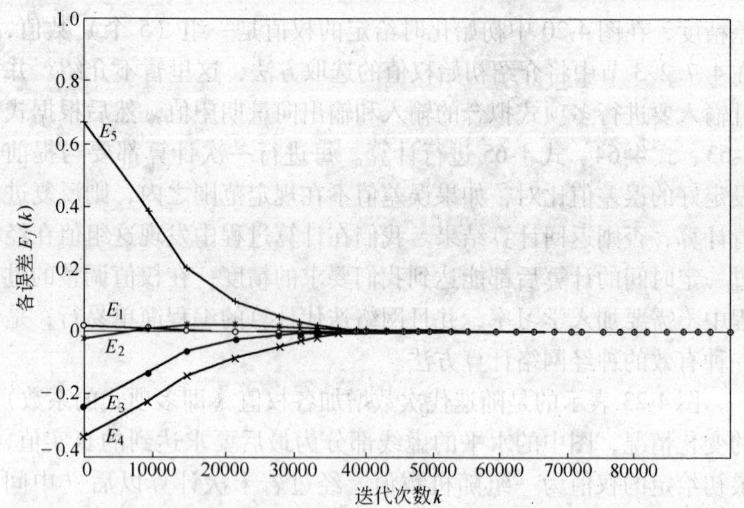

图 4-24　权值调整过程中随迭代次数误差的变化

在这里提出了一种无学习率权值调整神经计算法拟合范德堡函数，将范德堡函数由隐函数变为多项式显函数，这为使用范德堡法和 Rymaszewski 法及其改进方法测量薄层电阻带来很大方便。并且这种拟合方法还可以应用到单片机中，由于单片机运算速度较快，能够满足实时处理的要求，从软件方面改善单片机数据处理能力，因此有一定的应用价值。

4.7.2 样本数大于权值数时误差迭代下降的神经网络拟合算法

当样本数（例如 10）大于权值数（例如 3）时，样本值与各物理量的相应权值关系可表达为：

$$\begin{bmatrix} y_1 \\ y_2 \\ \vdots \\ y_9 \\ y_{10} \end{bmatrix} = \begin{bmatrix} x_1^{(1)} & x_1^{(2)} & x_1^{(3)} \\ x_2^{(1)} & x_2^{(2)} & x_2^{(3)} \\ \vdots & \vdots & \vdots \\ x_9^{(1)} & x_9^{(2)} & x_9^{(3)} \\ x_{10}^{(1)} & x_{10}^{(2)} & x_{10}^{(3)} \end{bmatrix} \begin{bmatrix} w_1 \\ w_2 \\ w_3 \end{bmatrix}$$

其中 (i) 代表不同的物理量，如温度、压力等。一般情况下，所涉及的物理量数量小于5。(i) 并不是 x_j 的方次，而是代表某一物理量的符号。因此，$\sum_{j=1}^{N}(E_j x_j^{(i)})$ 对于一个 w_i 是相同的，E_j 为式3-87中误差。并且学习率是容易选择的，这是因为对于不同的物理量 (i) 来说，学习率 α 对样本误差的影响取决于各样本值 $x_j^{(i)}$ 间之比。因此

$$\partial(\delta E_1)/\partial\alpha_1 : \partial(\delta E_{10})/\partial\alpha_1 = x_1^{(1)} : x_{10}^{(1)}$$

$$\partial(\delta E_1)/\partial\alpha_3 : \partial(\delta E_{10})/\partial\alpha_3 = x_1^{(3)} : x_{10}^{(3)}$$

$$\partial(\delta E_1)/\partial\alpha_1 : \partial(\delta E_1)/\partial\alpha_3 = x_1^{(1)}\sum_{j=1}^{N}(E_j x_j^{(1)}) : x_1^{(3)}\sum_{j=1}^{N}(E_j x_j^{(3)})$$

$$\partial(\delta E_{10})/\partial\alpha_1 : \partial(\delta E_{10})/\partial\alpha_3 = x_{10}^{(1)}\sum_{j=1}^{N}(E_j x_j^{(1)}) : x_{10}^{(3)}\sum_{j=1}^{N}(E_j x_j^{(3)})$$

如果对于不同的物理量 (i)，$x_j^{(i)}$ 已被归一化了，例如，$x_1^{(i)} = 0.1$，…，$x_{10}{}^{(i)} = 1$，

由 $x_1^{(1)}\sum_{j=1}^{N}(E_j x_j^{(1)}) = x_1^{(3)}\sum_{j=1}^{N}(E_j x_j^{(3)})$ 和 $x_{10}^{(1)}\sum_{j=1}^{N}(E_j x_j^{(1)}) = x_{10}^{(3)}\sum_{j=1}^{N}(E_j x_j^{(3)})$ 可得出：$\partial(\delta E_1)/\partial\alpha_1 : \partial(\delta E_1)/\partial\alpha_3 = x_1^{(1)}\sum_{j=1}^{N}(E_j x_j^{(1)}) : x_1^{(3)}\sum_{j=1}^{N}(E_j x_j^{(3)}) = 1$；并且 $\partial(\delta E_{10})/\partial\alpha_1 : \partial(\delta E_{10})/\partial\alpha_3 = x_{10}^{(1)}\sum_{j=1}^{N}(E_j x_j^{(1)}) : x_{10}^{(3)}\sum_{j=1}^{N}(E_j x_j^{(3)}) = 1$。

由上面两个表达式可以知道，$\alpha_1 = \alpha_2 = \alpha_3$ 是相同的，而它们与所涉及的物理量无关。在这种情况下，现行的权值训练法是非常适合的，这时，试探式或依据经验使用上面的各表达式，便很容易选择出一个普适的学习率。然而，我们相信在多项式拟合中，对不同权值，通用一个普适的公式来表达式4-57中学习率

α 是比较困难的。

4.7.2.1 不同权值的一种通用表达式

我们提倡放弃上述依靠选择学习率的这种权值训练法，宁可采用一个普适公式来表达权值的变化，以进行任何非线性函数的全局反演。

由方程式 4-59 可知，误差的改变依赖于权值的变化。然而误差是否的确减少，则取决于权值所选择的变化幅度。我们取 δw_i 为：

$$\delta w_i = -\frac{1}{m}\frac{1}{x_m^i}\left\{E_i + \frac{1}{m}\left[(1-\delta_{k,j})\sum_{k=6}^{m}|E_k|\right] + \delta_{kj}E_k\right\} \tag{4-67}$$

$i=1, 2, 3, 4, 5$；$j=1, \cdots, m$；$k=6, \cdots, m$。其中 m 为隐层中最大结点数，即样本最大数，最大权重（即多项式的阶数）分量选择为 5 阶，又 j 和 k 是结点的号数。E_i 是当横坐标上结点 $j=i=1\sim5$，而 E_k 分别为当结点 $j=k=6\sim m$ 时，计算的函数 $\boldsymbol{Y}=\boldsymbol{X}^{\mathrm{T}}\boldsymbol{W}$ 相对于期望 $\boldsymbol{Y}'$ 的偏差。x_m^i 中的 i 代表 x_m 的方次，δw_i 表示 w_i 的变化量。x_m^i 中的角标 m 指隐层中含有 m 个结点。现将每一 δw_i 代入式 4-59，并取 $m=10$，即样本的数量为 10，可得下面各式：

$$\delta E_1 = -\frac{1}{10}\left\{\left[\frac{1}{10}E_1 + \left(\frac{1}{10}\right)^2 E_2 + \left(\frac{1}{10}\right)^3 E_3 + \left(\frac{1}{10}\right)^4 E_4 + \left(\frac{1}{10}\right)^5 E_5 + \right.\right.$$

$$\frac{1}{10}\left[\frac{1}{10} + \left(\frac{1}{10}\right)^2 + \left(\frac{1}{10}\right)^3 + \left(\frac{1}{10}\right)^4 + \left(\frac{1}{10}\right)^5\right]\times$$

$$\left.\left.(|E_6| + |E_7| + |E_8| + |E_9| + |E_{10}|)\right]\right\}$$

$$\delta E_2 = -\frac{1}{10}\left\{\left[\frac{2}{10}E_1 + \left(\frac{2}{10}\right)^2 E_2 + \left(\frac{2}{10}\right)^3 E_3 + \left(\frac{2}{10}\right)^4 E_4 + \left(\frac{2}{10}\right)^5 E_5 + \right.\right.$$

$$\frac{1}{10}\left[\frac{2}{10}+\left(\frac{2}{10}\right)^{2}+\left(\frac{2}{10}\right)^{3}+\left(\frac{2}{10}\right)^{4}+\left(\frac{2}{10}\right)^{5}\right]\times$$

$$\left(|E_6|+|E_7|+|E_8|+|E_9|+|E_{10}|\right)\Big]\Big\} \tag{4-68}$$

$$\delta E_5=-\frac{1}{10}\Big\{\Big[\frac{5}{10}E_1+\left(\frac{5}{10}\right)^{2}E_2+\left(\frac{5}{10}\right)^{3}E_3+\left(\frac{5}{10}\right)^{4}E_4+\left(\frac{5}{10}\right)^{5}E_5+$$

$$\frac{1}{10}\left[\frac{5}{10}+\left(\frac{5}{10}\right)^{2}+\left(\frac{5}{10}\right)^{3}+\left(\frac{5}{10}\right)^{4}+\left(\frac{5}{10}\right)^{5}\right]\times$$

$$\left(|E_6|+|E_7|+|E_8|+|E_9|+|E_{10}|\right)\Big]\Big\}$$

$$\delta E_6=-\frac{1}{10}\Big\{\frac{6}{10}E_1+\left(\frac{6}{10}\right)^{2}E_2+\left(\frac{6}{10}\right)^{3}E_3+\left(\frac{6}{10}\right)^{4}E_4+\left(\frac{6}{10}\right)^{5}E_5+$$

$$\frac{1}{10}\left[\frac{6}{10}+\left(\frac{6}{10}\right)^{2}+\left(\frac{6}{10}\right)^{3}+\left(\frac{6}{10}\right)^{4}+\left(\frac{6}{10}\right)^{5}\right]\times$$

$$\left(10E_6+|E_7|+|E_8|+|E_9|+|E_{10}|\right)\Big\}$$

……

$$\delta E_8=-\frac{1}{10}\Big\{\frac{8}{10}E_1+\left(\frac{8}{10}\right)^{2}E_2+\left(\frac{8}{10}\right)^{3}E_3+\left(\frac{8}{10}\right)^{4}E_4+\left(\frac{8}{10}\right)^{5}E_5+$$

$$\frac{1}{10}\left[\frac{8}{10}+\left(\frac{8}{10}\right)^{2}+\left(\frac{8}{10}\right)^{3}+\left(\frac{8}{10}\right)^{4}+\left(\frac{8}{10}\right)^{5}\right]\times$$

$$\left(|E_6|+|E_7|+10E_8+|E_9|+|E_{10}|\right)\Big\}$$

……

$$\delta E_{10}=-\frac{1}{10}\Big\{E_1+E_2+E_3+E_4+E_5+\frac{1}{10}\big[(1+1+1+$$

$$1+1)\big]\left(|E_6|+|E_7|+|E_8|+|E_9|+10E_{10}\right)\Big\}$$

上面的各方程都是相互独立的，不相耦合。如果知道 E_j，并不需要通过隐藏层，就可以直接求出 δE_j，这一点与方程 4-59 不同，后者需要通过隐藏层，才能求出 δE_j。这是方程 4-68 的一个主要优点，其第二个优点是对于不同阶数具有普适性，并且易编写程序。

4.7.2.2　误差迭代减少

误差可以依靠给它一个变化量而使它变化，不断反复迭代而逐渐减小，这又取决于它们的变化幅度的选择。这一原理可以通过以下四个实例来加以说明。

（1）一维样本的误差迭代减少。误差在迭代过程中它和其相继连续迭代的关系可以表示为 $E(k+1)=E(k)+\delta E(k)$ 和 $\delta E(k)=-nE(k)$。如果 $n=0.1$，0.25，0.5，则 E 经过 3 次迭代后可分别减小为 0.729，0.422，0.125E，并且多次迭代后可趋向于 0。

如果 $n=1$，则经过一次迭代后 E 将立刻减为 0，如果 $n=1.2$，1.4，1.8，那么 E 将在一次迭代后分别变为负值 $(-0.2, -0.4, -0.8)E$，经过 3 次迭代后分别变为 $(-0.008, -0.064, -0.0512)E$，并且多次迭代后趋向于 0。如果 $n=2$，经过连续迭代，E 将从 $-E$ 到 E 之间变化。如果 n 是大于 2，那么 E 将发散。

（2）二维（样本）的误差迭代减少。误差在迭代过程中它和其相继连续迭代的关系可以表示为：$E_1(k+1)=E_1(k)+\delta E_1(k)$，$E_2(k+1)=E_2(k)+\delta E_2(k)$ 并且 $\delta E_1(k)=-1/2[E_1(k)+1/2E_2(k)]$，$\delta E_2(k)=-1/2[E_2(k)+1/4E_1(k)]$。

迭代一次之后，分别可以得到：$E_1(1)=1/2E_1-1/4E_2$，$E_2(1)=1/2E_2-1/8E_1$ 在迭代两次后可得到：$E_1(2)=9/32E_1-3/16E_2$，$E_2(2)=9/32E_2-2/16E_1$，初始值分别为 E_1 和 E_2。由此可知，二维（样本）的误差迭代减小时，每个误差是否逐渐减小，取决于为 δE_i 所选取的比例因子大小（本例中取为 $-1/2$）。

（3）六维（样本）误差迭代减少。根据方程 4-68，我们按照以下选择权值变化量：

$$\delta W_i = -\frac{1}{6}\frac{1}{x_6^i}\left\{E_i + \frac{1}{6}[(1-\delta_{6,j})|E_6|] + \delta_{6j}E_6\right\} \tag{4-69a}$$

$i=1$ to 5，$j=1$ to 6，将其代入公式 4-59，可得到如下方程式：

$$\delta E_1 = -\frac{1}{6}\Big[\frac{1}{6}E_1 + \left(\frac{1}{6}\right)^2 E_2 + \left(\frac{1}{6}\right)^3 E_3 + \left(\frac{1}{6}\right)^4 E_4 + \left(\frac{1}{6}\right)^5 E_5 + \frac{1}{6}\left[\frac{1}{6} + \left(\frac{1}{6}\right)^2 + \left(\frac{1}{6}\right)^3 + \left(\frac{1}{6}\right)^4 + \left(\frac{1}{6}\right)^5\right]|E_6|\Big]$$

$$\delta E_2 = -\frac{1}{6}\Big[\frac{2}{6}E_1 + \left(\frac{2}{6}\right)^2 E_2 + \left(\frac{2}{6}\right)^3 E_3 + \left(\frac{2}{6}\right)^4 E_4 + \left(\frac{2}{6}\right)^5 E_5 + \frac{1}{6}\left[\frac{2}{6} + \left(\frac{2}{6}\right)^2 + \left(\frac{2}{6}\right)^3 + \left(\frac{2}{6}\right)^4 + \left(\frac{2}{6}\right)^5\right]|E_6|\Big] \tag{4-69b}$$

……

$$\delta E_5 = -\frac{1}{6}\Big[\frac{5}{6}E_1 + \left(\frac{5}{6}\right)^2 E_2 + \left(\frac{5}{6}\right)^3 E_3 + \left(\frac{5}{6}\right)^4 E_4 + \left(\frac{5}{6}\right)^5 E_5 + \frac{1}{6}\left[\frac{5}{6} + \left(\frac{5}{6}\right)^2 + \left(\frac{5}{6}\right)^3 + \left(\frac{5}{6}\right)^4 + \left(\frac{5}{6}\right)^5\right]|E_6|\Big]$$

$$\delta E_6 = -\frac{1}{6}\left[E_1 + E_2 + E_3 + E_4 + E_5 + \frac{5}{6}E_6\right]$$

上述各方程 4-69b 是独立的并且相互不耦合。这是误差迭代减少的可行性基础。k 次迭代时，每次误差的改变量 $\delta E_j(k)$ 可以从全部误差量，通过直接解方程式 4-69b 而得到。可以用以下符号：$E_j(k)\rightarrow\delta E_j(k)$，代表解方程 4-69b 或方程 4-68。可以看出，此式与是否要经过隐层无关，也就是说，隐层可以略去。

如果我们用 $E_j(k)\rightarrow\delta E_j(k)$，和 $E_j(k+1)=E_j(k)+\delta E_j(k)$ 进行误差迭代，则无疑，误差将逐渐趋向于零。表 4-6 和表 4-7 表明，对于 6 个不同的初始误差的样本，在迭代过程中误差是逐

表 4-6 在第一种情况（$|E_1|$大，$|E_6|$小）下，多次迭代后误差 E_j（$j=1$ to 6）幅值的变化

迭代次数	0	1	5	10	20	30	50	100	1000	3000	8000
E_1	-5	-3.5490	-2.9211	-1.4838	-1.5692	-1.3019	-0.4063	-0.0834	-0.0145	-0.0027	-3.9569×10^{-5}
E_2	-4.2	-0.7630	-0.7395	1.3689	-0.2516	0.1722	0.8099	0.4708	0.0410	0.0077	1.1558×10^{-4}
E_3	-3.3	2.9344	0.0167	2.2428	-1.5294	-0.2861	-0.5830	-0.6787	-0.2143	-0.0398	-5.9355×10^{-4}
E_4	-2.5	7.7444	-1.9528	1.0640	-3.2411	0.1222	-2.0059	-0.8100	0.2748	0.0512	7.6777×10^{-4}
E_5	-1.2	14.8214	-7.4114	-0.1790	0.7284	7.6156	1.0679	1.1813	-0.1843	-0.0343	-5.1036×10^{-4}
E_6	0	24.3000	5.9695	17.0460	30.1814	17.5932	3.8469	0.2386	0.0056	-4.2807×10^{-4}	-2.0573×10^{-5}

表 4-7 在第二种情况（$|E_1|$小，$|E_6|$大）下，多次迭代后误差 E_j（$j=1$ to 6）幅值的变化

迭代次数	0	1	5	10	20	30	50	100	1000	3000	8000
E_1	0	-0.1970	-0.9149	-0.8242	-0.3012	-0.2235	-0.1513	-0.0148	-3.8821×10^{-4}	-7.0384×10^{-5}	-1.0784×10^{-6}
E_2	1.2	0.4629	-1.0120	-0.8148	0.0863	-0.0047	0.0374	0.0785	0.0015	2.8928×10^{-4}	4.2720×10^{-6}
E_3	2.5	0.4695	-1.0694	-0.9412	0.1154	-0.2706	-0.1371	-0.0644	-0.0064	-0.0012	-1.7835×10^{-5}
E_4	3.3	-1.5039	-0.7361	-1.4164	-0.5398	-1.0449	-0.5792	-0.2778	0.0099	0.0018	2.7523×10^{-5}
E_5	4.2	-6.0083	2.4410	-0.9201	-0.7443	-0.6726	0.1831	0.2895	-0.0038	-7.0469×10^{-4}	-1.0625×10^{-5}
E_6	5	-18.050	15.0960	2.2149	-0.6972	-1.1066	-0.8653	-0.0465	0.0047	8.6666×10^{-4}	1.2927×10^{-5}

渐减小的。然而，从表中可以看出存在轻微的振荡。在这里，误差的迭代与权值无关，计算是独立完成的。所以我们称之为“误差迭代减少”，这是使用公式 4-69 的第二个优点。

（4）十维（样本）的误差迭代减少。与上面的六维样本一样，现在讨论图 4-25 所示的十维样本的神经网络的误差迭代减少。比如有 10 个结点的 x_j，10 个计算值 y_j，10 个结点样本值 y_j^*，10 个误差值 E_j。其中角标 $j = 1 \sim 10$。如果我们用使误差迭代减少的公式：$E_j(k) \to \delta E_j(k)$ 和 $E_j(k+1) = E_j(k) + \delta E_j(k)$，尽管有轻微的振荡，10 个误差项均将逐步趋向于零。这样，符号 $E_j(k) \to \delta E_j(k)$ 就代表了非耦合方程式 4-69b 的解，用图 4-26 表示。为简便起见，在此我们不再描述迭代过程的细节，只在本节中给出了权值优化的结果。

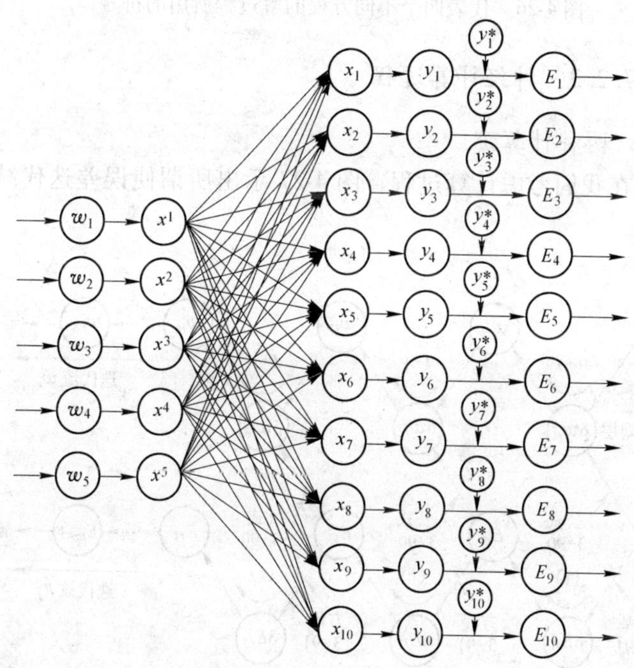

图 4-25 所构建的神经网络

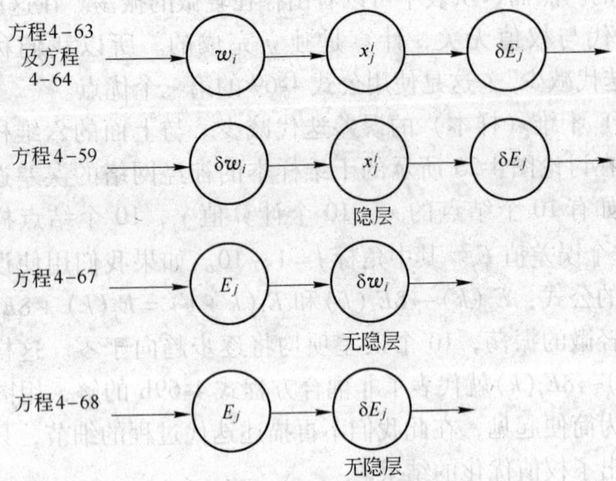

图 4-26 代表四个不同方程的解过程所用的符号

4.7.2.3 神经计算过程

A 两种计算流

现在我们考虑计算过程，图 4-27 示出所谓使误差迭代减少

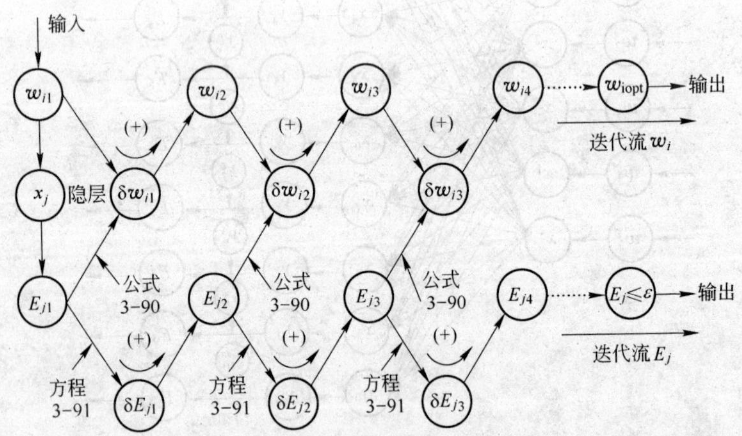

图 4-27 两种不断相互耦合的计算流

的计算流。首先，输入任意的 w_i，结点 t，如 1，2，…，w_{it} 的注脚 t，例如 $t=1$，2，…，表示 w_i 的 t 次迭代计算。w_{i1} 代表首次迭代计算的初始权值，x_j 代表隐层由横坐标轴 x 上的 10 个结点所组成。y_{j1} 是在结点 j 处神经计算第一次迭代后的输出。相对于样本 y_j^* 的偏差 y_{j1}，即误差 E_{j1} 等于 $y_{j1}-y_j^*$。$E_j \to \delta E_j$ 代表了非耦合方程式 4-68 的解。在第一次迭代计算后，便可以取消隐层，这是因为按方程式 4-68，δE_j 可由不同的 E_j 直接计算得出，而不必经过隐层，计算得到 δE_j。

图 4-27 中示出两种不断相互耦合的计算流一种是误差迭代减小计算流；另一种称为权值优化迭代的计算流：$w_i(k+1)=w_i(k)+\delta w_i(k)$。这两个计算流通过 δw_i 公式 4-67 相耦合，δw_i 与所有各误差 E_j 都有关。迭代过程不断重复多次，直到 $E_j<\varepsilon$（如 $\varepsilon=0.0001$），最后，所有误差将逐渐趋向于 0，同时每一 w_i 随之最终也达到一个最佳值。迭代的目的是为了获得与 $\boldsymbol{Y}^*=\boldsymbol{X}^{\mathrm{T}}\boldsymbol{W}'$ 最接近而没有误差 E_j 的最优权值。用计算机来编译上述程序很简单，因为计算公式 $\delta w_i(k)$ 具有普适性，适合于任何阶次的多项式而不需要依靠经验来选择学习率。

B 迭代之前初始权值的选择

我们应该在迭代之前选择一个合适的初始权值，如果初始权值选择得不恰当，则需要很长的时间才能收敛（从表 4-6 和表 4-7 就可看出）。特别是，在权值调整的每次迭代过程中，δw_5 可能很小（因为分母 $X_m^5=10^5$ 很大）。下文是选择初始权值的方法。范德堡函数可以表达为如下的多项式：

$$f = 1 + w_1x + w_2x^2 + w_3x^3 + w_4x^4 + w_5x^5 + \zeta \tag{4-70}$$

设 $w_2=\alpha w_1 0.1$，$w_3=\beta w_2 0.1$，$w_4=\gamma w_3 0.1$，$w_5=\delta w_4 0.1$ 并且代入式 4-70 得

$$f = 1 + w_1x + \alpha w_1 0.1x^2 + \alpha\beta w_1 0.1^2x^3 + \alpha\beta\gamma w_1 0.1^3x^4 + \alpha\beta\gamma\delta w_1 0.1^4x^5$$

当 $x=1$ 时，

$$f_1 = 1 + w_1(1 + 0.1\alpha + 0.1^2\alpha\beta + 0.1^3\alpha\beta\gamma + 0.1^4\alpha\beta\gamma\delta)$$

因此 $\alpha = 10\left(\dfrac{f_1 - 1}{w_1} - 1\right) \Big/ \{1 + 0.1\beta[1 + 0.1\gamma(1 + 0.1\delta)]\}$

$$\approx -11$$

其中 f_1 由表 4-3，已知 $f_1 = 1$ 并设 $\beta = \gamma = \delta = -1$ 作为近似值。

当 $x=2$ 时，我们已经得到局域反演值 $f_2 \cong 0.9604$（见表 4-3 和表 4-5）。于是

$$f_2 = 1 + 2w_1(1 - 1.1 \times 2 + 0.11 \times 4 - 0.011 \times 8 + 0.0011 \times 16) = 1 + w_1(-1.66)$$

因此 $w_1 = (f_2 - 1)/(-1.66) = 0.0384$。

由于 $\beta = \gamma = \delta = -1$，不过为近似值，这样所得到的 5 个近似权值仅仅可以作为神经计算的初始值，以便进行后来的迭代。于是分别有各权值的近似值：

$$w_1 = 0.0384, w_2 = -0.04224, w_3 = 0.004224,$$
$$w_4 = -0.0004224, w_5 = 0.00004224 \tag{4-71}$$

图 4-28 示出利用式 4-68 来调整权矢量时，依靠误差迭代降低而使每一权值如何随着迭代次数而变化，并最终达到其最佳值。可以看出，如果权值的初始值选择恰当，则迭代次数会减少。

这样，范德堡函数可以表达成下面的多项式：

$$f = 1 + 0.0323772171x - 0.0403767815x^2 + 0.0085788146x^3 - 0.0007769267x^4 + 0.0000260362x^5,\ x = v_1/v_2 \tag{4-72}$$

4.7.2.4 不同方法的比较

用式 4-72 表示的范德堡函数在 $\dfrac{v_1}{v_2} = 1, 2, 3, 4, 5, 6, 7, 8, 9, 10$ 的值和表 4-3 中的值是很相近的。对于范德堡函数多项

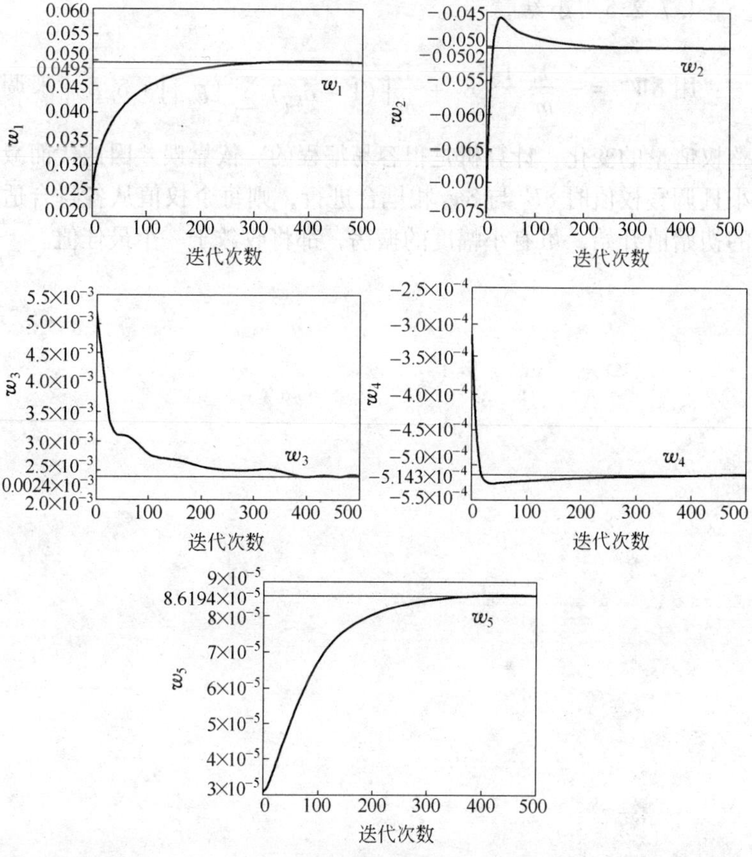

图 4-28 随迭代次数增加每一权值的变化，并最终达到其最佳值的情况

式表达式也可以用本书作者所提出的所谓的“非线性信号的多项式拟合规范化方法”（参考相关文献）来得到。

$$f = 1 + 0.03237715x - 0.04037679x^2 + 0.00857882x^3 - 0.00077693x^4 + 0.00002604x^5, \quad x = v_1/v_2 \tag{4-73}$$

式 4-72 和式 4-73 实质上是相同的，然而，用神经计算得到的前式比较精确，而后式只有 5 位有效数字。

4.7.2.5 小结

用 $\delta W_i = -\frac{1}{m}\frac{1}{x_m^i}\left\{E_i + \frac{1}{m}\left[(1-\delta_{k,j})\sum_{k=6}^{m}|E_k|\right] + \delta_{kj}E_k\right\}$ 来调整权值量的变化，计算机是很容易编程的。依靠误差因迭代而减小且调整权值时 δE_j 与 δw_i 相耦合进行，则每个权值从各自合适的初始值开始，虽有小幅度的振荡，都将收敛于一个最佳值。

5 鲁美采夫斯基法及其改进法电阻率测量基本原理

5.1 鲁美采夫斯基直线四探针法电阻率测量基本原理

在图 5-1 所示的鲁美采夫斯基法（Rymaszewski）中，在二维无穷大样品中心从左到右设置四根直排探针 A、B、C、D，它们之间的距离依次间隔为 S_1、S_2 和 S_3。

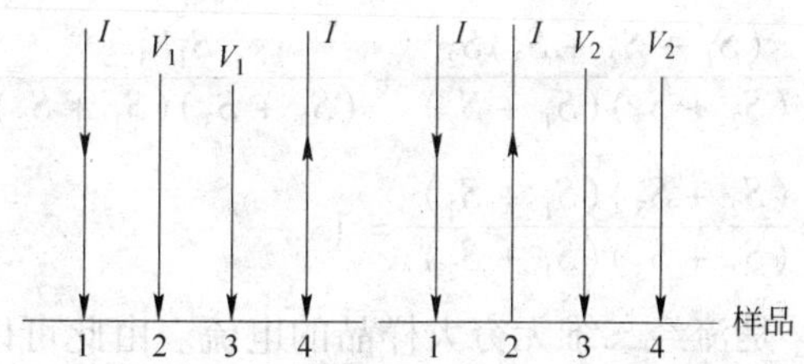

图 5-1 鲁美采夫斯基法测试示意图

对于二维无穷大样品来说，当电流 I_1 通过 A 和 B 探针时，C 与 D 探针处的电位分别为：

$$\phi_C = \frac{I_1 R_s}{2\pi}\ln\left(\frac{S_2}{S_1 + S_2}\right)$$

$$\phi_D = \frac{I_1 R_s}{2\pi}\ln\left(\frac{S_2 + S_3}{S_1 + S_2 + S_3}\right)$$

于是 C、D 探针之间的电压为

$$V_1 = \phi_D - \phi_C = \frac{I_1 R_s}{2\pi}\ln\frac{(S_2 + S_3)(S_1 + S_2)}{(S_1 + S_2 + S_3)S_2} \tag{5-1}$$

当电流 I_2 通过 A、D 探针之间时，B 与 C 探针处的电位分别为：

$$\phi_B = \frac{I_2 R_s}{2\pi}\ln\left(\frac{S_2 + S_3}{S_1}\right)$$

$$\phi_C = \frac{I_2 R_s}{2\pi}\ln\left(\frac{S_3}{S_1 + S_2}\right)$$

于是 B、C 探针之间的电压为

$$V_2 = \phi_B - \phi_C = \frac{I_2 R_s}{2\pi}\ln\frac{(S_2 + S_3)(S_1 + S_2)}{S_1 S_3} \tag{5-2}$$

由式 5-1、式 5-2 可得如下的鲁美采夫斯基方程：

$$\exp\left(-\frac{2\pi V_1}{I_1 R_s}\right) + \exp\left(-\frac{2\pi V_2}{I_2 R_s}\right)$$

$$= \frac{(S_1 + S_2 + S_3)S_2}{(S_2 + S_3)(S_1 + S_2)} + \frac{S_1 S_3}{(S_2 + S_3)(S_1 + S_2)}$$

$$= \frac{(S_2 + S_3)(S_1 + S_2)}{(S_2 + S_3)(S_1 + S_2)} = 1$$

式中，I_1、I_2 是流经二维无穷大样品的电流。由此可以看出在检测过程中起主要作用的是 $R_1 = V_1/I_1$ 与 $R_2 = V_2/I_2$，而与针间的距离无关。鲁美采夫斯基法中 S_i 可取任意值，与针间的距离无关，也就是说，探针可任意游移，其游移不影响测量正确性。这一点在下文方形四探针的应用中也得到了体现。

5.2 鲁美采夫斯基法电阻率测量厚度修正

普通直线四探针法测量时要求探针间距严格相等，且不能有沿直线方向以及横向的游移。Rymaszewski 提出的测试方法能解决纵向游移以及探针不等距的影响。如图 2-13 所示，实线是有限厚度待测样品。样品表面上的四探针如图 2-13 所示。为看清楚几何关系，将沿探针的剖面示出，剖面前面的一半样品移去（实际并不移去，样品仍为无穷大样品）。于是可以作出电流源在上下各层上的相应镜像源，图 2-13 中 1、2、3、4 就是四根探针的放置位置。设样品的厚度为 δ，探针间距为 s，相对比 $\eta = \delta/$

s，n 为各层对应的序号。在1 和4 探针间通以电流，则各层镜像源到测电势探针（2 和 3）的距离分别为 $\sqrt{(2n\delta)^2+s^2}$ 和 $\sqrt{(2n\delta)^2+(2s)^2}$。于是利用近似无限厚样品中电势计算公式，可得到探针 2 和 3 之间的电位差 V_{23}：

$$V_{23}=\frac{\rho I}{2\pi}\left[\frac{1}{s}+4\sum_{n=1}^{\infty}\left(\frac{1}{\sqrt{(2n\delta)^2+s^2}}-\frac{1}{\sqrt{(2n\delta)^2+4s^2}}\right)\right] \tag{5-3}$$

于是样品的体电阻率 ρ 为：

$$\begin{aligned}\rho&=\frac{V_{23}}{I}2\pi\left[\frac{1}{s}+4\sum_{n=1}^{\infty}\left(\frac{1}{\sqrt{(2n\delta)^2+s^2}}-\frac{1}{\sqrt{(2n\delta)^2+4s^2}}\right)\right]^{-1}\\&=\frac{V_{23}}{I}2\pi sF_2^a\end{aligned} \tag{5-4}$$

式中，体电阻率厚度修正系数：

$$F_2^a=\left[1+4\sum_{n=1}^{\infty}\frac{1}{\sqrt{(2n\eta)^2+1^2}}-\frac{1}{\sqrt{(2n\eta)^2+4}}\right]^{-1}$$

用薄层电阻法测定时，无限薄层电阻：

$$R_s=\frac{2\pi}{2\ln 2}\frac{V_{23}}{I}$$

有限厚样品

$$R_s=\frac{2\pi}{2\ln 2}\frac{V_{23}}{I}F'^a_2$$

则

$$F'^a_2=\frac{2\ln 2}{\eta}F_2^a \tag{5-5}$$

在 Rymaszewski 测试方法中，又当 1 和 2 探针间通以电流，则各层镜像源 1 到测电势探针（3 和 4）的距离分别为 $\sqrt{(2n\delta)^2+(2s)^2}$ 和 $\sqrt{(2n\delta)^2+(3s)^2}$，镜像源 2 到测电势探针（3 和 4）的距离分别为 $\sqrt{(2n\delta)^2+s^2}$ 和 $\sqrt{(2n\delta)^2+(2s)^2}$。于是

利用近似无限厚样品中电势计算公式，可得到探针 3 和 4 各自的电位 ϕ_3、ϕ_4 及它们之间的电位差 V_{34}：

$$\phi_3 = \frac{\rho I}{2\pi}\left[\frac{1}{2s} - \frac{1}{s} + \sum_{n=1}^{\infty}\frac{1}{\sqrt{(2n\delta)^2 + (2s)^2}} - \frac{1}{\sqrt{(2n\delta)^2 + s^2}}\right]$$

$$\phi_4 = \frac{\rho I}{2\pi}\left[\frac{1}{3s} - \frac{1}{2s} + \sum_{n=1}^{\infty}\frac{1}{\sqrt{(2n\delta)^2 + (3s)^2}} - \frac{1}{\sqrt{(2n\delta)^2 + (2s)^2}}\right]$$

则

$$\begin{aligned} V_{34} &= \phi_3 - \phi_4 \\ &= \frac{\rho I}{2\pi}\left[\frac{1}{3s} + \sum_{n=1}^{\infty}\frac{2}{\sqrt{(2n\delta)^2 + (2s)^2}} - \frac{1}{\sqrt{(2n\delta)^2 + s^2}} - \frac{1}{\sqrt{(2n\delta)^2 + (3s)^2}}\right] \end{aligned}$$

$$\begin{aligned} \rho &= \frac{V_{34}}{I}2\pi s\left[\frac{1}{3} + \sum_{n=1}^{\infty}\frac{2}{\sqrt{(2n\eta)^2 + 4}} - \frac{1}{\sqrt{(2n\eta)^2 + 1}} - \frac{1}{\sqrt{(2n\eta)^2 + 9}}\right]^{-1} \\ &= \frac{V_{34}}{I}2\pi s F_2^b \end{aligned}$$

体电阻率厚度修正系数：

$$F_2^b = \left[\frac{1}{3} + \sum_{n=1}^{\infty}\frac{2}{\sqrt{(2n\eta)^2 + 4}} - \frac{1}{\sqrt{(2n\eta)^2 + 1}} - \frac{1}{\sqrt{(2n\eta)^2 + 9}}\right]^{-1}$$

由 $\rho = R_s\delta$，得 $R_s = \dfrac{V_{34}2\pi s}{I\delta}F_2^b = 2\pi\dfrac{V_{34}}{I\eta}F_2^b$

用薄层电阻法测定时，有

$$V_{34} = \frac{IR_s}{2\pi}\left[\ln\frac{1}{2s} + \ln\frac{1}{2s} - \ln\frac{1}{s} - \ln\frac{1}{3s}\right] = \frac{IR_s}{2\pi}\ln\frac{3}{4}$$

$$V_{43} = -\frac{IR_s}{2\pi}\left[\ln\frac{1}{2s} + \ln\frac{1}{2s} - \ln\frac{1}{s} - \ln\frac{1}{3s}\right]$$

$$= -\frac{IR_s}{2\pi}\ln\frac{3}{4} = \frac{IR_s}{2\pi}\ln\frac{4}{3}$$

无限薄层电阻：$R_s = \frac{2\pi}{\ln 4/3}\frac{V_{43}}{I}$。

有限厚样品则 $R_s = \frac{2\pi}{\ln 4/3}\frac{V_{43}}{I}F'^{b}_{2}$

则
$$F'^{b}_{2} = \frac{\ln 4/3}{\eta}F^{b}_{2} \tag{5-6}$$

由式 5-5、式 5-6 可得如下鲁美采夫斯基方程：

$$\exp\left(-\frac{2\pi V_{23}}{IR_s}F'^{a}_{2}\right) + \exp\left(-\frac{2\pi V_{43}}{IR_s}F'^{b}_{2}\right) = \frac{1}{4} + \frac{3}{4} = 1$$

式中，F'^{a}_{2} 和 F'^{b}_{2} 分别由式 5-5、式 5-6 算得。修正后的有限厚样品的薄层电阻 R_s：

$$R_s = \frac{\pi}{\ln 2}\left(\frac{V_{23}F'^{a} + V_{43}F'^{b}}{I}\right)f\left(\frac{V_{23}F'^{a}}{V_{43}F'^{b}}\right)$$

式中，$f\left(\frac{V_{23}F'^{a}}{V_{43}F'^{b}}\right)$ 为电压修正后的范德堡函数。

当无限薄层电阻测试时，$F'^{a}_{2} = 1$ 和 $F'^{b}_{2} = 1$，则有无限薄层电阻鲁美采夫斯基方程：

$$\exp\left(-\frac{2\pi V_{23}}{IR_s}\right) + \exp\left(-\frac{2\pi V_{43}}{IR_s}\right) = \frac{1}{4} + \frac{3}{4} = 1$$

及无限薄层电阻：

$$R_s = \frac{\pi}{\ln 2}\left(\frac{V_{23} + V_{43}}{I}\right)f\left(\frac{V_{23}}{V_{43}}\right)$$

5.3　方形四探针改进的鲁美采夫斯基公式的推导

如前所述，常规直线四探针法是不适于进行微区测量的。半导体技术发展对微区特性要求的提高，使方形探针测试技术的研究受到了更广泛的关注。如何使探针测试的分辨率尽可能提高，在较合理的时间内给出硅片尽可能详细的电阻率分布 Mapping 图，是研究的重点，也是目前四探针测试技术的一个发展趋势。这一节我们对方形探针测量法中的改进 Rymaszewski 法进行了研究。

原有的 Rymaszewski 法用于直线四探针时，能自动消除探针纵向游移的影响，但不能消除横向游移的影响。而且由于针距仍为 1mm，只能分辨 3mm 以上范围的电阻率。本书利用 Rymaszewski 法自动消除探针纵向游移影响的优点，将它应用于正方形探针法中。通过计算表明，探针沿任意方向游移时，只要保证正方形的两对角线差在一定范围内，Rymaszewski 法也能应用于方形探针，而且其任意方向的游移对测量结果的影响很小，误差在 5% 以内。

5.3.1 测试原理

普通直线四探针法测量时要求探针间距严格相等，且不能有沿直线方向以及横向的游移。Rymaszewski 提出的测试方法能解决纵向游移以及探针不等距的影响，但是横向游移对测量精度的影响尚需进一步探讨。不能简单断言，因为纵向游移不影响，所以探针的游移不影响。由于探针是限制在探针孔中的，其游移方向是随机的，横向、纵向的游移都可能出现。

Rymaszewski 曾对直线四探针测量无穷大样品提出下列公式：

$$\exp\left(-\frac{2\pi V_1}{IR_s}\right)+\exp\left(-\frac{2\pi V_2}{IR_s}\right)=1$$

由上式得：

$$R_s=\frac{\pi}{\ln 2}\left(\frac{V_1+V_2}{I}\right)f\left(\frac{V_1}{V_2}\right)$$

式中，V_1 和 V_2 分别是两次测量中 2、3 和 3、4 探针之间的电压；

$f\left(\frac{V_1}{V_2}\right)$是 Van der Pauw 函数。从定性角度看，探针发生纵向游移时，V_1、V_2 使偏离无游移值，但又通过 Van der Pauw 函数的变化，而使 R_s 值保持不变。我们正是利用这一优点和特点，将直线四探针 Rymaszewski 法移植到方形探针中来。这样既保持了斜置式方形探针可测微区小的优点，又将探针游移对测量的影响控制在较小的范围内。

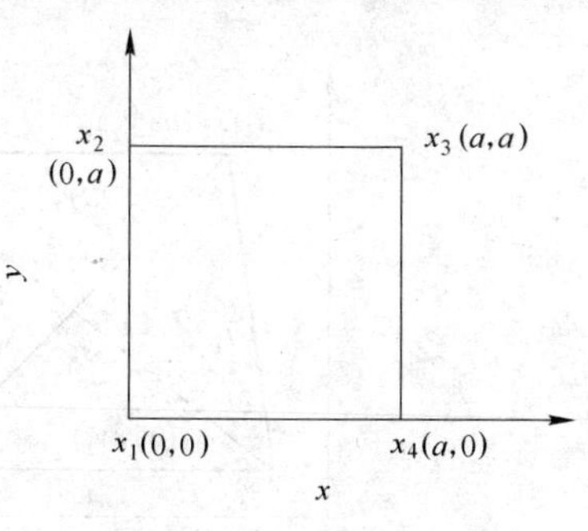

图 5-2 方形四探针测试图

对于方形四探针，当其呈严格正方形时，如图 5-2 所示。根据物理基础和电学原理可知，当电流 I 通过 1、2 探针流经样品时，3、4 探针的电位分别为

$$\phi_3 = \frac{R_s I}{2\pi}\ln\sqrt{2},\ \phi_4 = \frac{R_s I}{2\pi}\ln\frac{1}{\sqrt{2}}$$

3、4 探针间的电压为 $V_{34} = \phi_3 - \phi_4 = \frac{R_s I}{2\pi}\ln 2$，所以$\frac{-V_{34}}{I} = \frac{R_s}{2\pi}\ln\frac{1}{2}$，则有

$$\exp\left(\frac{-2\pi V_{34}}{IR_s}\right) = \frac{1}{2}$$

同理当 2、3 探针通电流 I 时，4、1 探针之间的电压为：$\phi_4 - \phi_1 = \frac{R_s I}{2\pi}\ln 2$，我们可得 $\exp\left(\frac{-2\pi V_{41}}{IR_s}\right) = \frac{1}{2}$。令 $V_{34} = V_1$、$V_{41} = V_2$，于是 Rymaszewski 公式成立。所以当探针呈正方形结构时，我们可应用 Rymaszewski 公式来计算被测样品的方块电阻。

5.3.2 游移对测试结果的影响

以上已证明对于探针呈严格正方形的情况，Rymaszewski 公式是成立的，可是由于斜置探针在下放时常常会发生微小的游移，下面我们看一下当探针发生游移时应用 Rymaszewski 公式计算方块电阻的误差情况。探针游移后如图5-3所示，其沿 x、y 方向的游移分别为 x_1、x_2、x_3、x_4 以及 y_1、y_2、y_3、y_4。为计算其对测量的影响，假设其值都为正方形边长的 1/10 或 0。

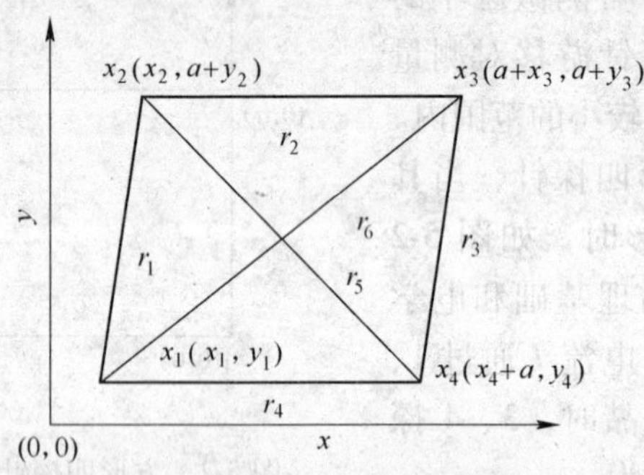

图 5-3 游移后的探针测试图

此时当电流 I 通过 1、2 探针时，3、4 探针的电位分别为

$$\phi_3 = \frac{R_s I}{2\pi}\ln\frac{r_6}{r_2}$$

$$\phi_4 = \frac{R_s I}{2\pi}\ln\frac{r_4}{r_5}$$

所以

$$V_{34} = \frac{R_s I}{2\pi}\ln\frac{r_5 r_6}{r_2 r_4}$$

同理，可求当 2、3 探针通电流时，4、1 之间的电压 $V_{41} = \frac{R_s I}{2\pi}\ln\frac{r_5 r_6}{r_1 r_3}$。由此可得

$$\exp\left(-\frac{2\pi V_{34}}{IR_s}\right) + \exp\left(-\frac{2\pi V_{41}}{IR_s}\right) = \frac{r_1 r_3 + r_2 r_4}{r_5 r_6} \tag{5-7}$$

也就是说，Rymaszewski 公式在非方形探针情况下不再成立。但是本书要阐明，当探针游移不大时，Rymaszewski 公式仍近似成

立，可用于计算样品的方块电阻。下面我们来研究一下，应用 Rymaszewski 公式计算样品的方块电阻会带来多大的误差。这里的 R_s^* 不是样品的真实方块电阻 R_s，因当探针游移时 Rymaszewski 公式不再成立，故加一星号以资区别。即有

$$R_s^* = \frac{\pi}{\ln 2}\frac{V_1 + V_2}{I}f\left(\frac{V_1}{V_2}\right) \tag{5-8}$$

式中，V_1 即 V_{34}，V_2 即 V_{41}。将 V_1、V_2 的值代入得

$$V_1 + V_2 = \frac{IR_s}{2\pi}\left(\ln\frac{r_5 r_6}{r_2 r_4} + \ln\frac{r_5 r_6}{r_1 r_3}\right) \tag{5-9}$$

$$\frac{V_1}{V_2} = \ln\frac{r_5 r_6}{r_2 r_4}\bigg/\ln\frac{r_5 r_6}{r_1 r_3} \tag{5-10}$$

注意：探针有游移时，式 5-9、式 5-10 仍然成立，因此 V_1、V_2 是真实值，R_s 也是样品实际方块电阻值。

将式 5-9、式 5-10 代入式 5-8 得

$$R_s^* = \frac{R_s}{2\ln 2}\ln\frac{r_5 r_6 r_5 r_6}{r_1 r_2 r_3 r_4}f\left(\ln\frac{r_5 r_6}{r_2 r_4}\bigg/\ln\frac{r_5 r_6}{r_1 r_3}\right) \tag{5-11}$$

所以有

$$\frac{R_s^*}{R_s} = \frac{1}{2\ln 2}\ln\frac{r_5 r_6 r_5 r_6}{r_1 r_2 r_3 r_4}f\left(\ln\frac{r_5 r_6}{r_2 r_4}\bigg/\ln\frac{r_5 r_6}{r_1 r_3}\right) \tag{5-12}$$

式中，r_1、r_2、r_3、r_4 以及 r_5、r_6 的物理意义如图 5-3 所示。

令 $p = \frac{V_1}{V_2}$、$r_s = \frac{1}{2\ln 2}\ln\frac{r_5 r_6 r_5 r_6}{r_1 r_2 r_3 r_4}$、$f = f\left(\frac{V_1}{V_2}\right)$ 和 $t = \frac{R_s^*}{R_s}$。设 $a = 1$，则 x_1、x_2、x_3、x_4 以及 y_1、y_2、y_3、y_4 分别等于 ±0.1 和 0 时表示正方形严重畸变的情况（基本可代表可能严重游移的各种情况），依其组合，可计算出 t 值 6561 个。t 以及 r_s 的分布情况如图 5-4 所示。分析计算所得 6561 个数据，我们得到超出 $\frac{R_s^*}{R_s}$ 误差范围（5%）的全部数据，它们分布在图 5-4 所示的阴影区，占

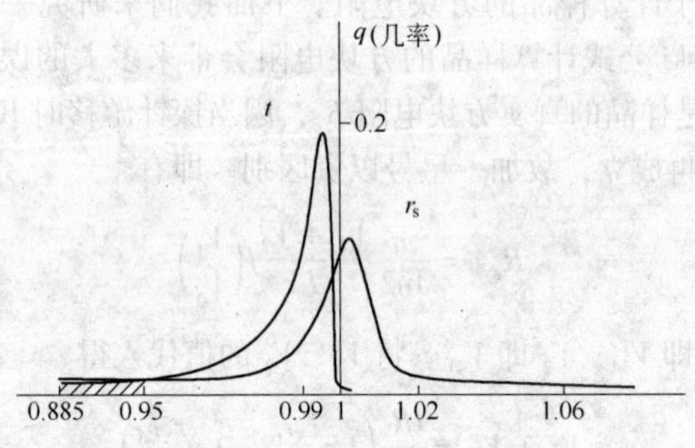

图 5-4 r_s 及 t 的几率分布

总面积的 2.6%。如何在测试的过程中，有效检测出这些不合格数据，并将其剔除呢？下面分别抽取测试结果超出误差范围以及在误差范围内的部分数据进行分析，它们所对应的 $r_5 - r_6$、p、r_s、f 以及 t 的值如表 5-1、表 5-2 所示。

表 5-1 超出误差范围的部分项对应的 $r_5 - r_6$、p、r_s、f 以及 t 的值

$r_5 - r_6$	p	r_s	f	t
0.4164	1.3496	0.9504	0.9889	0.9399
−0.4307	1.3507	0.9325	0.9889	0.9222
−0.4164	1.3496	0.9504	0.9889	0.9399
−0.5657	1	0.8847	1	0.8847
−0.4307	1.3507	0.9325	0.9889	0.9222
0.4307	1.3507	0.9325	0.9889	0.9222
0.4307	1.3507	0.9325	0.9889	0.9222
0.4307	1.3507	0.9325	0.9889	0.9222
0.4164	1.3496	0.9504	0.9889	0.9399
0.4307	1.3507	0.9325	0.9889	0.9222

表 5-2 部分在误差范围内的项对应的 r_5-r_6、p、r_s、f 以及 t 的值

r_5-r_6	p	r_s	f	t
0	1	1.0002	1	1.0002
0.2828	1	0.9719	1	0.9719
0	1.0086	1	0.9998	0.9998
-0.2814	1.0551	0.9699	0.9986	0.9685
0.1493	1.3247	0.9962	0.9899	0.9861
-0.1478	1.392	0.9957	0.9874	0.9831
-0.1478	1.4208	1.0077	0.9863	0.9938
0.2548	1.7794	1.0087	0.9709	0.9794
0	1.8658	1.0337	0.9669	0.9995
0.1616	2.3875	1.0539	0.9408	0.9916

对比表 5-1 和表 5-2 的内容，我们可以看出，当 $r_s>1.01$ 时，应用 Rymaszewski 法，乘上 Van der Pauw 函数后，t 值更接近于1，说明采用 Rymaszewski 法后对测试结果有所改善。但表 5-1 中的数据，当 $r_s<1$ 时，再乘上 Van der Pauw 函数后，反而使 t 比 r_s 更小了，使测试产生更大误差。但总体说来，乘上 Van der Pauw 函数后，使得误差在 ±1% 以内的数据比例有所提高，这点通过图 5-5 我们也可以看到。由表 5-1 和表 5-2 可以看出，仅从 p（即 V_1/V_2）的值是无法判定测试结果是否落在允许测试误差 ±5% 之内。而通过对所有计算结果的分析，我们得出以下结论：(1) 不能依靠 p 值的大小来决定最后结果的取舍；(2) 凡 t 值超出误差范围的，其对应 $|r_5-r_6|$ 都超过边长的 0.35 倍，使正方形产生严重畸变。从这两点结论出发，我们觉得有必要在测试的过程中，对探针尖位置进行监控，虽然超出测试误差 5% 的几率只有 2.6%，但我们不能让这种误差处于不可控、不可检查的状态。所以在本书中我们自行研制的测试系统中，我们引入了探针尖位置的图像监控部分，以保证 $|r_5-r_6|$ 不超过边长的 0.35 倍，这不仅使得测试结果的精确性有了保证（此时式 5-7

的值落在[1,1.03)的区间中），同时也是大量数据的自动测量提供了可靠保证。

5.4 方形样品中直线四探针鲁美采夫斯基法

5.4.1 方法概述

Rymaszewski 曾提出用四探针技术测量半导体薄层电阻时可消除因探针不等距而产生误差的方法。如图 5-5 所示，设四个不等距探针排成一线，位于无限大均匀导电薄层上，两次测量满足以下方程：

$$\exp\left(-\frac{2\pi R_1}{R_s}\right)+\exp\left(-\frac{2\pi R_2}{R_s}\right)=1 \tag{5-13}$$

式中，R_s 为样品的薄层电阻；$R_1=V_1/I_1$；$R_2=V_2/I_2$；V_1、V_2 为两次测量中 C、D 和 B、C 探针间的电压。

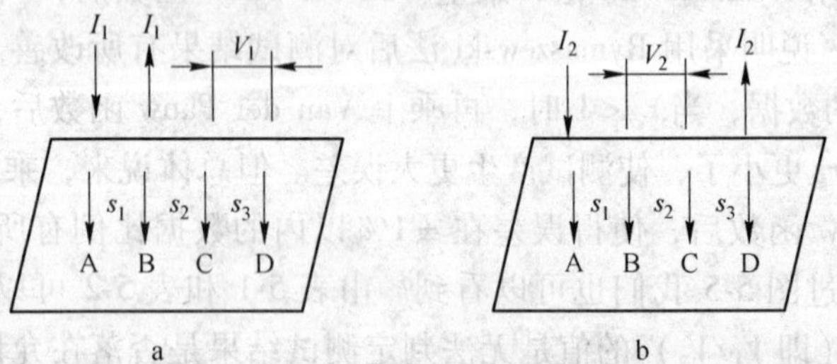

图 5-5 不等距四探针的 Rymaszewski 方法

a—A、B 为通电流探针，C、D 为测电压探针；

b—A、D 为通电流探针，B、C 为测电压探针

式 5-13 表明，薄层电阻 R_s 只依赖于 R_1 和 R_2，与针距无关。根据式 5-13 可以导出计算薄层电阻 R_s 的公式

$$R_s=\frac{\pi}{\ln 2}(R_1+R_2)f(R_1/R_2) \tag{5-14}$$

当 $I_1=I_2=I$ 时，

$$R_s = \frac{\pi}{\ln 2}\left(\frac{V_1 + V_2}{I}\right)f(V_1/V_2) \tag{5-15}$$

式中，$f(V_1/V_2)$ 为 Van der Pauw 函数。

对于等距四探针而言，用 Rymaszewski 法时两次测得的电压 V_1 和 V_2 之间的关系为：

$$V_1/V_2 = 4.532/21.84$$

$$f(V_1/V_2) = 0.828$$

V_1 和 V_2 相差不超过一个数量级。在实际大样品的薄层电阻测量时，选取合适的电流值，便可保证 V_1 和 V_2 都能测准。

Van der Pauw 曾早于 Rymaszewski 提出类似的公式（适用于触点在样品边缘时的情况）：

$$\exp\left(-\frac{\pi R_1}{R_s}\right) + \exp\left(-\frac{\pi R_2}{R_s}\right) = 1$$

$$R_s = \frac{2\pi}{\ln 2}\left(\frac{V_1 + V_2}{I}\right)f(V_1/V_2) \tag{5-16}$$

式中，R_s 是任意形状的均匀薄层电阻，当 4 个探针或触点位于样品边缘时，$R_1 = \frac{V_1}{I}$，$R_2 = \frac{V_2}{I}$；V_1、V_2 为两次测量中 C、D 和 B、C 探针的电压。我们以矩形样品为例，上述两公式都可以用电流场有限元方法给予证明。

5.4.2　原理

用 Rymaszewski 公式测定样品的方块电阻时，电流从探针 A 流入，流经样品平面后从另一探针 B 流出，如图 5-6 所示。围绕探针 A 在样品面上做一任意封闭面，由欧姆定律则有

$$\oint\!\!\!\oint \boldsymbol{E} \cdot \mathrm{d}\boldsymbol{S} = \oint\!\!\!\oint \frac{\boldsymbol{j}}{\sigma} \cdot \mathrm{d}\boldsymbol{S} = \frac{I}{\sigma}$$

式中，$\boldsymbol{E}$ 为电场强度；$\mathrm{d}\boldsymbol{S}$ 为面元矢量；σ 为样品材料的电导率；

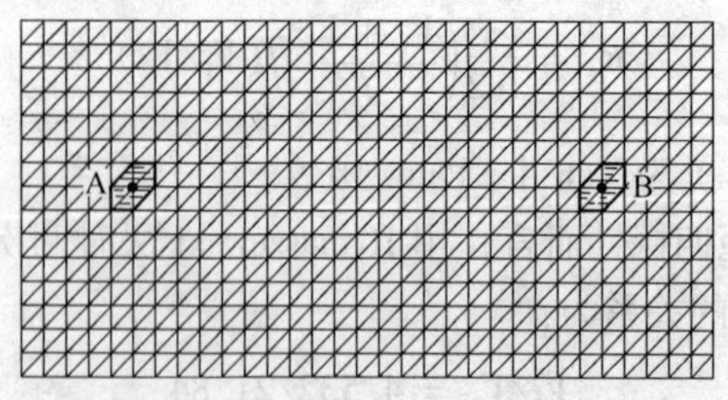

图 5-6 样品面的剖分及电荷在电流流入探针 A 及流出探针 B 附近相关三角形单元中的分布（阴影区）

I 为由 A 点注入并流经样品的电流强度。由奥-高定理可知，在探针 A 处有正电荷

$$q_A = \frac{I}{\sigma} \tag{5-17}$$

同样在探针 B 处应有负电荷

$$q_B = -\frac{I}{\sigma} \tag{5-18}$$

这样可把电流场问题转化成静电场问题进行处理，电流场中电势分布即为静电场中的电势分布，整个区域的边值问题为求解泊松方程：

$$\Delta u = -\rho_e \tag{5-19}$$

令

$$f = -\rho_e，则\ \Delta u = f \tag{5-20}$$

边界条件： $\dfrac{\partial u}{\partial \boldsymbol{n}} = 0$

式中，$\boldsymbol{n}$ 为边界的单位法向矢量；ρ_e 为电荷的面密度。

在有限元方法中，将求解区域剖分成三角形单元。为了计算方便，假设电荷 q_A、q_B 均匀分布在探针结点周围的 6 个三角形单元中，设 S 为这些三角形单元面积的总和，如图 5-6 所示，则

$$\rho_e = \begin{cases} q_A/S & （探针\ A\ 周围的各单元）\\ q_B/S & （探针\ B\ 周围的各单元）\\ 0 & （其余各单元）\end{cases}$$

有限元方法中利用变分原理将上面边值问题转换为泛函 $L(u)$ 极值问题：

$$L(u) = \int_v \frac{1}{2}(\nabla u)^2 \mathrm{d}v - \int_v fu\mathrm{d}v = \min \tag{5-21}$$

其中边界条件$\dfrac{\partial u}{\partial \boldsymbol{n}}=0$ 自然满足。

区域剖分后可以得 $\boldsymbol{n}$ 各结点，其中任一点的电势 u 近似用结点电势值 $u_1, u_2, \cdots, u_n$ 展开：

$$u = \sum_{i=1}^{n} u_i N_i \tag{5-22}$$

式中，N_i 为形函数或基函数，只与剖分单元形状有关。

求泛函极小值 $\delta L(u)=0$,

即
$$\frac{\partial L}{\partial u} = 0 \tag{5-23}$$

将式 5-22 代入式 5-21 泛函，并令泛函 $L(u)$ 对每一变量 u_i 的偏导数为零，则有

$$\sum_{i=1}^{n} S_{ij} u_i = F_i \quad (i = 1, 2, \cdots, n) \tag{5-24}$$

式中，$S_{ij} = \int_v \nabla N_i \nabla N_j \mathrm{d}v, F_i = \int_v fN_i \mathrm{d}v$。

这是一 n 阶线性方程组，可以写成如下矩阵形式：

$$[\boldsymbol{S}_{ij}]\begin{bmatrix} u_1 \\ u_2 \\ \vdots \\ u_n \end{bmatrix} = \begin{bmatrix} F_1 \\ F_2 \\ \vdots \\ F_n \end{bmatrix} \tag{5-25}$$

这样把有关电势 u 的微分方程变成关于结点电势 u_1, u_2, $\cdots$, u_n 的线性方程组。

从自动剖分求解线性方程组到画电流场等势线均使用《计

算二维电流场电势分布软件包》。当两个通电电流探针分别置于两个结点上，求得全部结点的电势 u_1，u_2，…，u_n 之后，这样即可得到所设两个电压探针结点间的电势差 V。为了方便起见，将电势差以 IR_s^0 为单位的 U 输出，其中 R_s^0 为设置的样品的薄层电阻。令 $V=IR_s^0U$，代入式 5-15 中得：

$$R_s = \frac{\pi}{\ln 2}(U_1 + U_2)f(U_1/U_2)R_s^0 = KR_s^0 \tag{5-26}$$

$$K = \frac{\pi}{\ln 2}(U_1 + U_2)f(U_1/U_2) \tag{5-27}$$

式中，R_s 为按式 5-15 用 Rymaszewski 公式计算得到的薄层电阻。

对于有限尺寸样品，只要证明在某种情况下 K 等于 1 或接近 1，Rymaszewski 测量方法就可以在此条件下使用，否则不适用。就矩形样品条件下，改变探针离开样品边界的距离及针距，使用有限元方法计算出 Rymaszewski 方法两次测量所得电势差 U_1 及 U_2，再用式5-27计算出 K 值，即可找到适用 Rymaszewski 方法的区域及条件。

5.4.3 计算结果

对长宽比为 2 倍的长方形样品进行计算，且将其长宽分别等分为 30 个和 15 个单位。因而本有限元程序将此长方形剖分为 31×16 个结点，900 个三角形单元，如图 5-7 所示。

A 四根探针位于样品中纵向边缘上的电势分布

图 5-7 示出这种情况下的电势分布。等势线与相应的边界垂直。相对于等势线，两边电势符号相反。同时图 5-7 中也给出了探针等距时使用 Rymaszewski 公式两次计算的 U_1 和 U_2 值。将它们代入式 5-26、式 5-27，求得 $K=2.038$。这说明 Rymaszewski 公式方法不成立。Van der Pauw（VDP）曾证明，当探针在样品边缘时，两次测量满足下列方程：

$$\exp\left(-\frac{\pi V_1}{IR_s}\right) + \exp\left(-\frac{\pi V_2}{IR_s}\right) = 1 \tag{5-28}$$

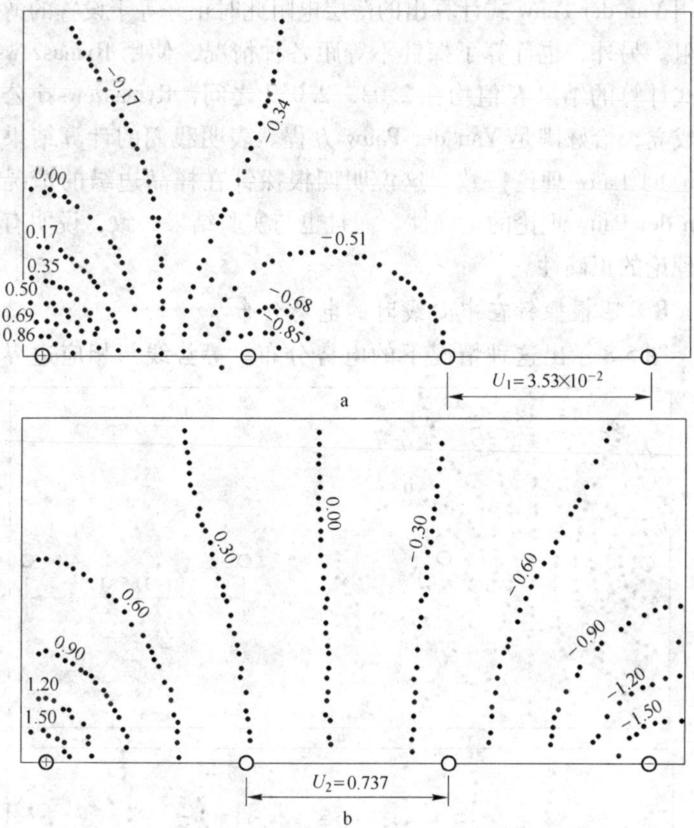

a

b

图 5-7 电流注入点在样品边缘上时的电势分布

a—第一次测量时的情况，相应电压探针间的电压 $u_1=3.53\times10^{-2}$；

b—第二次测量时的情况，相应 $u_2=0.737$

$$R_s = \frac{\pi}{2\ln2}\left(\frac{V_1+V_2}{I}\right)f(V_1/V_2) \tag{5-29}$$

将 $V=IR_s^0U$ 代入上式得：

$$R_s = \frac{\pi}{2\ln2}(U_1+U_2)f(U_1/U_2)R_s^0 \tag{5-30}$$

将计算得到的 $U_1=3.53\times10^{-2}$，$U_2=0.737$，代入上式得：

$$R_s = 1.019R_s^0 \approx R_s^0$$

故用 Van der Pauw 式计算出的薄层电阻此时正好等于设置的薄层电阻。另外，也计算了探针不等距各种情况，使用 Rymaszewski 公式计算的结果 K 值均在 2. 03 ~ 2. 059 之间，Rymaszewski 公式不成立，恰好满足 Van der Pauw 方程。表明我们的计算结果与 Van der Pauw 理论一致。这说明四根探针在样品边缘的情况下 Van der Pauw 理论的正确性。而且也与实验结果一致，说明有限元理论的正确性。

B 四根探针在中心线时的电场分布

图 5-8 示出这种情况下的电势分布。等势线与相应边界垂

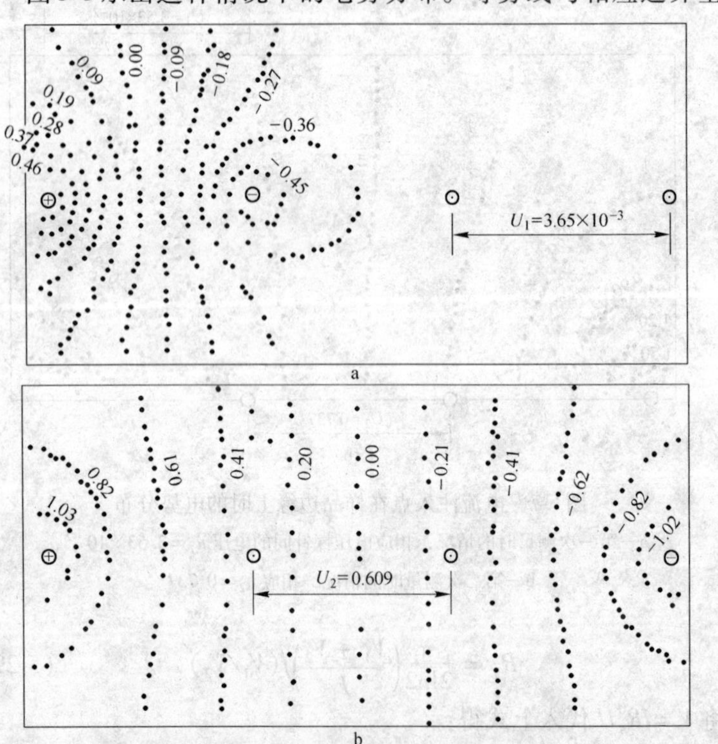

图 5-8 电流注入点在样品中心时的电势分布

a—第一次测量时的情况，相应电压探针间的电压 $u_1 = 3.65 \times 10^{-3}$；

b—第二次测量时的情况，相应 $u_2 = 0.609$

直。相对于等势线，两边电势符号相反，图 5-8 也给出了探针等距离时使用 Rymaszewski 公式两次计算得到的 U_1 和 U_2 值。两者相差约 3 个数量级。将它们代入式 5-30，求得 $K=1.009$。同时也对不同间距的等距探针情况作了计算。使用 Rymaszewski 公式计算的结果，K 在 1 ~ 1.009 之间，说明 Rymaszewski 公式成立。另外，也对长宽比为 5 倍的长方形作了计算。在针距与长方形宽之比小于 1 的条件下，K 值在 1 ~ 1.030 之间。我们认为 Rymaszewski公式在此条件下成立。

5.5 方形四探针改进的鲁美采夫斯基法的厚度修正

5.5.1 方形探针测试法的厚度修正

用四探针测量有限厚度样品的电阻率时（图 5-9a），由电流探针向样品注入电流 I，需要知道电压探针上的电位分布 $\phi(r)$。此时电位分布应满足拉普拉斯方程 $\nabla^2\phi(r) = 0$。只有当样品为无限大时，即无限远边界条件：$\phi(r)|_{r\to\infty} = 0$ 下，才能得到简单的解：$\phi(r) = \dfrac{\rho I}{2\pi r}$，$r$ 是电压探针离开电流注入点的距离，电位 $\phi(r)$ 呈同心球面分布。对于方形探针测量（图 5-9b）来说，针距为 a，则有 $\rho = \dfrac{2\pi a}{2-\sqrt{2}}\dfrac{\phi_3-\phi_4}{I} = \dfrac{2\pi a}{2-\sqrt{2}}\dfrac{V_{34}}{I}$，式中，$V_{34}$是3、4 探针间的电压；$I$ 是2、3 探针间流过样品的电流。当样品为有限厚度时，此式就不成立。因此要将有限厚度样品转化成无限

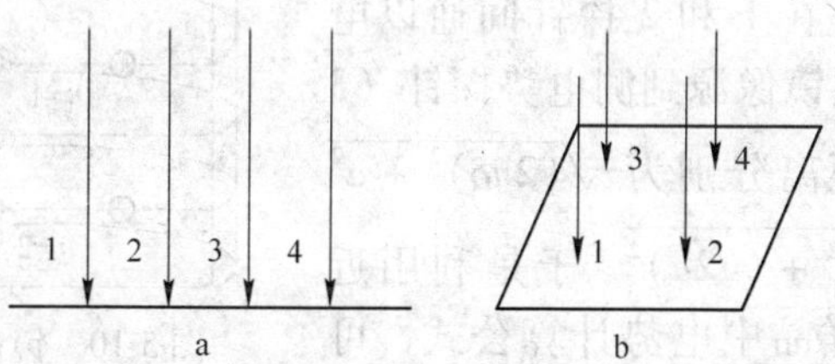

图 5-9 直线四探针（a）和方形四探针（b）结构示意图

大样品，这就是厚度迭加补偿问题。怎样补偿？这要利用镜像源理论。

对样品厚度进行了迭加补偿后，下面把镜像源理论应用到了方形探针的测量中，进一步得到了改进的 Rymaszewski 方形四探针法（见式 5-41）进行电阻率测量时的厚度修正公式。

现将镜像源理论简述如下：因样品厚度有限而产生的电场分布的畸变（即不呈同心球面分布）而不能应用无限厚样品所适用的公式。此时应将有限厚样品叠加成无限厚样品，这时样品中的电场可等效成以无限大样品上、下表面为镜面、互为镜像的成对电流源的电场的叠加。一般来说，得到几十对镜像源后，就可以应用无限厚样品的电势计算公式来建立理论。但不是任意情况下都可以应用这一方法。例如，在测量非无限大矩形样品的电阻率时，就不能使用。矩形边界（有折的非直线）也不能用镜像源理论。

如图 5-10 所示，实线是有限厚度待测样品。样品表面上的方形探针如图 5-10 所示。为看清楚几何关系，将沿通电流探针的剖面示出，剖面前面的一半样品移去（实际并不移去，样品仍为无穷大样品）。于是可以做出电流源在上下各层上的相应镜像源。图中 1、2、3、4 就是四根探针的放置位置。设样品的厚度为 δ，探针间距为 a，相对比 $\eta=\delta/a$，n 为各层对应的序号。在 1 和 2 探针间通以电流，则各层镜像源到测电势探针（3 和 4）的距离分别为 $\sqrt{(2n\delta)^2+a^2}$ 和 $\sqrt{(2n\delta)^2+(\sqrt{2}a)^2}$。于是利用近似无限厚样品中电势计算公式，可得到探针 3 和 4 之间的电位差 U_{34}：

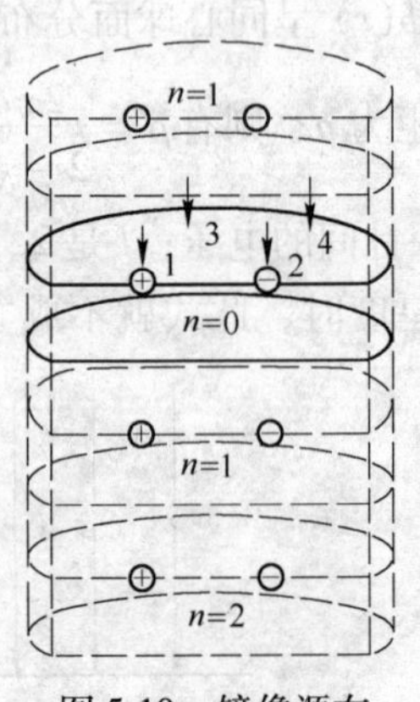

图 5-10 镜像源在各层的分布

$$U_{34}=\frac{\rho I}{\pi}\left[\frac{1}{a}-\frac{1}{\sqrt{2}a}+2\sum_{n=1}^{\infty}\frac{1}{\sqrt{(2n\delta)^2+a^2}}-2\sum_{n=1}^{\infty}\frac{1}{\sqrt{(2n\delta)^2+2a^2}}\right]$$

$$=\frac{\rho I}{a\pi}\left[\frac{2-\sqrt{2}}{2}+2\sum_{n=1}^{\infty}\frac{1}{\sqrt{(2n\eta)^2+1}}-2\sum_{n=1}^{\infty}\frac{1}{\sqrt{(2n\eta)^2+2}}\right]$$

(5-31)

于是样品的体电阻率ρ为：

$$\rho=\frac{\pi U_{34}a}{I}\left[\frac{2-\sqrt{2}}{2}+2\sum_{n=1}^{\infty}\frac{1}{\sqrt{(2n\eta)^2+1}}-2\sum_{n=1}^{\infty}\frac{1}{\sqrt{(2n\eta)^2+2}}\right]^{-1}$$

(5-32)

对于无限厚样品来说，$\eta=\infty$，则由上式可得

$$\rho=\frac{2\pi a}{2-\sqrt{2}}\frac{U_{34}}{I} \quad (5\text{-}33)$$

这与无限厚样品的体电阻率ρ计算公式一致。所以，对于有限厚样品，应加厚度修正系数F_{sun}：

$$\rho=\frac{2\pi a}{2-\sqrt{2}}\frac{U_{34}}{I}F_{\mathrm{sun}} \quad (5\text{-}34)$$

其中

$$F_{\mathrm{sun}}=\frac{2-\sqrt{2}}{2}\left[\frac{2-\sqrt{2}}{2}+2\sum_{n=1}^{\infty}\frac{1}{\sqrt{(2n\eta)^2+1}}-2\sum_{n=1}^{\infty}\frac{1}{\sqrt{(2n\eta)^2+2}}\right]^{-1}$$

(5-35)

式中，F_{sun}是有限厚样品体电阻率测量时的厚度修正系数。当使用方形四探针测量无限薄的样品的薄层电阻R_{s}时，解无限薄的样品的拉普拉斯方程，有

$$R_{\mathrm{s}}=\frac{2\pi}{\ln 2}\frac{U_{34}}{I} \quad (5\text{-}36)$$

由此，对于有限厚样品，考虑厚度修正后，其薄层电阻为：

$$R_s = \frac{2\pi}{\ln 2}\frac{U_{34}}{I}F_{sun}^* \tag{5-37}$$

式中，F_{sun}^*是方形四探针测量薄层电阻 R_s 时，有限厚度样品的厚度修正系数，与 F_{sun}不同。又因为样品的薄层电阻 R_s 与体电阻率 ρ 之间有如下关系：

$$R_s = \rho/\delta \tag{5-38}$$

由式 5-35、式 5-37、式 5-38 得

$$F_{sun}^* = \frac{a\ln 2}{(2-\sqrt{2})\delta}F_{sun} \approx \frac{1.183276}{\eta}F_{sun} \tag{5-39}$$

当电流 I 通过 2、4 探针流经样品时，有

$$R_s = \frac{2\pi}{\ln 2}\frac{U_{13}}{I}F_{sun}^* \tag{5-40}$$

由式 5-37 和式 5-40 可得

$$\exp\left(-\frac{2\pi U_{34}F_{sun}^*}{IR_s}\right) + \exp\left(-\frac{2\pi U_{13}F_{sun}^*}{IR_s}\right) = 1$$

求解这个方程式，得到：

$$R_s = \frac{\pi}{\ln 2}\left(\frac{U_{34}+U_{13}}{I}\right)f\left(\frac{U_{13}}{U_{34}}\right)F_{sun}^* = R_s^0 F_{sun}^* \tag{5-41}$$

这就是改进的 Rymaszewski 方形四探针薄层电阻测试公式，其优点是探针的纵、横向小的（对角线的 30% 以内）游移不影响测量精度。注意该式仅适用于无限大样品或大样品、小针距测量。其中

$$R_s^0 = \frac{\pi}{\ln 2}\left(\frac{U_{34}+U_{13}}{I}\right)f\left(\frac{U_{13}}{U_{34}}\right) \tag{5-42}$$

式 5-42 中，R_s^0 是用改进的 Rymaszewski 方形探针测试法不考虑厚度修正时测得的表观薄层电阻电阻值。

5.5.2 非线性厚度修正系数的规范化多项式拟合

我们采用第 4 章 4.5.2 节规范化多项式拟合的方法将上面公式中的 F_{sun} 和 F_{sun}^* 表示成多项式，以方便应用。第 10 章 10.2 节中介绍用它拟合硅片电阻率温度系数的例子。根据上述理论，计算得到修正因子的五次拟合式 5-43、式 5-44：

$$F_{sun} = -0.0738 + 1.3124\eta - 0.6377\eta^2 + 0.1488\eta^3 - 0.0163\eta^4 + 0.0006\eta^5 \tag{5-43}$$

$$F_{sun}^* = 0.9553 + 0.359\eta - 0.6837\eta^2 + 0.2957\eta^3 - 0.0536\eta^4 + 0.0036\eta^5 \tag{5-44}$$

由图 5-11（图中实线为 F_{sun}^*，虚线为 F_{sun}）可以看出，当探针间距比样品的厚度大 2 ~3 倍时，F_{sun}^* 就很接近于 1 了，基本不再需要修正。

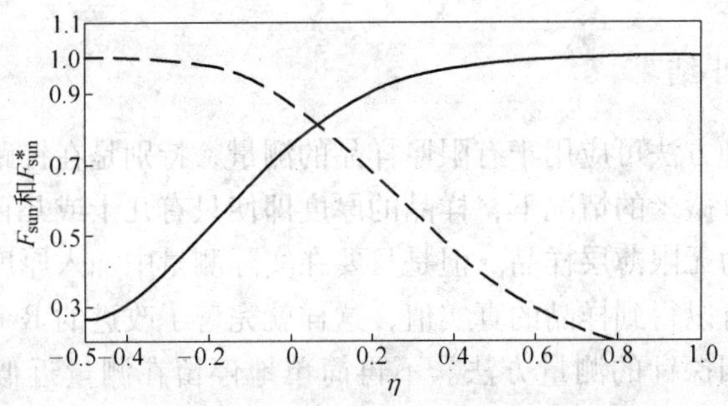

图 5-11 F_{sun} 和 F_{sun}^* 与 η 关系的规范化多项式拟合曲线

5.5.3 试验验证

为了验证镜像源理论的正确性，我们选用两片电阻率不同的均匀硅片样品进行了测量，并对利用改进的 Rymaszewski 方形探针测试法（式 5-41）得到的电阻值进行了厚度修正，最后的测量结果和修正结果如表 5-3 和表 5-4 所示。从中我们可以看到，实测的表观电阻率值（用式 5-42 计算得到）之间有一定的差距，经过式 5-41 厚度修正公式的修正以后，得到了一组比较接近的电阻率值，这样就进一步证明了该厚度修正方法的正确性。

表 5-3 均匀样品 A 实测数据（样品厚度 $\delta=7.10$mm）

探针间距 a/mm	δ/a	修正因子 F_{sun}^*	实测表观电阻值 R_s^0/Ω	薄层电阻修正值/Ω
3	2.3667	0.4828	2.8618	1.3817
5	1.4200	0.7823	1.7711	1.3855
7	1.0143	0.8751	1.5747	1.3780

表 5-4 均匀样品 B 实测数据（样品厚度 $\delta=1.46$mm）

探针间距 a/mm	δ/a	修正因子 F_{sun}^*	实测表观电阻值 R_s^0/Ω	薄层电阻修正值/Ω
2	0.7300	0.9617	231.9003	223.0185
4	0.3650	0.9995	224.7842	224.6718
6	0.2433	1.0000	223.4003	223.4003

5.5.4 小结

这种方法可应用于有限厚样品的测量，特别是在针距只有几十到几百微米的情况下，样品的厚度即使只有几十或几百微米也不能视为无限薄层样品。但是只要在实际测量中加入厚度修正系数，就可以得到样品的真实值，这样就完善了改进的 Rymaszewski 方形四探针的测量方法。不再简单地停留在测量近似无限薄样品的理论上，而是将它拓展到了有限厚样品的实际测量中，使其能够应用范围更加广泛。

5.6 各向异性样品电阻率测量的有限元法

5.6.1 电阻率各向异性样品三维场域 Ω 的剖分

前面 3.4.2 节已得到正交系各向异性样品泛函 $L(\phi)$ 的变分（见式 3-47）：

$$\frac{\partial L(\phi)}{\partial \phi}=\iiint\left[\left(\frac{1}{\rho_x}\frac{\partial \phi}{\partial x}\frac{\partial}{\partial \phi}\frac{\partial \phi}{\partial x}\right)+\left(\frac{1}{\rho_y}\frac{\partial \phi}{\partial y}\frac{\partial}{\partial \phi}\frac{\partial \phi}{\partial y}\right)+\left(\frac{1}{\rho_z}\frac{\partial \phi}{\partial z}\frac{\partial}{\partial \phi}\frac{\partial \phi}{\partial z}\right)\right]\mathrm{d}x\mathrm{d}y\mathrm{d}z$$

也知道，求解电学连续方程转化成求泛函的变分 $\delta L(\phi)=0$。

同样，三维场域 Ω 被剖分为 e_1，e_2，…，e_s 个单元，则总泛函等于各单元泛函的代数和，即有

$$\begin{aligned}\frac{\delta L(\phi)}{\delta \phi}&=\sum_{e_1}^{e_s}\frac{L^e(\phi)}{\delta \phi}\\&=\sum_{e_1}^{e_s}\left\{\iiint_e\left[\left(\frac{1}{\rho_x}\frac{\partial \phi}{\partial x}\frac{\partial}{\partial \phi}\frac{\partial \phi}{\partial x}\right)+\left(\frac{1}{\rho_y}\frac{\partial \phi}{\partial y}\frac{\partial}{\partial \phi}\frac{\partial \phi}{\partial y}\right)+\left(\frac{1}{\rho_z}\frac{\partial \phi}{\partial z}\frac{\partial}{\partial \phi}\frac{\partial \phi}{\partial z}\right)\right]\mathrm{d}x\mathrm{d}y\mathrm{d}z\right\}=0\end{aligned}$$

下面介绍直接由泛函的极值条件的求解过程，即 $\delta L(\phi)=0$。实际上，只是结点 i 附近的单元对 ϕ_i 有影响。因此有

$$\begin{aligned}\frac{\partial L(\phi)}{\partial \phi_i}&=\frac{\partial}{\partial \phi_i}\left[\sum_{e_1}^{e_s}L^e(\phi)\right]\\&=\frac{\partial}{\partial \phi_i}\sum_{i\text{近邻单元}}\left[L^e(\phi)\right]\\&=\sum_{i\text{近邻单元}}\frac{\partial L^e(\phi)}{\partial \phi_i}=0\end{aligned}\qquad(5\text{-}45)$$

式中，$L^e(\phi)$ 为单元的泛函：

$$\frac{\partial L^e(\phi)}{\partial \phi_i}=\iiint_e\left[\frac{1}{\rho_x}\frac{\partial \phi}{\partial x}\frac{\partial}{\partial \phi_i}\left(\frac{\partial \phi}{\partial x}\right)+\frac{1}{\rho_y}\frac{\partial \phi}{\partial y}\frac{\partial}{\partial \phi_i}\left(\frac{\partial \phi}{\partial y}\right)+\frac{1}{\rho_z}\frac{\partial \phi}{\partial z}\frac{\partial}{\partial \phi_i}\left(\frac{\partial \phi}{\partial z}\right)\right]\mathrm{d}v$$

5.6.2 泛函的计算过程

区域剖分后可以得 n 个结点，其中任一点的电势 ϕ 近似用

结点电势 ϕ_1，ϕ_2，…，ϕ_n 展开

$$\phi = \sum_{i=1}^{n} \phi_i N_i$$

式中，N_i 为形函数或基函数，只与剖分单元形状有关。

类似前面第 3 章 3.4.2 节，可得到 $\left[\frac{\partial L(\phi)}{\partial \phi_i}\right] = 0$。对于单元方程，则有

$$\frac{\partial L^e(\phi)}{\partial \phi_i} = \sum_{i=1}^{e} S_{ij}^e \phi_i$$

其中 $S_{ij}^e = \iiint\limits_{\overline{\omega}_e} \left[\frac{1}{\rho_x}\frac{\partial N_i}{\partial x}\frac{\partial N_j}{\partial x} + \frac{1}{\rho_y}\frac{\partial N_i}{\partial y}\frac{\partial N_j}{\partial y} + \frac{1}{\rho_z}\frac{\partial N_i}{\partial z}\frac{\partial N_j}{\partial z}\right] \mathrm{d}x\mathrm{d}y\mathrm{d}z$

由单元方程可得到综合方程：

$$\begin{aligned}\frac{\partial L(\phi)}{\partial \phi_i} &= \frac{\partial}{\partial \phi_i}\left[\sum_{e_1}^{e_s} L^e(\phi)\right] \\ &= \frac{\partial}{\partial \phi_i} \sum_{i\text{近邻单元}} \left[L^e(\phi)\right] \\ &= \sum_{i\text{近邻单元}} \frac{\partial L^e(\phi)}{\partial \phi_i} = 0 \ (i = 1 \sim n)\end{aligned}$$

这是一个 n 阶线性方程组，这样把有关电势 ϕ 的微分方程变成关于结点电势 ϕ_1，ϕ_2，…，ϕ_n 的线性方程组。又可简写成如下矩阵代数方程形式：

$$[S_{ij}][\phi_j] = 0$$

上述矩阵方程就是综合方程，它应包括全部结点，最终构成维数与网格结点总数相等的联立方程。由综合方程的解便得到三维样品中的各结点的电位：$[\phi] = [\phi_1, \phi_2, \cdots, \phi_n]^{\mathrm{T}}$。为了获得综合方程的解，首先要规定电流进、出注入点的电势。

5.6.3 各向异性三维样品电阻率的 FEM 计算

5.6.3.1 计算条件

在三维空间上设 x、y、z 固定的坐标轴。各向异性三维样品

的3个主晶轴为 a、b、c。实验用的材料为六方晶系 GdNi。在六方晶系情况下，电导率张量和电阻率张量分别为：

$$\Sigma = \begin{pmatrix} \sigma_a & 0 & 0 \\ 0 & \sigma_b & 0 \\ 0 & 0 & \sigma_c \end{pmatrix}, P = \begin{pmatrix} \rho_a & 0 & 0 \\ 0 & \rho_b & 0 \\ 0 & 0 & \rho_c \end{pmatrix}$$

三个主晶轴 a、b、c 方向已测得的表观电阻率 ρ_{Aa}、ρ_{Ab}、ρ_{Ac} 分别为 $\rho_{Aa} = 16.5\mu\Omega \cdot \text{cm}$，$\rho_{Ab} = 201\mu\Omega \cdot \text{cm}$，$\rho_{Ac} = 13.7\mu\Omega \cdot \text{cm}$。三维样品沿三个主轴 a、b、c 方向 FEM 计算得到的各向异性电阻率分别为 ρ_{Ra}、ρ_{Rb}、ρ_{Rc}。在表观测量电阻率已知情况下，用 FEM 计算得到 $\frac{\rho_{Aa}}{\rho_{Ra}}$、$\frac{\rho_{Ab}}{\rho_{Rb}}$、$\frac{\rho_{Ac}}{\rho_{Rc}}$。设沿主晶轴方向表观测量电阻率为 ρ_A，FEM 计算的电阻率为 ρ_R，以比较 ρ_A/ρ_R，从而了解计算的正确性和可信度（见表5-5）。如果 ρ_A/ρ_R 接近，则表明计算正确，可信。三维空间 x、y、z 坐标轴与样品的三个主晶轴 a、b、c 的关系按以下两种情况布置，并且电流始终沿 x 方向进行表观电阻率测量和 FEM 计算。三维样品的尺寸为 $1.1\text{mm} \times 1.1\text{mm} \times 7\text{mm}$。在 xy 平面中心线上设置直线分布的4根探针，测量时，两根外探针为电流注入探针，即电流流出入样品的出入口。两根内探针为测电压探针。四根探针的间距分别为 d、s、d，测量和计算时，设 $s=1.5\text{mm}$，$d=1.7\text{mm}$。于是，两根外探针至样品端边距离均为 $(7-d-s-d)/2 = 1.05\text{mm}$。第一种情况下，进行表观电阻率测量和 FEM 计算时，主晶轴 b 始终不沿 z 轴，即主晶轴 b 仅沿 x、y 轴（见表5-5 第1、2、3行）。第二种情况下，主晶轴 b 沿 x 轴，即沿电流 x 方向测得 ρ_{Ab} 及计算 ρ_{Rb}（见表 5-5 第 5 行）。此外，主晶轴 b 沿 z 轴时，电流沿 x 方向测得 ρ_{Aa}、计算 ρ_{Ra}（见表5-5 第4行）和主晶轴 b 沿 z 轴，主晶轴 c 沿电流 x 方向，测得 ρ_{Ac} 及计算 ρ_{Rc}（见表5-5 第6行）。第5.6.3.2 节指出，这两种情况计算的结果是不一样的（见表5-5）。

表 5-5 两种情况计算结果比较

项 目	x	y	z	电 流	内 容
情况 1	a	b	c	$I/\!/a$	测得 ρ_{Aa} 及计算 ρ_{Ra}
	b	c	a	$I/\!/b$	测得 ρ_{Ab} 及计算 ρ_{Rb}
	c	b	a	$I/\!/c$	测得 ρ_{Ac} 及计算 ρ_{Rc}
情况 2	a	c	b	$I/\!/a$	测得 ρ_{Aa} 及计算 ρ_{Ra}
	b	a	c	$I/\!/b$	测得 ρ_{Ab} 及计算 ρ_{Rb}
	c	a	b	$I/\!/c$	测得 ρ_{Ac} 及计算 ρ_{Rc}

设流过样品出入口的电流为 I，且电流 I 与 c 晶轴平行（$I/\!/c$）情况下，测得 ρ_{Ac} 及计算 ρ_{Rc}。电流出入口处的电势差为 V_2-V_3，两者间沿 c 晶轴方向的距离为 x_2-x_3。于是沿 c 晶轴测量的表观电阻率由下式决定：$\rho_{Ac}=(|V_2-V_3|/I)(A/|x_2-x_3|)$，$A$ 为样品的截面积。此时，用 FEM 计算得到的流过样品的电流为 $I=\sum_{i=1}^{n}J_{xe}S_e=\sum_{i=1}^{n}(1/\rho_x)(\partial V_e/\partial x)S_e$，$S_e$ 为单元 e 的截面积。该式的求和范围应为与电流方向垂直的全部各单元。FEM 计算过程是将测量的表观电阻率值作为第一次的开始计算值，再把第一次计算得到的值，作为第二次的开始计算值。如此循环计算，当计算得到的新值与前一值相一致时，迭代计算过程便终止，达到自洽。

5.6.3.2 计算结果

两种情况下，计算结果如表 5-6 所示。

计算表明，第一种情况下，当电流沿 x 方向，而样品的主晶轴 b 始终不沿 z 轴时，FEM 计算与测量结果比较一致，因而第一种情况下 FEM 计算合理、可信。

表 5-6 六方晶系 GdN 迭代过程得到的计算值 ρ_R
（即分别为 ρ_{Ra}、ρ_{Rb}、ρ_{Rc}）；迭代过程初始值为沿主晶轴方向的表观测量电阻率 ρ_A（单位为 μΩ·cm）

项 目	a	b	c	ρ_{Ra}	ρ_{Rb}	ρ_{Rc}	迭代次数
沿主晶轴测量值 ρ_A	16.5	201.0	13.7	16.5	201.0	13.7	
第一种情况下电流沿 x 方向，主晶轴 b 始终不沿 z 轴：							
ρ_A/ρ_R	1.061	1.000	1.094	15.523	201.00	12.517	1
	1.067	1.000	1.110	15.464	201.00	12.342	2
	1.068	1.000	1.113	15.457	201.00	12.311	3
	1.068	1.000	1.113	15.456	201.00	12.306	4
	1.068	1.000	1.113	15.456	201.00	12.304	5
第二种情况下，电流沿 x 方向，主晶轴 b 除沿 x 轴外，则还沿 z 轴：							
ρ_A/ρ_R	1.474	1.000	1.520	11.670	201.00	9.011	1
	1.622	1.000	1.827	10.174	201.00	7.498	2
	1.723	1.000	1.997	9.578	201.00	6.860	3
	1.771	1.000	2.088	9.318	201.00	6.561	4
	1.793	1.000	2.136	9.201	201.00	6.415	5
	1.804	1.000	2.160	9.147	201.00	6.342	6
	1.809	1.000	2.173	9.122	201.00	6.305	7
	1.811	1.000	2.179	9.11	201.00	6.286	8
	1.812	1.000	2.183	9.105	201.00	6.276	9
	1.813	1.000	2.185	9.105	201.00	6.271	10
	1.813	1.000	2.185	9.102	201.00	6.269	11
	1.813	1.000	2.186	9.101	201.00	6.268	12
	1.813	1.000	2.186	9.100	201.00	6.267	13
	1.813	1.000	2.186	9.100	201.00	6.267	14

6 电阻率 Mapping 技术

6.1 对微区电学参数的测试要求

为超大规模或甚大规模集成电路成功提供必要的参数应满足下列条件:

（1）所测量的参数，特别是微区的分布应直接影响电路的设计或性能。

（2）测量的参数实际上受其他参数的影响很小。

（3）应提供合适的测试条件。

（4）应提供足够量的测试次数，以说明所使用的测量技术的重复性是可信的，此外，还应提供测量不够完善的信息（如测量本身的缺陷，测试结构的不够合理的地方，所测量参数的误差等）。

（5）测试设备应有能力使众多原始测量数据折合优化为有意义的物理参数，而又不需要花费大量的人力和时间。

（6）测试设备还应有能力使大量参数资料转化为易懂的图表。

图 6-1 所示为 Crossley 和 Ham 所使用的测试图案，包含多种参数的测试。

6.2 数据采集系统

目前国内外都有许多自己设计的数据收集系统。它们的共同特点是利用计算机控制数据采集及进行加工处理。一般来说，测量系统对电流的灵敏度要求达到 1pA，对电容的灵敏度要求达到 1pF（频率在 10kHz ~ 1MHz 之间)，并能产生小至 10nA 的电流，电压的分辨力为 10μV。图 6-2 和图 6-3 分别是 Crossley 等人及 Perloff 等人所使用的电学测试系统和四探针测量系统。

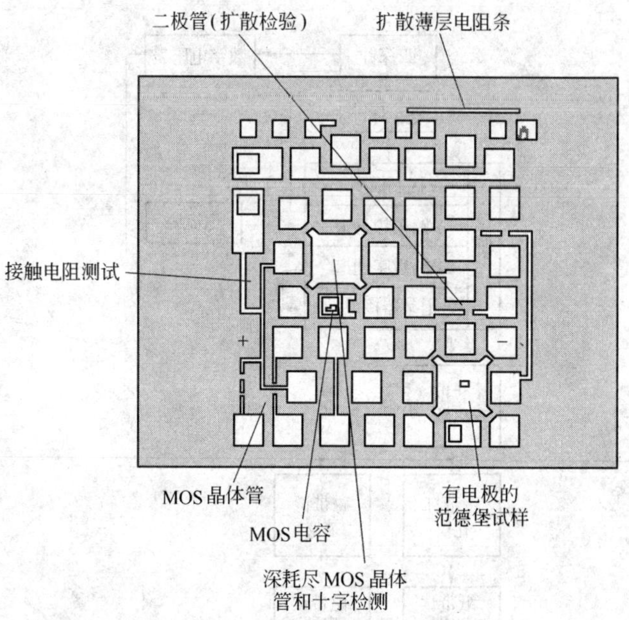

图 6-1 Crossley 和 Ham 所使用的微区电学参数测试图形

用于集成电路工艺的测试结构

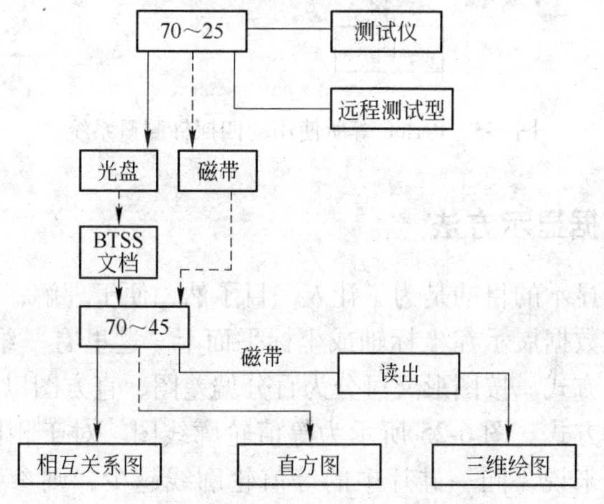

图 6-2 Crossley 等所使用的电学测试系统

---- 可选（将来实现方案）

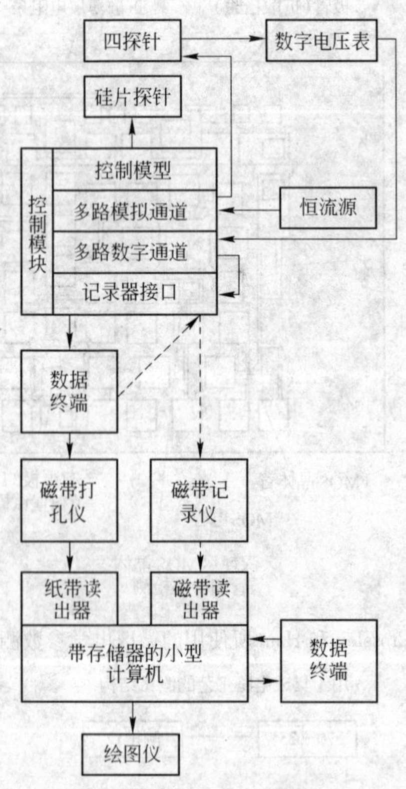

图 6-3 Perloff 等所使用的四探针测量系统

6.3 数据显示方法

数据显示的目的是为了让人一目了然，便于理解，特别是将大量测试数据展示在坐标轴或坐标平面上。这里有一维、二维、三维表达方式。按图形又可分为百分偏差图、直方图以及等值轮廓线表达方式。图 6-25 所示为等值轮廓线图。对于相同尺寸的测试结构来说，同一硅片中的等值轮廓线越少，则参数分布越均匀。

以硅片的扩散薄层电阻二维图为例，来说明数据的处理。

Perloff 对 75mm 的硅片选定 118 个标准测试点进行测量。每一个格子的边长为 5.64mm。用下式计算平均值：

$$\overline{R}_s = \frac{1}{118}\sum_{i=1}^{118}(R_s)i \tag{6-1}$$

标准偏差 σ 的均方值为：

$$\sigma^2 = \frac{1}{117}\sum_{i=1}^{118}[(R_s)i - \overline{R}_s]^2 \tag{6-2}$$

相对标准偏差为：$\sigma^* = \sigma/\overline{R}_s$

每一个测试位上所得薄层电阻与平均值 $\overline{R}_s$ 的偏差（%）为：

$$\Delta i = [(R_s)i/\overline{R}_s - 1] \times 100\% \tag{6-3}$$

用探针测试微区的掺杂或电阻率分布均匀性是经济又有效的方法。目前可以分为肖特基势垒探针法和电流场电势探针法。前者可分为单探针法和三探针法。四探针法又可分为直线四探针法和矩形四探针法。矩形四探针法又可分为竖直四探针和斜置四探针。此外，还可以发明人所用公式不同分为 Perloff 法、Rymaszewski 法和改进的 Van der Pauw 法。下面是分类与要求：

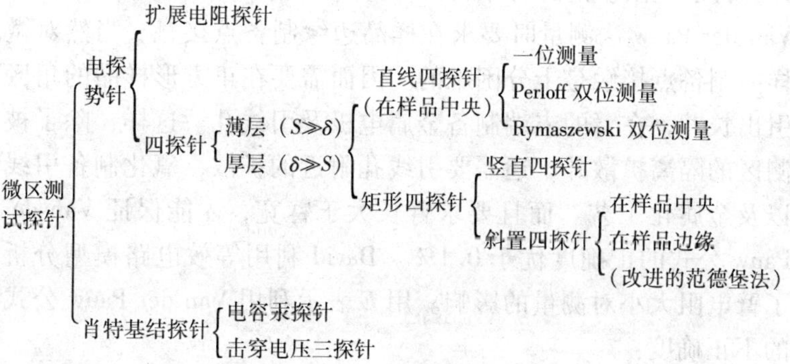

图 6-4 示出美国国家标准局所推荐使用的正方形测试结构（即 NBS-3 号掩膜版）。测试时将四根探针置于四个金属电极板上，利用 Van der Pauw 公式：

$$R_s = \frac{\pi}{\ln 2}\left(\frac{V_1 + V_2}{I}\right)f(V_2/V_1) \tag{6-4}$$

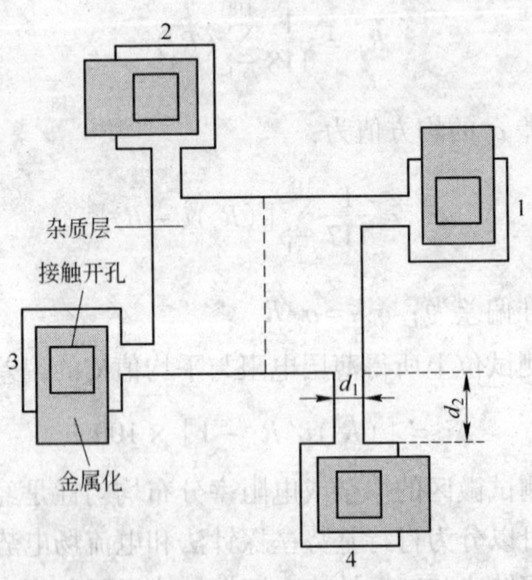

图 6-4　美国国家标准局正方形测试结构

（NBS-3 号掩膜版）

计算薄层电阻。这一种结构又称为 Van der Pauw 电阻器。原始 Van der Pauw 法测量时要求在样品边缘制备点接触。当然对微样品制备点接触是十分困难的。因而需要在正方形样品的角区引出长臂，在臂的末端制备金属电极及引线孔。这样，除了被测区的隔离扩散外，还需要引线孔附近的扩散，氧化制备引线以及金属化工艺。而且要求臂长大于臂宽，才能保证 Van der Pauw 公式的正确度优于 0.1%。David 利用等效电路模型分析了臂电阻大小对测量的影响。用 E 表示利用 Van der Pauw 公式的不正确度：

$$E = (E_s^0 - R_s)/R_s^0 \tag{6-5}$$

式中，R_s^0 是真正的薄层电阻，R_s 是按 Van der Pauw 公式：

$$R_s = \left(\frac{\pi}{\ln 2}\right) V/I \tag{6-6}$$

计算出的薄层电阻，因为测试区是对称的，故 $V = V_1 = V_2$，$f = 1$。

图 6-5 是 David 等计算出的 E 与 D/S 的关系曲线。可以看出，臂长 A 与臂宽 S 之比越大，则 E 越小，正确度越高。但是 Buehler 也用等效电路研究了 Van der Pauw 测试结构，考虑了表面漏电流（电阻 R_3）及臂电阻（R_2）对测量计算得到的电阻 $R = V/I$ 与真实电阻 $R_1 = \frac{\pi}{\ln 2}\frac{V}{I} = 4.532\ \frac{V}{I} \approx 4\ \frac{V}{I}$ 的偏差的影响，如图 6-6 所示。漏电小（R_3 大）时，只有臂电阻 R_2 比较小时，测量值 $4R$ 才与真实值 R_1（即 $4R/R_1 = 1$）一致。因此臂电阻应尽可能小。这一结论与 David 的结论相反。不过 Buehler 的模型中，把测试结构的臂电阻看成是干扰，而关心的是测试结构的芯部分的薄层电阻。

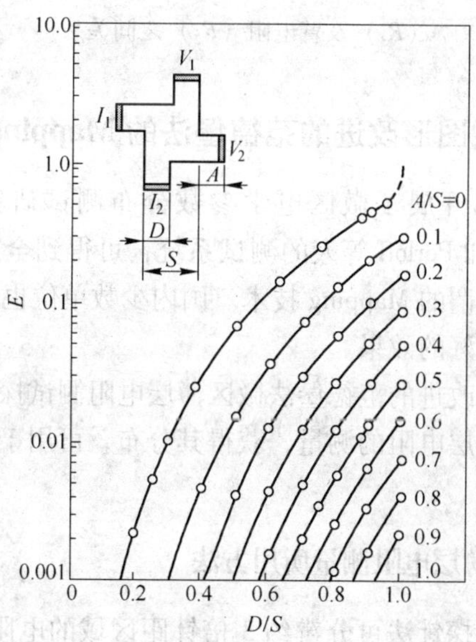

图 6-5 E-D/S 的关系

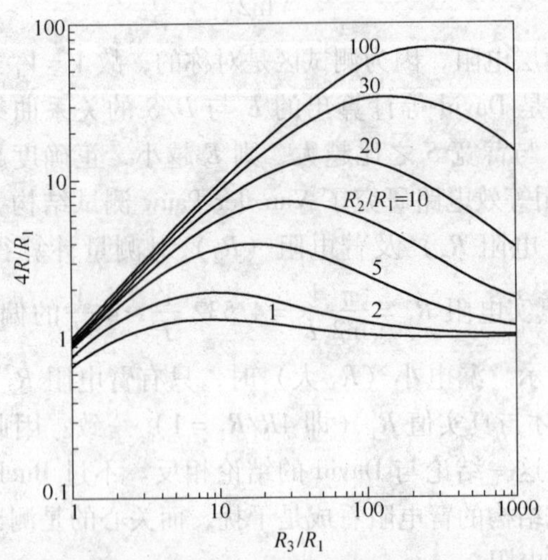

图 6-6 测量值 $4R$ 与真值 R_1 之比与漏电流（R_3）及臂电阻（R_2）之间关系

6.4 有测试图形改进的范德堡法的 Mapping 技术

国内外都开展了微区电学参数分布测试研究。例如，由 Crossley 等人和 Perloff 等人的测试系统，可得到全片的电阻率分布，这就是所谓的 Mapping 技术。国内少数单位也开展了这一技术，取得了很好的效果。

我们利用改进的范德堡法微区薄层电阻测试探针技术对扩散片进行微区薄层电阻的测量，获得其分布，可用于评价材料的质量、改进工艺。

6.4.1 微区薄层电阻测量所用方法

常规的四探针法可分辨约 3 倍针距区域的电阻率不均匀性，为保证探针刚性一般需毫米直径的探针，因此竖直四探针不能用于微区测定。常规直线四探针的 Rymaszewski 法对无限大样品、探针的游移、不等距不影响测量结果，但本书作者认为，对有限尺寸样品，当探针偏离中心对称位置时边缘效应有影响，可测微区尺寸以容纳下探针为前提。

范德堡法可以应用于任何形状的样品，但要求将触点制备在样品的边缘，故不能直接应用于微区测定。

扩展电阻法虽然可分辨 10μm 微区的电阻率，但要求大面积欧姆接触，而且要求样品是体样品，因此也不适合微区测定。

美国国家标准局推荐的标准测试结构，虽然可应用于微区薄层电阻的测定，但要求从样品伸出四个等长臂，在臂的末端制备四个大的金属化电极以放置探针。因此测量区就被扩大到 100μm 以上，而且关于臂的长宽合适比又存在两种截然相反的观点。

其他许多关于边缘效应的修正都要求精确知道探针与样品的相对几何位置，对微样品很难作这种测定，因而达不到修正的目的。

上面第 4 章 4.4 节介绍的改进范德堡法是利用四根斜置的刚性探针，不要求等距、共线，只要求依靠显微镜观察，保证针尖在样品的四个角区边缘附近一定界线内，用下面的改进范德堡公式，由 4 次电压、电流轮换测量得到薄层电阻（公式中 4 次求和再除以 4 并非平均之意，而是由于探针接触时的整流效应，必须这样做）：

$$R_s = \frac{1}{4}\sum_{n=1}^{4}\frac{\pi}{2\ln 2}\left(\frac{V_n + V_{n+1}}{I}\right)f\left(\frac{V_{n+1}}{V_n}\right) \tag{6-7}$$

式中，I 是所用测试电流；V_n 是第 n 次测量所得电压，$f(V_{n+1}/V_n)$ 是 Van der Pauw 修正函数：

$$\frac{(V_{n+1}/V_n) - 1}{(V_{n+1}/V_n) + 1} = \frac{\cosh^{-1}[(1/2)\exp(\ln 2/f)]}{\ln(2/f)} \tag{6-8}$$

图 6-7 示出该方法所推荐的四种测试图形结构，其中阴影线是允许放置探针的区域。

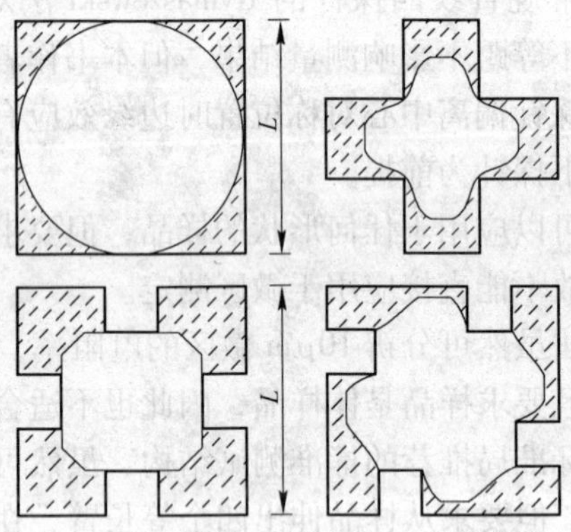

图 6-7 改进的范德堡法所推荐的
四种测试图形结构

该方法的特点是利用斜置探针，探针有足够直径以保证刚性。样品面上探针间距取决于针尖半径，因此可以用于小至 90μm 微区的薄层电阻的测定。不需要测量针尖与样品边界之间相对距离；不需要作边缘效应修正；不需要保证重复测量时探针位置的一致性；探针的游移不影响测量结果；不需要制备从微区伸出的测试臂和金属化电极，简便、快捷、可行。有关原理已在相关文献中给予证明。实验中已对大的方形硅片、矩形镍片、100μm 方形金触突以及图 6-7 所示 p-Si 隔离微区进行测定验证，而且从理论上和实验上可推出范德堡公式：

$$\exp\left(-\frac{\pi V_1}{IR_s}\right) + \exp\left(-\frac{\pi V_2}{IR_s}\right) = 1 \tag{6-9}$$

6.4.2 测准条件分析

这保证测量时免受静电、电磁干扰，采用屏蔽线并让屏蔽接地，因此读数稳定可靠测量电压随测量电流正比增加或减小。为消除探针与样品间接触电势的影响，采用电流正反向两次测量再平均，测量中用 CC51A 单片机采样探针电压，自动计算，立即显示薄层电阻。这不仅可提高测试速度，还对读数异常（探针落到图形外时）起监视作用，并可观察测量电流对薄层电阻读数的影响。

对半导体样品少子注入及焦耳热会影响测量结果，因而所测微区电阻率约为 0.1Ω · cm，与一般基区扩散相当。对 150μm 微区将测试电流从 90μA 逐渐增加至 2000μA（与单片机可检测上、下限对应），所测薄层电阻相差在 ±4% 以内。图 6-8 虚线 1 所示为其归一化值。Beuhler 利用范德堡微电阻器测量薄层电阻时，观察到焦耳热的影响，如图 6-8 曲线 2、3 所示，并归因于过窄的测试臂导致电流密度过大所致。因我们的测试方法不要求从样品引出测试臂，焦耳热效应不明显是可理解的。本章 Mapping 技术中选用 160μA 测试电流。

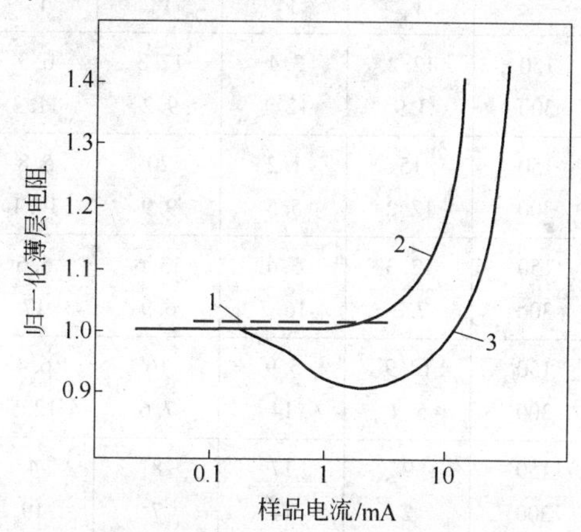

图 6-8 测量所得薄层电阻与测试电流关系

1—作者所测的归一化值；2，3—Beuhler 所测的归一化值

6.4.3 测量结果

所用样品为 n-Si 片。样品氧化光刻后刻出相应图形，图形内进行硼扩散，深度约为 3μm，然后对微区图形进行薄层电阻测量。显微镜将视场放大 80 倍，每次测量时用目视法将探针尖

放置在图 6-7 所示阴影区，尽量靠边，但决不能超越边界。

光刻板被划分为 1.5mm × 1.5mm 的重复单元，每一单元中有 25 个图形，其尺寸为 60μm、80μm、90μm、…、150μm、300μm 不等。

表 6-1 示出随机不同单元中两个图形的测试结果。可以看出，不同形状、尺寸的图形以及探针随机游移（但在允许区内）因而范德堡修正函数 $f(V_{n+1}/V_n)$ 不同，同一单元中两个图形的测试结果是一致的，说明扩散的微区不均匀度不大，只选定 1 个或 2 个图形便可以代表该单元。

表 6-1　同一单元中两个图形的测试结果（测试电流取 160μA）

形　状	尺寸/μm	四次轮换得电压/mV				薄层电阻/Ω
		V_1	V_2	V_3	V_4	
苜蓿叶	150	12.2	3.4	17.3	6.3	251
十字形	300	3.9	12.1	9.2	11.3	249
苜蓿叶	150	15	1.2	20	5.8	247
十字形	300	12.2	5.5	9.9	10.1	262
苜蓿叶	150	12.3	5.4	13.6	6.6	334
十字形	300	7.3	16.7	6.9	17	317
苜蓿叶	150	12.9	5.9	16	6.4	270
十字形	300	5.4	14	7.6	12.5	264
苜蓿叶	150	9	17	8	4	260
十字形	300	2	14	7	19	256
苜蓿叶	150	7	10.5	10.7	8	255
十字形	300	9	10.6	7.7	10	255
苜蓿叶	150	16	11	6.5	4	256
十字形	300	11	6	10.7	10.6	272
苜蓿叶	150	22	6	15	9	341
十字形	300	8	19	3	23	341
苜蓿叶	150	14.6	22	3.6	9.1	321
十字形	300	9.5	11	6	24	328

必要时，相邻单元薄层电阻差别大时也作了加测全片的测试结果。用 Beuhler 曾使用的灰度法表示各单元的薄层电阻，图6-9示出全片的分布。利用此 Mapping 图可以得到：

（1）不均匀度：

$$E = \frac{R_{大} - R_{小}}{\frac{1}{2}(R_{大} + R_{小})} = \frac{360 - 190}{\frac{1}{2}(360 + 190)} \times 100\% = 62\%$$

（2）全片薄层电阻平均值：

$$R = \frac{1}{n}\sum_{i=1}^{n} R_i = \sum_{j=1}^{m} R_j N_j / \sum_{j=1}^{m} N_j = 278.2(\Omega)$$

式中，n、m 分别是全片被统计的单元数和灰度相同的总区域数；N_j 是第 j 区域中的单元数。从图 6-9 的 Mapping 图可得到详细信息，更有利于评价材料改进工艺。

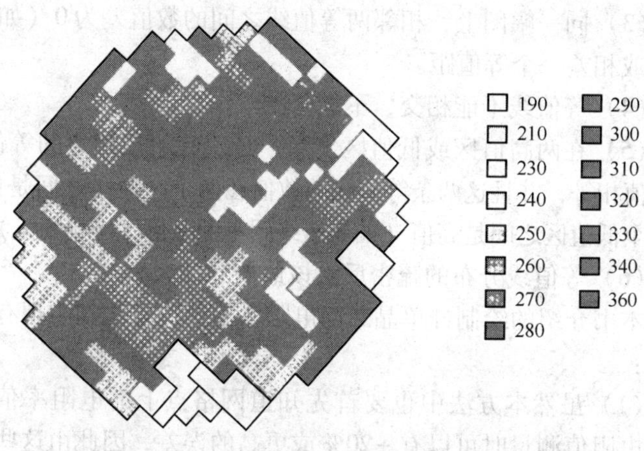

图 6-9 以灰度表示薄层电阻所测得的 Mapping 图

6.5 无测试图形改进的鲁美采夫斯基法的 Mapping 技术

6.5.1 引言

等值线主要有等高线图、等压线图、等温线图（水温和气温)、等降水量图、地层年龄等值……。一般来说，等值线上无梯度而等值线的法向梯度最大。等值线不能相交，但可以构成封闭圈。绘制等值线目前有许多软件可以应用，例如 Matlab 软件系统和 Sufer 软件系统，另外还有自行开发的软件。利用计算机绘制等值线时，一般要首先生成网格，确定格点上的物理量值。然后寻找等值线的起点，计算等值线与网格的交点。最后将等值线与网格的交点连接成一条比较平滑的曲线。目前，这些方法都认为网格点上的物理量值是严格正确的，利用这些基础值画出等值线，等值线通常与网格相交。因此绘制等值线实际上是利用网格点上的数值计算网格中的等值点的坐标方法。等值线分析的一般规则为:

(1) 同一条等值线上，要数值处处相等。

(2) 等值线一侧的数值须高于另一侧的数值。

(3) 同一幅图上，相邻两等值线之间的数值差为0（如在鞍部）或相差一个等值距。

(4) 等值线不能相交，不能分支。

(5) 在两高值区或低值区之间，必须有两条相邻的等值线，其数值相等，并且这两条等值线的数值在两个高值区之间是低值，在两个低值区之间是高值（如等压线图中的鞍形气压场附近）。

(6) 等值线分布的疏密反映该值差异的大小。

本书介绍的绘制硅单晶断面电阻率等值线方法却与现有方法不同:

(1) 虽然本方法中也要首先知道网格点上的电阻率值。但由于电阻值测量时可以有 ±20% 或更高的误差，因此由这些格点上的值去寻找网格点上等值点的坐标也将带来较大的误差。

(2) 我们用具图像识别定位功能的全自动探针仪测量硅单晶断面电阻率的分布，测量点构成方形网格，网格的边长可以随意调节，小至 1mm 以下。因此网格可以分得很细（而通常的探针仪只能分辨 3mm 以上区域的电阻率），没有必要再去寻找网格中电阻率值等值点的坐标。因此等值线就沿网格走或最多沿 45°

对角线穿过网格。

(3) 由于相邻网格点上的电阻率值并不严格相等，按上述文献所介绍的方法，不能通过它们绘制等值线，因此我们引入模糊数学中的隶属度概念，只要相邻点与起始点的电阻率差在某一范围，就认为该相邻点属于起始点为首的模糊集合，且该相邻点对此模糊集合的隶属度大于某一阈值，此时两相邻网格点便可以连成等值线，尽管它们的电阻率值有差别，不严格相等。因此这样绘制出来的等值线是折线，不是光滑曲线，但对于断面电阻率等值线绘图技术来说已是足够精确并实用化了，完全可以用于指导硅单晶和集成电路生产工艺。

(4) 需要说明的是为什么一片单晶硅片的电阻率是呈现条纹分布的呢？其原因是由多方面造成的：

1) 这种条纹幅度随着晶体转速的增加和拉速的减小而减小。拉速低时，条纹相间较窄，再配合慢的冷却速度，通过固态扩散作用便可使条纹的幅度减小。

2) 有效分凝系数为：$k = \dfrac{k_0}{k_0 + (1 - k_0)\exp(-f\sigma/D)}$，式中，$f$为凝固速度；$D$为熔体中杂质的扩散系数；$\sigma$为扩散边界层的厚度。于是，有效分凝系数的实际数值就取决于f和σ值的流体力学条件。当熔体中生长晶体处在稳定状态时，引入晶体的杂质浓度是由方程$k = \dfrac{k_0}{k_0 + (1 - k_0)\exp(-f\sigma/D)}$给出的$k$值决定的。但大多数晶体生长过程的一些参数值都是瞬时值，如瞬时变化的微观生长率f，扩散边界层厚度υ，这些参数都会导致k值的变化，因而造成微观的不均匀性。这种不均匀性电阻率以条纹的形式出现而且平行于固-液界面。

3) 微区电阻测试方法。我们用改进的Rymaszeweski斜置式方形四探针法。薄层电阻测试公式为：$R_s = \dfrac{\pi}{\ln 2}\left(\dfrac{V_1 + V_2}{I}\right)f(V_1/V_2)$，式中，$V_1$、$V_2$分别是探针两次测得的电

压；$f(V_1/V_2)$ 是 Van der Pauw 函数。针距可小至 1mm 以下。

两种画等值线的方法见图 6-10。

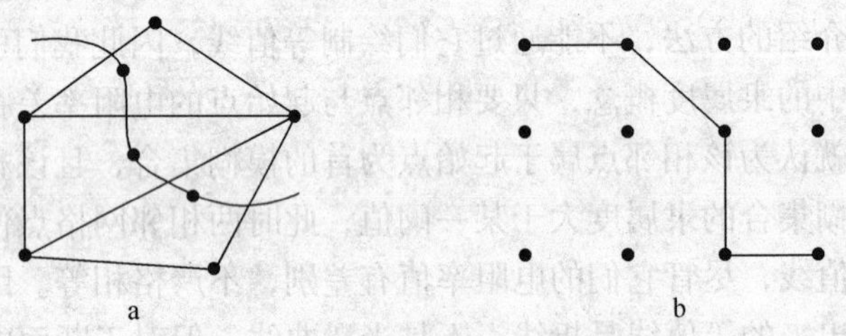

图 6-10 两种画等值线的方法

a—通过网格内等值点；b—沿网格或对角线

6.5.2 模糊数学在硅片上电阻率等值线连接中的应用

6.5.2.1 模糊集定义

图 6-11 示出硅片上两点 i、j，其电阻率分别为 ρ_i 和 ρ_j。电阻率的等值线通过 i 点，ρ_i 则为等值线的电阻率。又设硅单晶电阻率的各等值线之差为 $\Delta\rho_0$，取 $x=(\rho_j-\rho_i)/\Delta\rho_0$ 为 j 点的相对电阻率差。相对电阻率之差 x 在硅单晶电阻率的论域 X 上。电阻率等值线的模糊集合 $\tilde{A}$ 可表示为：

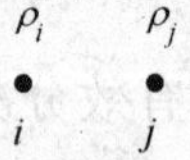

ρ_i ρ_j

i j

图 6-11 电阻率等值线 ρ_i 上的点 i 与其邻近电阻率为 ρ_j 的点 j

$$\tilde{A}=\{x,S_{\tilde{A}}(x)\mid x\in X\}$$

式中，$x=(\rho_j-\rho_i)/\Delta\rho_0,\Delta\rho_0=(\rho_{\max}-\rho_{\min})/m$，$m$ 为选取的等分数；ρ_j 为点 j 的电阻率值；ρ_i 为等值线上点的电阻率值；$S_{\tilde{A}}(x)$ 为 x 对此模糊集 $\tilde{A}$ 的隶属度。

可见隶属度 $S_{\tilde{A}}(x)$ 越接近于 1，ρ_j 越接近于 ρ_i，j 点就越属于 i 点等值线的模糊集合。

6.5.2.2 隶属度及阈值的选取

在这里选择高斯型隶属度函数，即：

$$S_{\tilde{A}}(x) = e^{-k(x-a)^2} \quad (6\text{-}10)$$

比较适合所讨论的问题。又取 $k=1$，$a=0$，则：

$$S_{\tilde{A}}(x) = e^{-x^2}$$

式中，$x=(\rho_j-\rho_i)/\Delta\rho_0$，为相对电阻率差；$\Delta\rho_0=(\rho_{max}-\rho_{min})/m$，为相邻两等值线间的电阻率差。

表6-2表示出两点电阻率之差与隶属度之间的关系。设各条电阻率等值线之差为恒定间隔 $\Delta\rho_0$，可见 j 点的电阻率 ρ_j 与相邻的等值线的电阻率 ρ_i 之差为 $\frac{1}{2}\Delta\rho_0$ 时，ρ_j 属于 ρ_i 电阻率线模糊集的隶属度便只有78%了。

表6-2 $S_{\tilde{A}}(x)$ 与 $(\rho_j-\rho_i)/\Delta\rho_0$ 关系

电阻率差	0	$\pm\frac{1}{2}\Delta\rho$	$\pm\Delta\rho$	$\pm\frac{3}{2}\Delta\rho$
x	0	0.5	1	1.5
$S_{\tilde{A}}(x)$	1	0.78	0.37	0.105

两点间电阻率是否属于同一集合 $\tilde{A}$，还应该考虑两点间的距离。显然两点十分接近时，其电阻率也是十分接近的。因此还应该根据两点间的距离和方向来确定一个适合它们的阈值。

设 i 点是电阻率等值线 ρ_i 上的点，j_1、j_2、j_3 点离开 i 上的距离和方向不同，它们分别处于0°、45°和90°方向上，如图6-12所示。假若 i 点上的电阻率为 ρ_i，j_1、j_2、j_3 各点的电阻率均为 $\rho_i+\frac{1}{2}\Delta\rho_0$，其隶属度均为0.78，可以肯定沿45°方向上的电阻率变化梯度最小。严格讲，等值线应该是梯度为零的线，而其法向梯度最大。因而等值线应该沿45°画。为此应在不同方向上规定隶属度函数的阈值。例如，设阈值 $S_{01}=0.8$，$S_{02}=0.57$（在

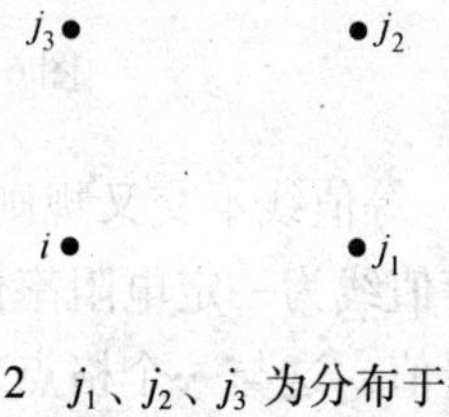

图6-12 j_1、j_2、j_3 为分布于等值线上点 i 周围不同方向上的格点

45°方向上为 0.8 的$\frac{1}{\sqrt{2}}$倍)，$S_{03}=0.8$。只有 45°方向上 $S_{02}<0.78$，可以速连等值线。因此可以按下式连接等值线：

若 $S_{\tilde{A}}(x) \geqslant S_0(x)$ 则 j 点和 i 点可以连接；

若 $S_{\tilde{A}}(x) < S_0(x)$ 则 j 点和 i 点不可以连接。

式中，$S_0(x)$为阈值，应由实际情况选取一个恰当的值。

6.5.2.3 根据测得的单晶硅的电阻率实际画出等值线

A 等值线绘图规则

a 一个方格最多穿过一条 45°等值线规则

例如，j_2 属于 i 等值线，则 j_1、j_2 中肯定有一个不属于 i 等值线集合，图 6-13 即为 j_1 不属于 i 等值线的集合。

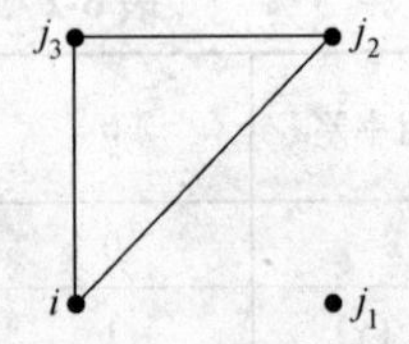

图 6-13 一个方格最多穿过一条 45°等值线

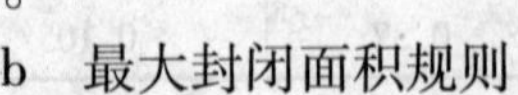

b 最大封闭面积规则

有若干点在 i 最近邻，都属于 i 等值线集合，此时应满足最大封闭面积规则，如图 6-14 中虚线不连接成等值线。

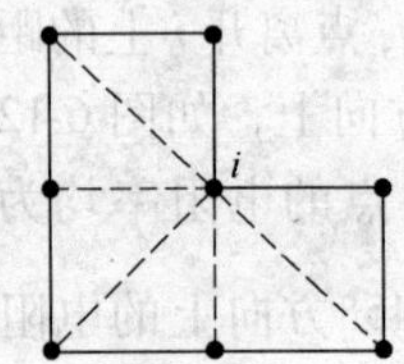

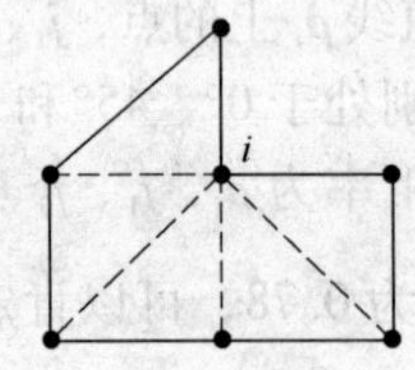

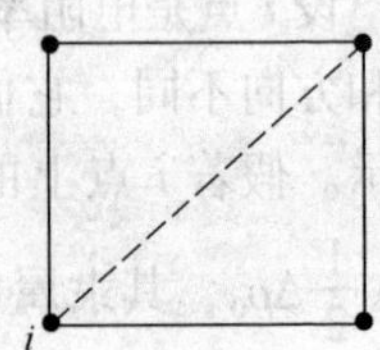

图 6-14 最大封闭面积

c 等值线不交叉规则

等值线为一定电阻率值的线，若两等值线相交，则交叉点上有两个值，这与一个格点对应唯一电阻率值矛盾。例如，图 6-15 中 j_1、j_3 为等高值两点，i 和 j_2 为等低值两点，i、j_2 和 j_1、j_3 不能同时连接，这需要将其他等值线连接好之后又由总体来决定谁可以连接，谁不可以连接。如图6 15所示，虚线不连接，此时低等值线分布于等高值线两侧。

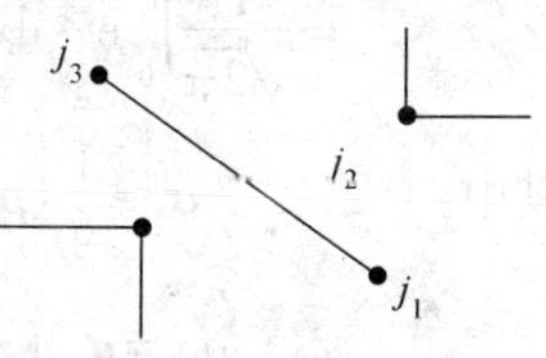

图6-15 等值线不交叉

B 等值线电阻率间隔 $\Delta\rho_0$ 的选定

a 等值线的选取

采用全自动速读四探针仪测量硅单晶的电阻率，测量时可以调整测量点间距。全部测量点构成一个以正方形为单位的网格。每一个网格点可以得到一电阻率值，全体构成硅片电阻率等值格点图。设每一正方形的边长为 a，硅片的直径为 R，则测点总数为：

$$n = \pi R^2 / a^2 \tag{6-11}$$

注意：这里平均一个正方形方格只有一个测试点。

由测得的各点电阻率值可以得到一个最大值 ρ_{max} 和一个最小值 ρ_{min}，假设电阻率在 $\rho_{min} \sim \rho_{max}$ 之间服从正态分布，即：

$$P = \frac{1}{\sqrt{2\pi\sigma}} \exp[-(\rho - \rho_c)^2 / 2\sigma^2] \tag{6-12}$$

式中，$\sigma \approx \frac{1}{6}(\rho_{max} - \rho_{min})$，$\rho_c = \frac{1}{2}(\rho_{max} - \rho_{min})$

则：当 $\rho = \rho_c = \frac{1}{2}(\rho_{max} - \rho_{min})$ 时，分布概率 P 最大（$P =$ 0.3989）。当 $\rho = \rho_{min}$ 和 $\rho = \rho_{max}$ 时，分布概率 P 最小（$P =$ 0.0044）。从 ρ_{min} 到 ρ_{max} 的概率积分为1。

若将电阻率范围分为2，4，8，16，32，…等分，由 ρ_c 至 ρ_1（ρ_1 对应 x_1）概率积分 P_c 为：

$$P_c = \frac{1}{\sqrt{2\pi\sigma}} \int_{\rho_c}^{\rho_1} \{\exp[-(\rho - \rho_c)^2 / 2\sigma^2]\} \mathrm{d}\rho$$

$$= \frac{1}{\sqrt{2\pi}} \int_0^{x_1} e^{-\frac{x^2}{2}} dx = \frac{1}{\sqrt{2\pi}} \left(\int_0^{\infty} e^{-\frac{x^2}{2}} dx - \int_{x_1}^{\infty} e^{-\frac{x^2}{2}} dx \right) \quad (6\text{-}13)$$

其中 $\sigma \approx \frac{1}{6}(\rho_{\max} - \rho_{\min}), x = (\rho - \rho_c)/\sigma$

$$\rho_1 = \rho_c + \frac{1}{2m}(\rho_{\max} - \rho_{\min}) = \rho_c + \frac{3\sigma}{m}$$

$$x_1 = (\rho_1 - \rho_c)/\sigma = \frac{3}{m} \quad (6\text{-}14)$$

由此可以计算出电阻率中值（平均值）附近的概率积分值 P_c（图 6-16 中的阴影面积），如表 6-3 所示。

表 6-3 不同等分（m）时电阻率中值附近的概率积分 P_c、B、B/R 之间的关系

m	2	4	8	16	32
P_c	0. 4332	0. 2734	0. 1460	0. 075	0. 037
B/R	0. 3063	0. 1933	0. 1032	0. 0530	0. 026
$B(R=37.5)$/mm	11. 49	7. 25	3. 87	1. 99	0. 098

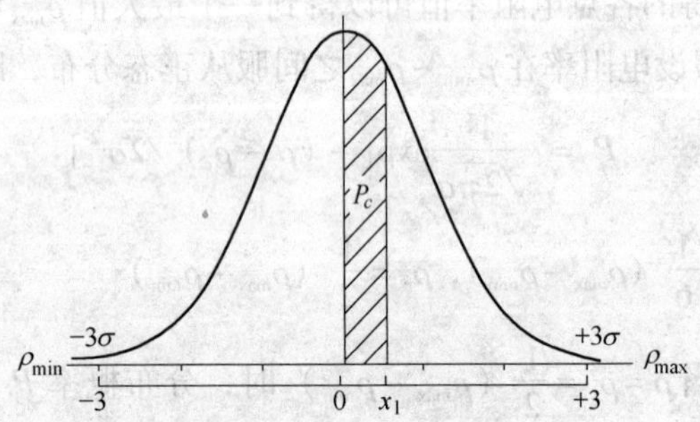

图 6-16 划分成 m 等分的概率分布和积分 P_c

于是可以得到电阻率中值附近阴影区的测点数：

$$n_c = nP_c = \left(\frac{\pi R^2}{a^2}\right) P_c \quad (6\text{-}15)$$

如果把整个硅片表面的电阻率分布划分成 m 个同心圆，则其半径分别为：

$$0, r_1, r_2, r_3, \cdots, r_{\frac{m}{2}-1}, r_{\frac{m}{2}}, r_{\frac{m}{2}+1}, \cdots, r_{m-1}, r_m = R$$

此时中径 $r_c(\rho_c) = r_{\frac{m}{2}}(\rho_c)$。图 6-17 示出 r_c（ρ_c）附近的测量点。

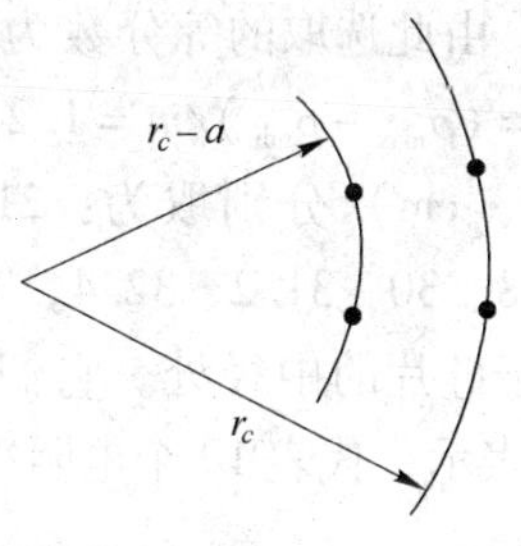

图 6-17　在 r_c 周围的测量点

假设电阻率的分布在整个硅片上中径内外点数相等，则：

$$\frac{\pi r_c^{\,2}(\rho_c)}{a^2} = n(P_1 + P_2 + \cdots + P_{\frac{m}{2}})$$

$$= 0.5\frac{\pi R^2}{a^2} \qquad (6\text{-}16)$$

因此　$r_c(\rho_c) = \sqrt{0.5}R = 0.707R$

由于硅单晶的电阻率分布受固-液界面的小平面分凝效应的影响，一般中心低，边缘高，电阻率的中值一般分布在中径的两侧，因此在中径 r_c 两侧附近有：

$$P_c = n_c/n = \frac{\pi[r_c^{\,2} - (r_c - B)^2]}{a^2}\bigg/\frac{\pi R^2}{a^2}$$

$$P_c \approx 0.5 - \left(\sqrt{0.5} - \frac{B}{R}\right)^2 = 2\sqrt{0.5}\frac{B}{R} = 1.414\frac{B}{R}$$

$$B \approx RP_c/1.414$$

这里 B 是数据密集区相邻电阻率条纹间隔的一半。虽然在数据分散区（各测试点的电阻率相差大），相邻电阻率条纹密集，故它们的间隔小于 a，但它们并不有效，除非它们通过测试点。因此，在数据分散区，选择几何相邻电阻率条纹的间隔等于 a 是合适的，此时有最好的电阻率条纹的分辨率。但是，这会造成在数据密集区，电阻率条纹过分拥挤而失去清晰度。我们宁可牺牲分辨率而有好的清晰度，因此我们只在数据密集区取 $B \geqslant a$，按表 6-3 以确定 m。在实际测量时，使用的是一块直径为 75mm 的硅片，即 $R = 37.5$mm，在测点间距为 $a = 3$mm 时，由于要求 B

$\geqslant a$，按表 6-3 取 $B=3.87$mm。对应此时中径概率为 $P_c=0.146$，而 m = 8，所以选取的等分数为 8 或 9（在这选 9 等分）。

b 各等值线的电阻率值

由此选取的等分数为 $m=9$ 可得到两等值线间的电阻率差 $\Delta\rho=(\rho_{max}-\rho_{min})/m=1.2\ \Omega\cdot\text{cm}$，所以将各等值线的电阻率值（Ω · cm）分别取为：21.6、22.8、24.0、25.2、26.4、27.6、28.8、30、31.2、32.4，其中电阻率的中值为 26.4Ω · cm，基本处于硅片的中径处。它们分别用 1、2、3、4、5、6、7、8、9、10 表示，代表 10 个电阻率条纹，见表 6-4。

表 6-4 各等值线代表的电阻率值（Ω · cm）

1	2	3	4	5	6	7	8	9	10
21.6	22.8	24.0	25.2	26.4	27.6	28.8	30	31.2	32.4

C 连接电阻率等值线

a 电阻率等值线连接条件

选取电阻率最接近上述等值线值的某个点 i，由点 i 出发（对一条等值线来说），在其附近找到其最近邻的 8 个测试点 j_m（$m=1, 2, 3, \cdots, 8$），如图 6-18 所示。

由各点测得的电阻率计算每一个 $j_m(m=1,2,3,\cdots,8)$ 属于 i 点电阻率等值线模糊集的隶属度 $S_{\tilde{A}}(x_{j_m})$，并与相应的阈值 $S_0(x_{j_m})$ 相

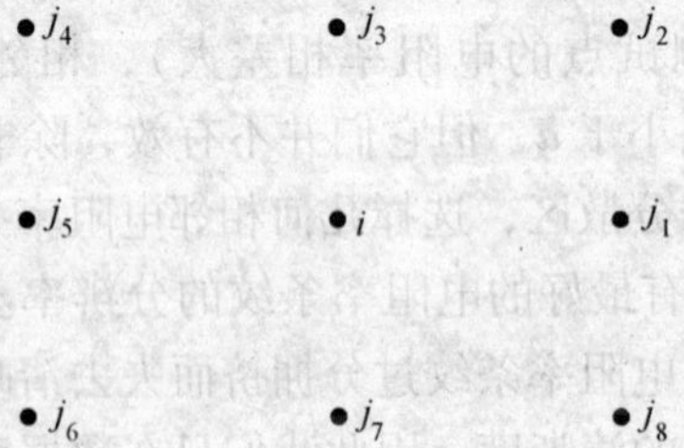

j_4 j_3 j_2

j_5 i j_1

j_6 j_7 j_8

图 6-18 i 紧邻的 8 个点 $j_m(m=1, 2, 3, \cdots, 8)$

比较，通过完成下列步骤可判断 $i \sim j_m$ 是否能连接成等值线：

当 $S_{\tilde{A}}(x_{j_m}) < S_0(x_{j_m})$ 时，$i \sim j_m$ 不可连接成等值线；

当 $S_{\tilde{A}}(x_{j_m}) \geqslant S_0(x_{j_m})$ 时，$i \sim j_m$ 等值线连接时还要满足 3.14.1 节规定的规则。

等值线连接时还会出现下列几种情况，如图 6-19 所示。

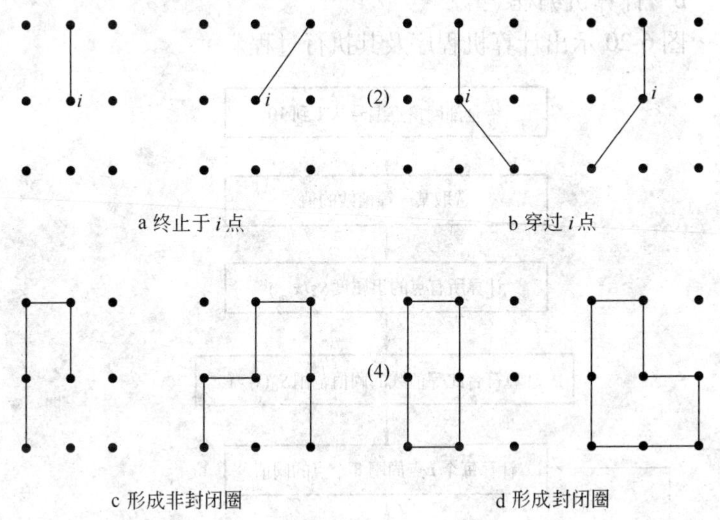

图 6-19 等值线速连成的几种图形

b 等分电阻率及等值线条数

用具图像识别功能的全自动斜置式放置的四探针仪测得硅片上的电阻率分布。测点距为 3mm，即方格边长为 3mm。全部测点数约为 420 个，测得的最高电阻率为 32.4Ω · cm，最低电阻率为 21.6Ω · cm。按表 6-4，将电阻率范围分成 9 等分，$\Delta\rho = 1.2\Omega \cdot$ cm。应对下列电阻率值绘制相应的等值线，共 10 条，见表 6-4。

6.5.2.4 编程及利用现有的软件画出等值线

A 计算和绘制等值线的计算机编程的执行过程

a 利用模糊数学理论，划分原始电阻率

利用上面所述的模糊数学理论，同时由实际情况反复选阈值，在0°和90°方向上的阈值为0.8，在45°方向上的阈值为0.57。将硅片上测得的原始电阻率分散的数据划分成如表6-4所示的不同的10个模糊集。这要利用计算机编程予以解决。

b 计算机编程

图6-20示出计算机程序及其执行过程。

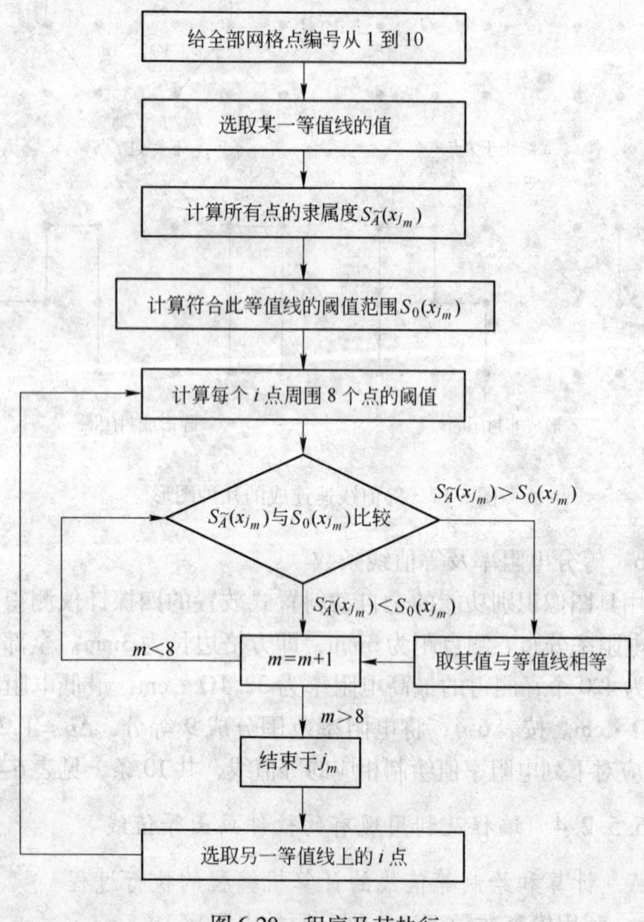

图6-20 程序及其执行

B 程序执行结果

由图6-20可以看出，该程序是利用模糊数学处理了原始分散的数据，划分成10组数据，代表10个模糊集。图6-21示出与表6-4相应的10个模糊集的电阻率值。

程序运行最终结果是将图6-21中10个模糊集数据用1，2，…，9，10数字表示，分别代表10个不同模糊集，如图6-22所示。其中1代表21.6，2代表22.8，3代表24，4代表25.2，5代表26.4，6代表27.6，7代表28.8，8代表30.0，9代表31.2，10代表32.4。同样它们的位置表示程序运行后硅片上不同电阻率点的相应模糊集所在位置（NO表示此处无测量电阻率值）。以后属于同一个模糊集的相邻点则可画出一条电阻率等值线。

6.5.2.5 如何利用Matlab软件将现有10个模糊集绘制成等值线

Matlab名字是矩阵实验室（Matrix 和 Laboratory）的缩写，主要用于矩阵的存取，其基本元素是无需定义维数的矩阵。现已作为线性代数的标准工具，也成为许多领域课程的实用工具。在实际工程和数学问题中主要用作数值计算、算法设计。Matlab具有强大、便利的计算编程功能，科技工作中许多工作可以通过它来实现。特别是在一些基本领域：线性代数、多项式与内插、数据分析与统计、快速富里哀变换、泛函数分析及微分方程求解等。Matlab还包括了各个领域的求解工具Toolbox（工具箱）。实际上，工具箱由Matlab的一系列扩展函数构成，它可以用来求解各个特定学科的问题，包括信号处理、图像处理、控制系统、系统辨识、小波和通信等。

Matlab使用方法主要涉及Matlab程序编写、调试、函数调用、帮助系统等功能块。简述过程如下：

Matlab中有一个M文件编辑调试器。对于比较简单的问题和“一次性”问题可以通过指令窗口直接输入，但对于比较复

NO	NO	NO	NO	NO	NO	NO	28. 8	NO	28. 8	28. 8	NO	28. 8	NO	NO	NO	NO	NO	NO	NO	NO	NO
NO	NO	NO	NO	NO	NO	28. 8	27. 6	27. 6	27. 6	27. 6	27. 6	27. 6	28. 8	30	30	NO	NO	NO	NO	NO	NO
NO	NO	NO	NO	28. 8	28. 8	27. 6	25. 2	27. 6	28. 8	28. 8	27. 6	27. 6	27. 6	28. 8	28. 8	30	30	NO	NO	NO	NO
NO	NO	NO	NO	28. 8	27. 6	25. 2	27. 6	27. 6	30	30	30	27. 6	27. 6	28. 8	30	28. 8	28. 8	NO	28. 8	NO	NO
NO	NO	28. 8	28. 8	27. 6	25. 2	26. 4	30	30	28. 8	28. 8	30	27. 6	27. 6	26. 4	28. 8	30	30	NO	28. 8	NO	NO
NO	28. 8	28. 8	27. 6	25. 2	25. 2	28. 8	27. 6	28. 8	27. 6	25. 2	28. 8	22. 8	26. 4	25. 2	28. 8	28. 8	30	30	28. 8	28. 8	NO
NO	28. 8	27. 6	25. 2	25. 2	25. 2	27. 6	27	22. 8	27. 6	22. 8	22. 8	21. 6	24	22. 8	22. 8	28. 8	30	30	30	28. 8	31. 2
28. 8	27. 6	26. 4	25. 2	26. 4	27. 6	22. 8	22. 8	21. 6	21. 6	22. 8	21. 6	21. 6	24	22. 8	22. 8	26. 4	28. 8	28. 8	30	28. 8	30
27. 6	26. 4	25. 2	26. 4	26. 4	27. 6	21. 6	21. 6	21. 6	21. 6	20	21. 6	21. 6	22. 8	24	22. 8	27	28. 8	30	30	28. 8	31. 2
27. 6	25. 2	26. 4	27. 6	26. 4	22. 8	21. 6	21. 6	22. 8	21. 6	21. 6	21. 6	22. 8	22. 8	24	24	27	28. 8	28. 8	30	28. 8	30
27. 6	26. 4	26. 4	27. 6	26. 4	21. 6	21. 6	21. 6	22. 8	22. 8	21. 6	22. 8	21. 6	22. 8	24	24	22. 8	28. 8	28. 8	30	28. 8	30
27. 6	25. 2	26. 4	27. 6	26. 4	22. 8	21. 6	22. 8	22. 8	22. 8	21. 6	22. 8	22. 8	22. 8	22. 8	24	22. 8	28. 8	30	30	28. 8	30
27. 6	25. 2	26. 4	26. 4	25. 2	21. 6	21	22. 8	22. 8	21. 6	21. 6	21. 6	22. 8	22. 8	22. 8	24	22. 8	28. 8	28. 8	30	28. 8	30
27. 6	26. 4	26. 4	24	25. 2	22. 8	21. 6	22. 8	22. 8	21. 6	21. 6	21. 6	22. 8	24	24	24	24	27. 6	28. 8	30	27. 6	30
27. 6	27. 6	25. 2	25. 2	26. 4	25. 2	22. 8	21. 6	22. 8	21. 6	22. 8	21. 6	22. 8	24	22. 8	24	24	27. 6	28. 8	30	28. 8	31. 2
NO	27. 6	27. 6	26. 4	27. 6	28. 8	22. 8	21. 6	21. 6	21. 6	24	25. 2	22. 8	22. 8	24	24	24	28. 8	30	30	28. 8	30
NO	27. 6	26. 4	26. 4	27. 6	27. 6	28. 8	22. 8	21. 6	22. 8	26. 4	27. 6	22. 8	25. 2	26. 4	24	26. 4	28. 8	30	31. 2	30	NO
NO	NO	27. 6	27. 6	26. 4	27. 6	27. 6	28. 8	22. 8	24	32. 4	27. 6	32. 4	28. 8	27. 6	26. 4	27	28. 8	30	32. 4	NO	NO
NO	NO	NO	27. 6	27. 6	26. 4	27. 6	27. 6	26. 4	25. 2	21	32. 4	32. 4	27. 6	28. 8	28. 8	28. 8	28. 8	30	NO	NO	NO
NO	NO	NO	NO	27. 6	27. 6	26. 4	27. 6	27. 6	26. 4	25. 2	32. 4	27. 6	27. 6	28. 8	28. 8	28. 8	30	NO	NO	NO	NO
NO	NO	NO	NO	NO	30	28. 8	27. 6	27. 6	27. 6	27. 6	32. 4	30	30	32. 4	28. 8	30	NO	NO	NO	NO	NO
NO	NO	NO	NO	NO	NO	NO	NO	26. 4	27. 6	27. 6	32. 4	NO	32. 4	33	NO	NO	NO	NO	NO	NO	NO

图 6-21　硅片上测得的原始电阻率数据经模糊处理后，划分成 10 组不同数据

（NO 表示此处无测量电阻率值）

NO	NO	NO	NO	NO	NO	NO	7	NO	7	7	NO	7	NO	NO	NO	NO	NO	NO	NO	NO	NO
NO	NO	NO	NO	NO	NO	7	6	6	6	6	6	6	7	8	8	NO	NO	NO	NO	NO	NO
NO	NO	NO	NO	7	7	6	4	6	7	7	6	6	6	7	7	8	8	NO	NO	NO	NO
NO	NO	NO	NO	7	6	4	6	6	8	8	8	6	6	7	8	7	7	NO	7	NO	NO
NO	NO	7	7	6	4	5	8	8	7	7	8	6	6	5	7	8	8	NO	7	NO	NO
NO	7	7	6	4	4	7	6	7	6	4	7	2	5	4	7	7	8	8	7	7	NO
NO	7	6	4	4	4	6	6	2	6	2	2	1	3	2	2	7	8	8	8	7	9
7	6	5	4	5	6	2	2	1	1	2	1	1	3	2	2	5	7	7	8	7	8
6	5	4	5	5	6	1	1	1	1	1	1	1	2	3	2	6	7	8	8	7	9
6	4	5	6	5	2	1	1	2	1	1	1	2	2	3	3	6	7	7	8	7	8
6	5	5	6	5	1	1	1	2	2	1	2	1	2	3	3	2	7	7	8	7	8
6	4	5	6	5	2	1	2	2	2	1	2	2	2	2	3	2	7	8	8	7	8
6	4	5	5	4	1	1	2	2	1	1	1	2	2	2	3	2	7	7	8	7	8
6	5	5	3	4	2	1	2	2	1	1	1	2	3	3	3	3	6	7	8	6	8
6	6	4	4	5	4	2	1	2	1	2	1	2	3	2	3	3	6	7	8	7	9
NO	6	6	5	6	7	2	1	1	1	3	4	2	2	3	3	3	7	8	8	7	8
NO	6	5	5	6	6	7	2	1	2	5	6	2	4	5	3	5	7	8	9	8	NO
NO	NO	6	6	5	6	6	7	2	3	10	6	10	7	6	5	6	7	8	10	NO	NO
NO	NO	NO	6	6	5	6	6	5	4	1	10	10	6	7	7	7	7	8	NO	NO	NO
NO	NO	NO	NO	6	6	5	6	6	5	4	10	6	6	7	7	7	8	NO	NO	NO	NO
NO	NO	NO	NO	NO	8	7	6	6	6	6	10	8	8	10	7	8	NO	NO	NO	NO	NO
NO	NO	NO	NO	NO	NO	NO	NO	5	6	6	10	NO	10	10	NO	NO	NO	NO	NO	NO	NO

图 6-22　模糊数学处理后的10个模糊集

（NO 表示此处无测量电阻率值）

杂的或当一组指令通过改变少量参数就可以被反复使用去解决不同问题时，直接在指令窗口输入指令就比较烦琐、笨拙，所以我们利用 M 文件编辑调试器。

（1）打开 M 文件编辑调试器，将模糊处理的数据以 480×3 的矩阵数组形式输入（其中第一列为电阻率的横坐标，第二列为电阻率的纵坐标，第三列为电阻率值），编写一个函数。该函数能将 480×3 的矩阵数组转化为只含电阻率的 22×22 的矩阵数组，数组的列脚标和行脚标分别为电阻率的横、纵坐标。这样相应矩阵就表示了电阻率在硅单晶片上的分布，如图 6-23 所示（其中未给测量值的位置用 NO 代替）。

（2）利用内部函数 contouerf 进行等电阻率的连接。函数 contouerf 主要是用来画等位线的函数，该函数自己能判断周围相等电阻率的点是否能够进行连接，以避免不同等值线的相交，而且在等值线之间填充颜色。颜色可以自己设定，这样就可以直观地看出电阻率的分布。运用该函数时，只需要将电阻率的横、纵坐标及相应电阻率的值输入即可。其调用格式为：

$$\text{contouerf}(X, Y, Z, V)$$

其中 X、Y 为横、纵坐标；Z 为电阻率值；V 为指定画的等值线条数。图 6-24 所示即为直接画出的不光滑的电阻率等值线。

（3）可以看到，直接利用模糊处理的数据进行等值线的连接得到的等值线图效果并不是很理想。等值线都是由一些折线组成，等值线上有许多棱角。因此笔者利用了二维内差函数对数据进行优化，使数据在平面上的变化趋于平缓、光滑。二维内插其调用格式为：

$$Z_I = \text{interp2}(X, Y, Z, X_I, Y_I, \text{method})$$

式中，method 用于指定内插方法，可取 nearest（最邻近内插）、bilinear（双线性内插）、Spline（三次样条内插）、Bicubic（二维三次曲线内插）。

NO	NO	NO	NO	NO	NO	NO	7	NO	7	7	NO	7	NO	NO	NO	NO	NO	NO	NO	NO	NO
NO	NO	NO	NO	NO	NO	7	6	6	6	6	6	6	7	8	8	NO	NO	NO	NO	NO	NO
NO	NO	NO	NO	7	7	6	4	6	7	7	6	6	6	7	7	8	8	NO	NO	NO	NO
NO	NO	NO	NO	7	6	4	6	6	8	8	8	6	6	7	8	7	7	NO	7	NO	NO
NO	NO	7	7	6	4	5	8	8	7	7	8	6	6	5	7	8	8	NO	7	NO	NO
NO	7	7	6	4	4	7	6	7	6	4	7	2	5	4	7	7	8	8	7	7	NO
NO	7	6	4	4	4	6	6	2	6	2	2	1	3	2	2	7	8	8	8	7	9
7	6	5	4	5	6	2	2	1	1	2	1	1	3	2	2	5	7	7	8	7	8
6	5	4	5	5	6	1	1	1	1	1	1	1	2	3	2	6	7	8	8	7	9
6	4	5	6	5	2	1	1	2	1	1	1	2	2	3	3	6	7	7	8	7	8
6	5	5	6	5	1	1	1	2	2	1	2	1	2	3	3	2	7	7	8	7	8
6	4	5	6	5	2	1	2	2	2	1	2	2	2	2	3	2	7	8	8	7	8
6	4	5	5	4	1	1	2	2	1	1	1	2	2	2	3	2	7	7	8	7	8
6	5	5	3	4	2	1	2	2	1	1	1	2	3	3	3	3	6	7	8	6	8
6	6	4	4	5	4	2	1	2	1	2	1	2	3	2	3	3	6	7	8	7	9
NO	6	6	5	6	7	2	1	1	1	3	4	2	2	3	3	3	7	8	8	7	8
NO	6	5	5	6	6	7	2	1	2	5	6	2	4	5	3	5	7	8	9	8	NO
NO	NO	6	6	5	6	6	7	2	3	10	6	10	7	6	5	6	7	8	10	NO	NO
NO	NO	NO	6	6	5	6	6	5	4	1	10	10	6	7	7	7	7	8	NO	NO	NO
NO	NO	NO	NO	6	6	5	6	6	5	4	10	6	6	7	7	7	8	NO	NO	NO	NO
NO	NO	NO	NO	NO	8	7	6	6	6	6	10	8	8	10	7	8	NO	NO	NO	NO	NO
NO	NO	NO	NO	NO	NO	NO	NO	5	6	6	10	NO	10	10	NO	NO	NO	NO	NO	NO	NO

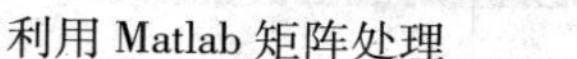
图 6-23　利用 Matlab 矩阵处理

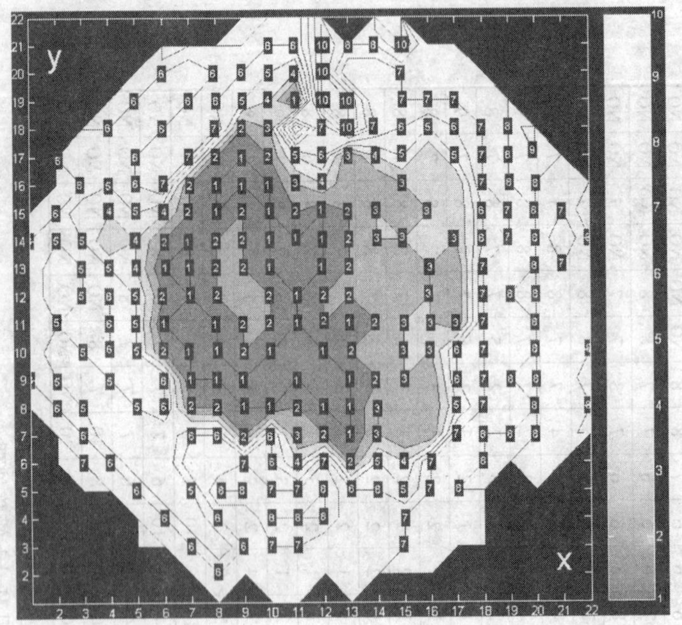

图 6-24 模糊数学处理后直接画出的不光滑的电阻率等值线

处理后的数据再利用 contouerf 进行等电阻率的连接，这样得到的等值线图就平滑许多，如图 6-25 所示。

6.5.2.6 等值线的连接质量的评价

某一第 m 条等值线（m 代表某一等值线 m）上的各点电阻率值为 ρ_j，该条等值线的平均电阻率为 ρ_m，第 m 条等值线上测量点数为 n_m，则各条等值线上电阻率相对标准偏差 σ_m 为：

$$\sigma_m = \pm \left[\frac{1}{(n_m - 1)} \sum_{j}^{n_m} (\rho_j - \rho_m)^2 \right]^{\frac{1}{2}} \Big/ \rho_m \qquad (6\text{-}17)$$

计算结果见表 6-5。

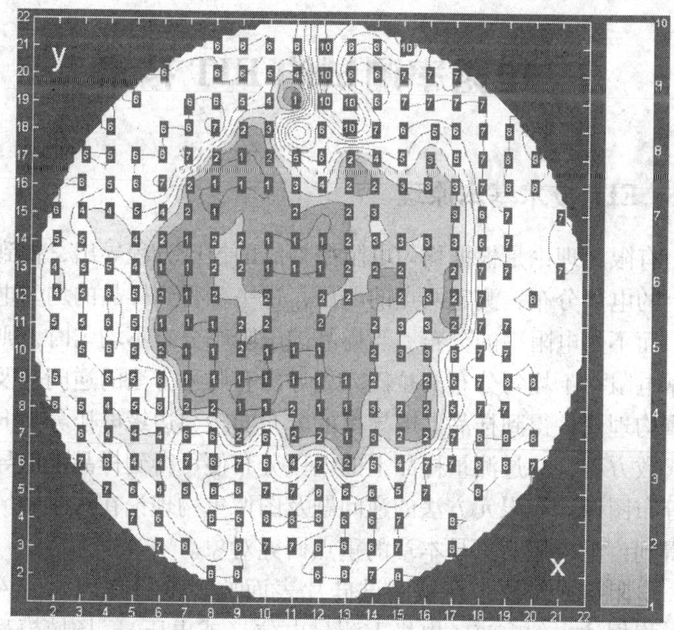

图 6-25 模糊处理后先二维内插处理再画出的光滑的电阻率等值线

表 6-5 各条等值线上电阻率相对标准偏差 σ_m

等值线电阻率 $\rho_m/\Omega\cdot cm$	21.6	22.8	24.0	25.2	26.4	27.6	28.8	30.0	31.2	32.4
$\sigma_m/\%$	1.74	1.33	1.05	1.17	1.39	1.28	0.94	0.76	0.74	1.23

可见各个等值线上的偏差很小（最大为1.74%）。因此，模糊数学理论是可以应用在等值线的划分上的。

7 电阻率测试的 EIT 技术

7.1 EIT 技术基本原理

有限元理论是根据均匀电阻率样品的拉氏方程导出，得到样品上的电势分布，测定两点的电压，进一步得到样品的均匀电阻率，而不是电阻率的分布。当样品的电阻率分布不均匀时，则要依靠电阻率不均匀分布的拉氏方程导出有限元方法的逆问题及图像重构理论，得到样品上电导率的分布向量与边缘电压分布向量的代数方程，通过测量样品上的电压分布便可得到样品上电导率的分布图像。有限元方法的逆问题及图像重构理论在医学领域上已得到广泛应用。这是本章的重点研究对象。

电阻抗成像技术在被测试硅片表面放置电极阵列并注入电流，根据注入的电流、电极上测量电位（或电压）、场域模型来重构电导率（或电阻率）的分布，图 7-1 是电阻抗成像中电流注入、电压测量、电极放置示意图。

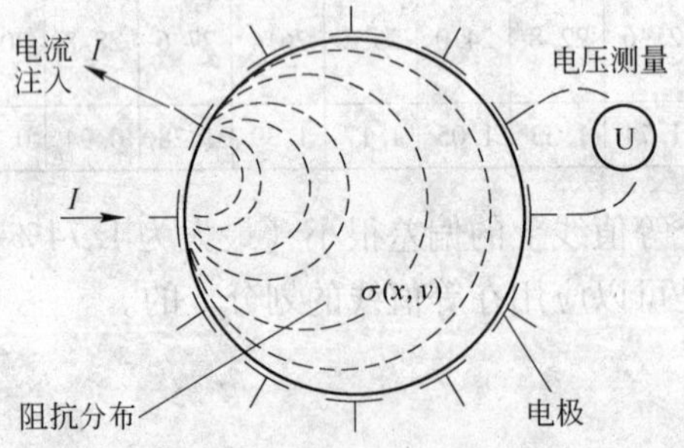

图 7-1　电流注入、电压测量、电极放置示意图

当向被测硅片内部注入直流电流后，硅片内的电位分布函数 φ 与该场域的电导率分布函数 σ 满足拉普拉斯方程：

$$\nabla \cdot [\sigma(x,y) \cdot \nabla \varphi(x,y)] = 0 \quad (x,y) \in \Omega \tag{7-1}$$

对应的边界条件为：

$$\varphi = \varphi_0$$

$$\sigma \frac{\partial \varphi}{\partial n} = J \tag{7-2}$$

式中，σ 为电导率；φ_0 和 $\boldsymbol{J}$ 分别为边界区域的电位和电流密度。

根据高斯散度定理：

$$\int \varphi \nabla \psi \cdot \mathrm{d}\boldsymbol{s} = \int \nabla \cdot (\varphi \nabla \psi) \mathrm{d}v$$

$$= \int \varphi \nabla \cdot (\nabla \psi) \mathrm{d}v + \int \nabla \varphi \cdot \nabla \psi \mathrm{d}v \tag{7-3}$$

用 $\sigma \nabla \varphi$ 代替 $\nabla \psi$，又 $\nabla \cdot (\sigma \nabla \varphi) = 0$，式 7-3 右端第一项为零，第二项为：$\int \nabla \varphi \cdot \sigma \nabla \varphi \mathrm{d}v$，所以进一步有：

$$\int \varphi \sigma \nabla \varphi \cdot \mathrm{d}\boldsymbol{s} = \int \nabla \varphi \cdot \sigma \nabla \varphi \mathrm{d}v = \int \sigma \nabla \varphi \cdot \nabla \varphi \mathrm{d}v \tag{7-4}$$

对于图 7-1 所示的场域，当从电极 a、b 上向场域 Ω 内施加电流 I，则场域 Ω 及边界 S 上会形成电位 φ。$\sigma \nabla \varphi$ 等于电流密度的负数。因为电流从电极 a 流入区域 Ω，而从电极 b 处流出区域 Ω。当如图所示注入电流时，左端面积分等于：

$$\int_s \varphi \sigma \nabla \varphi \cdot \mathrm{d}\boldsymbol{s} = I(\varphi_a - \varphi_b) = I\varphi_{ab} \tag{7-5}$$

设电流 I 为一个单位，则 $g = \varphi_{ab}$，g 为所测量到的电压。

电极 a、b 上的电压为 g_{ab}，根据互易原理，有：

$$g_{ab} = g_{cd} \tag{7-6}$$

假定场域电导率是均匀电导率 σ_u 及扰动电导率 σ_p 的和，即：

$$\sigma = \sigma_u + \sigma_p$$

则有：

$$g = g_u + g_p$$

上式的下标 u 和 p 分别表示电导率均匀分布和发生扰动两种情况。代入式 7-3、式 7-4 得：

$$g = \int(\sigma_u + \sigma_p)(\nabla\varphi\nabla\varphi)\mathrm{d}v$$

由于我们施加到硅片的电流为直流电，将上式展开得：

$$g = \int\sigma_u(\nabla\varphi\nabla\varphi)\mathrm{d}v + \int\sigma_p(\nabla\varphi\nabla\varphi)\mathrm{d}v$$

利用有限元正问题计算出 g_u：$g_u = \int\sigma_u(\nabla\varphi\nabla\varphi)\mathrm{d}v$

通过测量边界电压 g，由 $g_p = g - g_u$ 可得扰动边界电压 g_p，而 $g_p = \int\sigma_p(\nabla\varphi\nabla\varphi)\mathrm{d}v$。

如果将硅片场域剖分成有限个离散单元（如三角形单元），则上式用矩阵表示如下：

$$\boldsymbol{g}_p = \boldsymbol{S}\boldsymbol{c}_p \tag{7-7}$$

这里 $\boldsymbol{g}_p$ 是边界电压变化向量，$\boldsymbol{c}_p$ 是离散的电导率向量，$\boldsymbol{S}$ 是灵敏度矩阵，它的矩阵元素如下：

$$S_{ij} = \int_\Omega(\nabla\varphi)^2\mathrm{d}v \tag{7-8}$$

由式 7-7 就可以计算出电导率 σ_p 的分布矩阵 $\boldsymbol{C}_p$：

$$\boldsymbol{C}_p = \boldsymbol{g}_p\boldsymbol{S}^{-1} \tag{7-9}$$

通过测量边界电压 g，并且利用有限元正问题计算出 g_u，得到 $g_p = g - g_u$ 就可以计算出扰动电导率 σ_p 的分布。最后又得到电导率 $\sigma = \sigma_u + \sigma_p$ 的分布。

上面有限元正问题计算出电导率均匀分布的方形样品边界电压满足$\sqrt{2}$关系，如图 4-10 所示，满足范德堡方程。当样品电导率不均匀分布时，测得的边界电压肯定不满足$\sqrt{2}$关系，也即不满足范德堡方程。由两者之差可得到样品电导率不均匀分布情况，这是本问题可行性的定性解释。

我们的四探针仪全部用电机驱动探针，ϕ230 样品台可以转动。这样样品及电极转动，测电压探针不动，测电流电极可用我们的溅射仪溅射并点焊导线，随样品台转动。这是设备的可行性。

7.2 EIT 技术的应用

下面介绍一种新的测量硅片薄层电阻率分布的方法——电阻抗成像技术（EIT）。

7.2.1 简介

随着科学技术的飞速发展，IC（集成电路）的尺寸不断下降，但半导体硅片的尺寸不断增大。某些情况下，半导体薄层电阻与离子注入有直接关系，因此我们可以通过测量电阻率的分布来确定离子注入的情况。现在，半导体硅片电阻率的测量越来越受到人们的重视。

目前半导体电阻率的测量可以采用三探针法、四探针法和扩展电阻方法等，四探针法是当前应用最广泛的测量半导体器件薄层电阻率的方法。但四探针法也存在难以克服的缺点：自动化程度低；针尖与硅片表面接触不良造成测量数据不准确；易损坏硅片；设备复杂、成本高等。

针对四探针法的诸多缺点，开始研究新的电导率测量方法，将电阻抗成像引入到半导体测试中。电阻抗断层成像（Electrical Impedance Tomography，EIT）技术是医学成像技术的一个新方向，它属于功能成像，具有无损伤性、成本低廉、操作方便等优点。它的原理是在被测对象边缘布置一定数量的电极，按某种顺序在电极上施加电流，测量电极上的电压，按照测量数据，采用一定的重建算法获得被测物体内部电阻抗的分布情况。EIT 系统主要包括两大部分，数据采集系统与图像重建系统。

7.2.2 半导体电阻率测量系统硬件设计

7.2.2.1 总体结构

如图 7-2 所示，系统硬件主要包括：多路开关、恒流源、AD 转换、单片机控制等。系统工作过程为：单片机控制恒流源产生恒定电流，随后单片机控制多路开关选择电流注入和流出通道。电流稳定后，单片机控制多路开关选择电压测量通道，启动 AD 转换并与 ADC 通信采集电压值。经过多轮电流注入与电压的采集后，单片机将数据通过 RS232 总线传给上位计算机，在计算机内对数据进行后处理，实现图像重建。

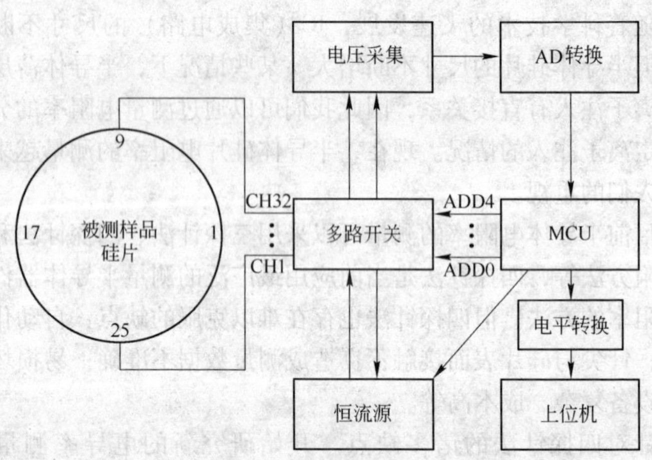

图 7-2 采集系统结构图

7.2.2.2 多路选择开关

为保证测量精度，系统采用 32 电极测量。测量时每次需要选择一对探针作为电流的输入输出通道，然后测量所有相邻两探针的电压差。此部分设计需要考虑的主要因素为：通道切换灵活、导通电阻小、通道间串扰小。本文选择 8 片 MAX306 作为通道模拟开关。MAX306是MAXIM公司生产的CMOS十六通道线性模拟多路开关。它的导通电阻小于100Ω，通道间的电阻匹配误差小于5Ω，开关时间小于400ns，通道间串扰小于－92dB，导通时对地泄漏电流小于25nA，导通时的对地等效电容小于140pF，性能能够满足设计要求。

系统将8片MAX306分成两组分别对应电流通道和电压通道，单片机控制输出5位地址信号，使用4片锁存器74LS373进行锁存。

7.2.2.3 压控恒流源的设计

测量过程需要注入恒定电流，因此恒流源的设计是本系统的一个关键。为使恒流源电流可调，系统采用压控恒流源方式。压控恒流源由DA转换电路和VI转换电路两部分组成。DA转换部分选用TLC5618芯片，该芯片是美国Texas Instruments公司生产的带有缓冲基准输入的可编程双路12位数/模转换器，采用单电源工作，具有3线串行接口，低功耗（慢速方式为3mW，快速方式为8mW），1.21MHz输入数据更新速率，高阻抗基准输入。

TLC5618使用由运放缓冲的电阻网络把12位数字数据转换为模拟电压电平，其输出极性与基准电压输入相同。输出电压范围是参考电压的2倍，当$V_{REFIN}=2.5V$时，输出的电压范围是0~5V。输出电压由下式给出：

$$V_{OUT}=2\times V_{REFIN}\times CODE/4096 \tag{7-10}$$

VI转换电路以运算放大器AD620为核心。如图7-3所示，AD620和另一个运算放大器（如AD705）以及两个电阻（R_1和R_G）构成一个精确恒流源，另一个运放起到缓冲参考引脚电压的作用以保证好的CMR（共模抑制）。AD620的输出电压V_X出现在R_1的两端，R_1将电压转换成电流I_L。这个电流只有很少流入运算放大器，其余流出至负载。恒流I_L的公式：

$$I_L=\frac{V_X}{R_1}=\frac{[(V_{IN+})-(V_{IN-})]G}{R_1} \tag{7-11}$$

式中，G 是 AD620 的增益，AD620 的增益是通过连接在 1、8 引脚间的电阻来控制的，计算公式：$R_G(\mathrm{k\Omega}) = \dfrac{49.4}{G-1}$，当 R_G 的两引脚断路时（$R_G = \infty$），$G = 1$。

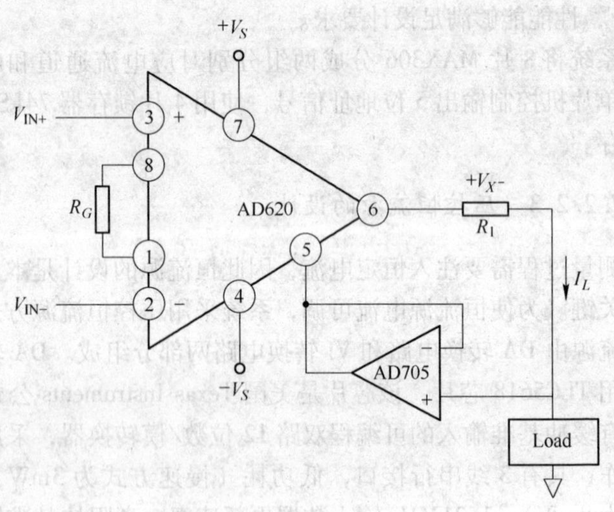

图 7-3 *V-I* 变换电路

7.2.2.4 电压数据采集电路

A/D 转换器是数据采集系统的关键部件，它的性能直接影响整个系统的技术指标。经过比较，作者选用美国 ADI 公司的采用和差转换技术（Σ - Δ）AD 转换器 AD7715。Σ - Δ 也称为增量调制型转换技术，和普通的模数转换原理不同，它本身就采用了数字技术，因此它具备数字系统所普遍具备的高可靠性、高稳定性的优点。

AD7715 具有如下参数：16 位无误码输出，0.0015% 非线性度，可直接测量微小信号；三线制串行接口；前端增益可编程为 1、2、32、128；内设自校准电路，可有效去除零点漂移和增益误差；内设模拟输入缓冲器，可直接对高阻信号进行转换；带输出速率可编程的低通滤波器，可根据需要选用不同转换速率。AD7715 有 4 个片内寄存器，分别是通信寄存器、设置寄存器、测试寄存器和数据寄存器，它们可通过 SPI 协议进行访问，所有与 AD7715 的通信均开始于对通信寄存器的写操作。AD7715 的编程主要包括设置和读转换结果两个操作，流程图如图 7-4 所示。

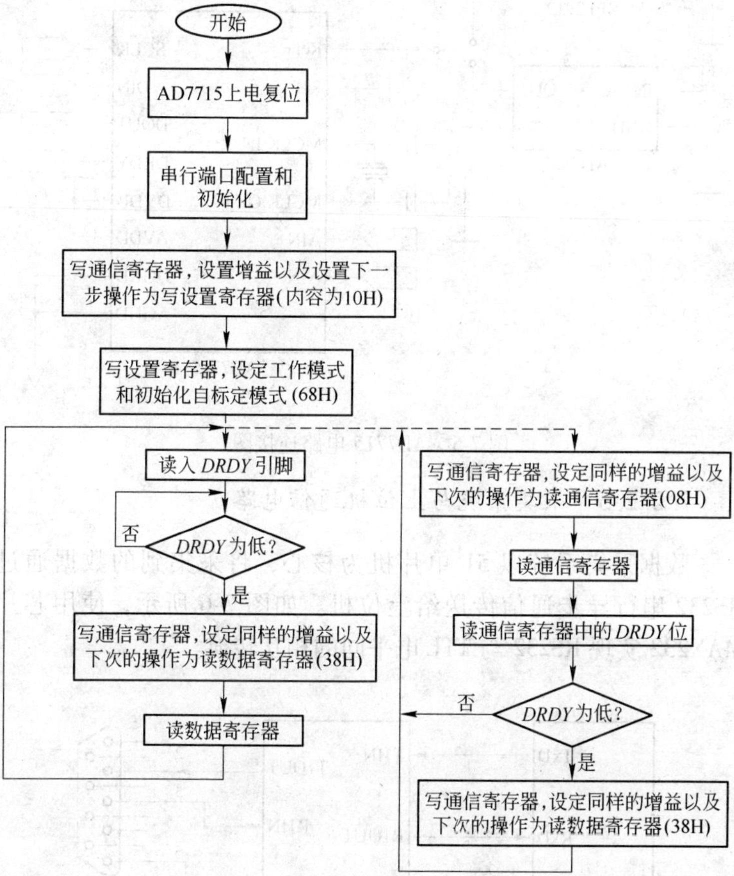

开始

AD7715上电复位

串行端口配置和初始化

写通信寄存器，设置增益以及设置下一步操作为写设置寄存器(内容为10H)

写设置寄存器，设定工作模式和初始化自标定模式 (68H)

读入 *DRDY* 引脚

DRDY 为低？ 否 / 是

写通信寄存器，设定同样的增益以及下次的操作为读数据寄存器(38H)

读数据寄存器

写通信寄存器，设定同样的增益以及下次的操作为读通信寄存器(08H)

读通信寄存器

读通信寄存器中的 *DRDY* 位

DRDY 为低？ 否 / 是

写通信寄存器，设定同样的增益以及下次的操作为读数据寄存器(38H)

图 7-4　AD7715 设置和读操作流程图

AD7715 的接线如图 7-5 所示。芯片 REF2912 和 AD780 可分

别向AD7715提供1.25V和2.5V的基准电压。AIN^+和AIN^-为被测引脚。SCLK、DIN和DOUT分别为SPI串行通信同步时钟信号、数据输入和数据输出引脚，同单片机的控制引脚连接。

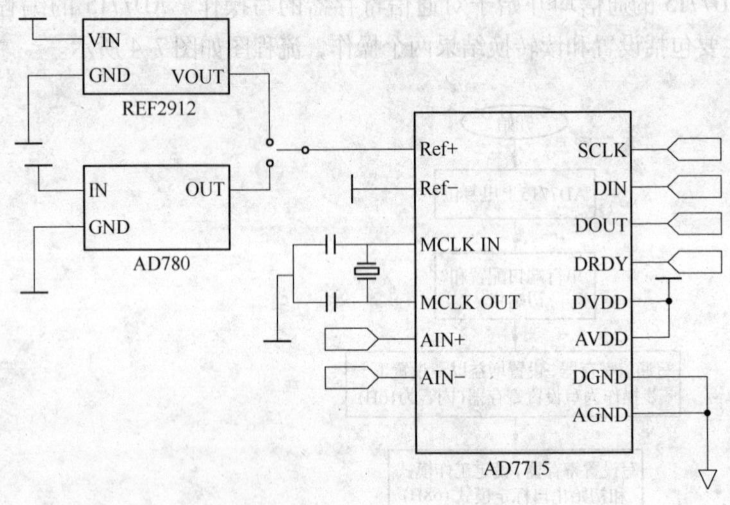

图7-5　AD7715电路连接图

7.2.2.5　采集系统与上位机通信电路

数据采集系统以51单片机为核心，将采集到的数据通过RS232串行异步通信传送给上位机。如图7-6所示，使用芯片MAX232实现RS232与TTL电平间的相互转换。

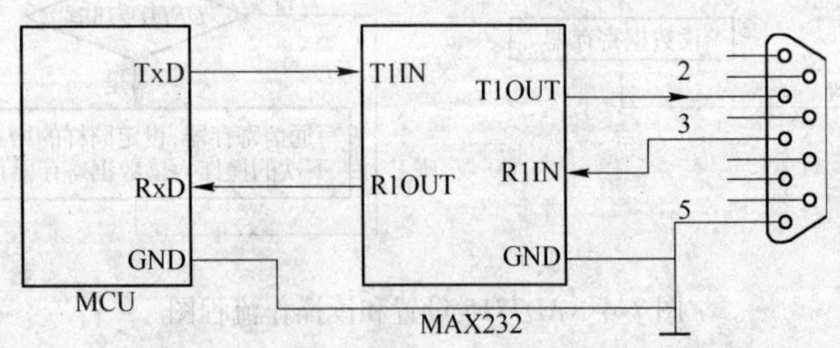

图7-6　RS232与TTL电平转换电路

7.2.3 探针的选择与注入电流的大小

电极材料的电导率必须远远高于被测介质，并将接触电阻减到最小，以保证电极表面为等势面、电荷密度垂直于电极均匀分布。这里选择钨针，通过电解成型得到细的针尖。将电极放置在硅片外围靠近边缘的狭窄地带上，其到边缘的距离取决于硅片的直径，4mm对应于直径100mm，6mm对应于直径150~200mm，8mm对应于直径300~400mm，这样选取不会对测量结果产生大的干扰。为保证良好的欧姆接触，要求针尖有100~300μm的曲率半径，针尖可压痕的线度必须小于100μm，与硅片的接触压力为0.5~2N。

在测量过程中，通过样品的电流从两方面影响电阻率：(1) 少子注入并被电场扫到电压测量探针附近使电阻率减小；(2) 当电流较大时使样品发热，样品的温度升高。一般杂质半导体当温度升高（在室温附近）时，载流子的晶格散射作用加强，会引起电阻率的升高。电流大小的范围在10μA~1mA之间。表7-1示出注入电流值的选择与样品的电阻率的关系。

表7-1 注入电流值

电阻率/Ω·cm	注入电流/mA	电阻率/Ω·cm	注入电流/mA
<0.01	<100	30~1000	<0.1
0.01~1	<10	1000~3000	<0.01
1~30	<1		

7.2.4 数据采集与成像

关于图像重建的研究包括正问题和反问题。反问题是给定边界电流及电压求内部的电阻抗分布，电阻抗成像的图像重建问题就是求解反问题的过程，这一过程通常演化成对于正问题的结果的最优化的搜索，它是一个病态的数学问题。

目前电阻抗成像系统的图像重建算法可以分为两类：静态算

法和动态算法。静态算法具有较好的成像精度，但易受到噪声的干扰，速度慢。动态算法尽管成像精度不如静态算法，但它具有速度快、鲁棒性好的优点。本节主要介绍采用动态反投影重建算法与神经网络算法。

7.2.4.1 数学模型与有限元分析

目前所有的电阻抗成像中的重建算法，都离不开对正问题的求解。因此在研究电阻抗成像重建算法前，有必要对电阻抗成像中的正问题进行研究。正问题的求解需借助于电磁场数值计算、有限元方法。

求解正问题的常用数值计算法有：有限差分法、有限元法、边界元法等。EIT 正向问题一般都采用有限元法。

早在 20 世纪 50 年代初期，在美国的航空工业中首先采用了有限元法。后来有学者证明，有限元法是古老的里兹（Ritz）法的一种发展，这给有限元奠定了理论基础。经典有限元法以变分原理为基础，广泛应用于以拉普拉斯方程和泊松方程所描述的各类物理场中。用有限元法解非线性场及分层介质中的电磁场都各有其特点，处理比较简单，而且这种方法不受场域边界形状的限制，且对第二类、第三类及不同媒质分界面的边界条件不必作单独处理，这些优点正是简化求解 EIT 正向问题所需要的。总之，用有限元法求电磁场的数值解，较其他方法有以下优点：

（1）有限元剖分和图像离散化过程同时进行；

（2）有限元法适用于 EIT 重建计算中电导率分布非常不均匀的情况，有限元法能够保证不同介质的边界条件自动满足；

（3）有限元法是一种非常成熟的数值计算方法。

FEM（有限元）法来解决正问题，就是将求解拉普拉斯方程式转换为求解线性系统方程组：

$$\boldsymbol{K} \cdot \boldsymbol{\phi} = \boldsymbol{C} \tag{7-12}$$

式中，$\boldsymbol{K}$ 是系统矩阵（也称导纳分布矩阵）；$\boldsymbol{\phi}$ 为电位分布向量；$\boldsymbol{C}$ 为边界电位注入向量。有限元法求解正问题的关键就是求

解系统矩阵 $\boldsymbol{K}$。解线性方程组的方法采用全选主元高斯消去法。

有限元法分析的过程包括：区域剖分；选取区域内场变量插值函数；单元特性矩阵及结点方程的形成；总矩阵的组装及所有结点整体方程的形成；解线性方程组。描述成程序流程图如图7-7所示。

为实现有限元法首先将被测样品进行剖分，如图7-8所示。

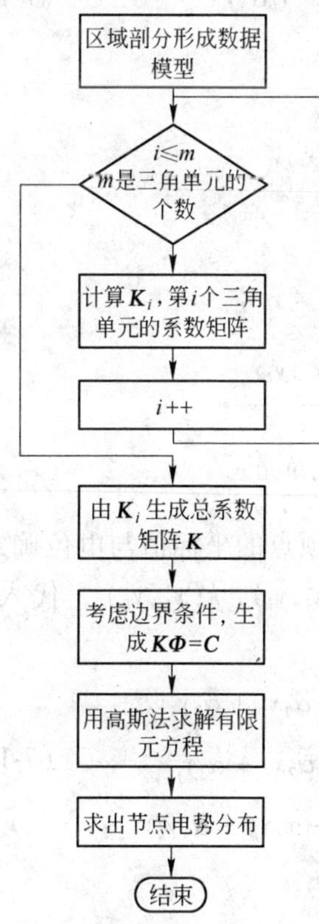

图7-7 有限元程序流程图

图7-8 样品剖分

其中包括 $M(M=141)$ 个结点，$N(N=248)$ 个单元。这样泛函的面积分就表示成了每个单元上面积分的总和：

$$
\begin{aligned}
F(\phi) &= \int_s \frac{1}{2}\sigma\left[\left(\frac{\partial\phi}{\partial x}\right)^2 + \left(\frac{\partial\phi}{\partial y}\right)^2\right]\mathrm{d}x\mathrm{d}y \\
&= \sum_{e=1}^{N}\int_{S_e}\frac{1}{2}\sigma\left[\left(\frac{\partial\phi}{\partial x}\right)^2 + \left(\frac{\partial\phi}{\partial y}\right)^2\right]\mathrm{d}x\mathrm{d}y \\
&= \min
\end{aligned}
\tag{7-13}
$$

在如图7-9三角单元中，我们选择线性插值多项式作为插值函数。三角形内各点电位为：

$$\tilde{\phi}(x,y) = \alpha_1 + \alpha_2 x + \alpha_3 y \tag{7-14}$$

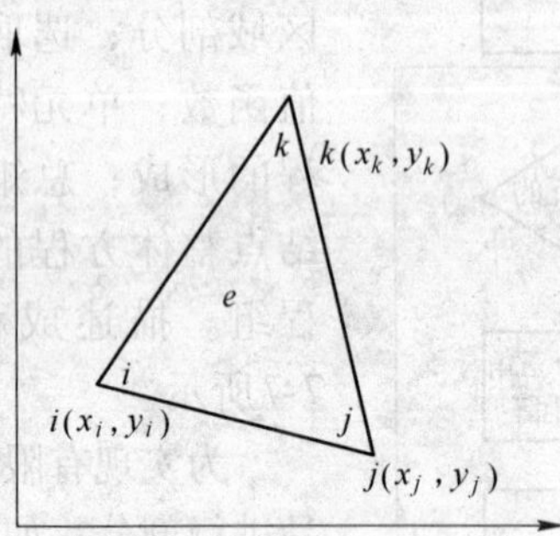

图 7-9 有限元三角单元

上式中的三个未知数由三角形三顶点的坐标值与电位确定，设三角形三顶点坐标为 $i(x_i,y_i)$，$j(x_j,y_j)$，$k(x_k,y_k)$，代入上式有：

$$\begin{cases} \phi_i = \phi(x_i,y_i) = \alpha_1 + \alpha_2 x_i + \alpha_3 y_i \\ \phi_j = \phi(x_j,y_j) = \alpha_1 + \alpha_2 x_j + \alpha_3 y_j \\ \phi_k = \phi(x_k,y_k) = \alpha_1 + \alpha_2 x_k + \alpha_3 y_k \end{cases} \tag{7-15}$$

解上述方程组可得：

$$\alpha_1 = \frac{1}{2S}(a_i\phi_i + a_j\phi_j + a_k\phi_k)$$

$$\alpha_2 = \frac{1}{2S}(b_i\phi_i + b_j\phi_j + b_k\phi_k) \tag{7-16}$$

$$\alpha_3 = \frac{1}{2S}(c_i\phi_i + c_j\phi_j + c_k\phi_k)$$

上式中

$$a_i = x_j y_k - x_k y_j \quad a_j = x_k y_i - x_i y_k \quad a_k = x_i y_j - x_j y_i$$

$$b_i = y_j - y_k \quad b_j = y_k - y_i \quad b_k = y_i - y_j \tag{7-17}$$

$$c_i = x_k - x_j \quad c_j = x_i - x_k \quad c_k = x_j - x_i$$

S 是三角形单元的面积，$S = \frac{1}{2}(b_i c_j - b_j c_i)$。

将 α_1、α_2 和 α_3 代入插值多项式中，可得到：

$$\begin{aligned}\phi(x,y) &= \frac{1}{2S}[(a_i + b_i x + c_i y)\phi_i + (a_j + b_j x + c_j y)\phi_j + \\ &\quad (a_k + b_k x + c_k y)\phi_k] \\ &= [N_i^e \quad N_j^e \quad N_k^e]\begin{bmatrix}\phi_i \\ \phi_j \\ \phi_k\end{bmatrix} = [\boldsymbol{N}]_e[\boldsymbol{\phi}]_e\end{aligned} \tag{7-18}$$

其中

$$\begin{aligned}N_i^e &= \frac{1}{2S}(a_i + b_i x + c_i y) \\ N_j^e &= \frac{1}{2S}(a_j + b_j x + c_j y) \\ N_k^e &= \frac{1}{2S}(a_k + b_k x + c_k y)\end{aligned} \tag{7-19}$$

从上式中，我们看出，$N_i^e(x,y)$ 与单元的几何尺寸、结点配置及插值多项式有关。

下面我们求函数 $\phi(x,y)$ 的偏导数。因为 $[N]_e$ 是 x、y 的函数，所以

$$\begin{cases}\dfrac{\partial\phi}{\partial x} = \left[\dfrac{\partial N_i^e}{\partial x} \quad \dfrac{\partial N_j^e}{\partial x} \quad \dfrac{\partial N_k^e}{\partial x}\right]\begin{bmatrix}\phi_i \\ \phi_j \\ \phi_k\end{bmatrix} = \left[\dfrac{\partial N}{\partial x}\right]_e[\boldsymbol{\phi}]_e \\ \dfrac{\partial\phi}{\partial y} = \left[\dfrac{\partial N_i^e}{\partial y} \quad \dfrac{\partial N_j^e}{\partial y} \quad \dfrac{\partial N_k^e}{\partial y}\right]\begin{bmatrix}\phi_i \\ \phi_j \\ \phi_k\end{bmatrix} = \left[\dfrac{\partial N}{\partial y}\right]_e[\boldsymbol{\phi}]_e\end{cases} \tag{7-20}$$

因为

$$\begin{cases} \dfrac{\partial N_i^e}{\partial x} = \dfrac{1}{2S}b_i \\ \dfrac{\partial N_i^e}{\partial y} = \dfrac{1}{2S}c_i \end{cases} \tag{7-21}$$

所以

$$\begin{cases} \dfrac{\partial \phi}{\partial x} = \dfrac{1}{2S}[b_i \quad b_j \quad b_k]\begin{bmatrix} \phi_i \\ \phi_j \\ \phi_k \end{bmatrix} \\ \dfrac{\partial \phi}{\partial y} = \dfrac{1}{2S}[c_i \quad c_j \quad c_k]\begin{bmatrix} \phi_i \\ \phi_j \\ \phi_k \end{bmatrix} \end{cases} \tag{7-22}$$

设

$$[\nabla \boldsymbol{\phi}] = \begin{bmatrix} \dfrac{\partial \phi}{\partial x} \\ \dfrac{\partial \phi}{\partial y} \end{bmatrix}, [\nabla \boldsymbol{\phi}]^{\mathrm{T}} = \begin{bmatrix} \dfrac{\partial \phi}{\partial x} & \dfrac{\partial \phi}{\partial y} \end{bmatrix} \tag{7-23}$$

则

$$[\nabla \boldsymbol{\phi}] = \frac{1}{2S}\begin{bmatrix} b_i & b_j & b_k \\ c_i & c_j & c_k \end{bmatrix}\begin{bmatrix} \phi_i \\ \phi_j \\ \phi_k \end{bmatrix} = [\boldsymbol{BC}]_e[\boldsymbol{\phi}]_e \tag{7-24}$$

其中

$$[\boldsymbol{BC}]_e = \frac{1}{2S}\begin{bmatrix} b_i & b_j & b_k \\ c_i & c_j & c_k \end{bmatrix} \tag{7-25}$$

这样由拉普拉斯公式转换成的单元上的泛函积分问题可表示为：

$$F_e(\phi)=\int_{S_e}\frac{1}{2}\sigma[\nabla\phi]^{\mathrm{T}}[\nabla\phi]\mathrm{d}x\mathrm{d}y$$

$$=\frac{1}{2}\int_{S_e}\sigma([\boldsymbol{BC}]_e[\phi]_e)^{\mathrm{T}}([\boldsymbol{BC}]_e[\phi]_e)\mathrm{d}x\mathrm{d}y$$

$$=\frac{1}{2}[\boldsymbol{\phi}]_e^{\mathrm{T}}\{\sigma\int_{S_e}[\boldsymbol{BC}]_e^{\mathrm{T}}[\boldsymbol{BC}]_e\mathrm{d}x\mathrm{d}y\}[\phi]_e$$

$$=\frac{1}{2}[\boldsymbol{\phi}]_e^{\mathrm{T}}[\boldsymbol{K}]_e[\phi]_e \tag{7-26}$$

其中

$$[\boldsymbol{K}]_e=\sigma\int_{S_e}[\boldsymbol{BC}]_e^{\mathrm{T}}[\boldsymbol{BC}]_e\mathrm{d}x\mathrm{d}y \tag{7-27}$$

上式即为单元系数矩阵。因为 $[\boldsymbol{BC}_e]$ 不是坐标的函数，因此

$$[\boldsymbol{K}]_e=\sigma[\boldsymbol{BC}]_e^{\mathrm{T}}[\boldsymbol{BC}]_e\int_{S_e}\mathrm{d}x\mathrm{d}y$$

$$=\frac{\sigma}{4S}\begin{bmatrix}b_i & c_i\\ b_j & c_j\\ b_k & c_k\end{bmatrix}\begin{bmatrix}b_i & b_j & b_k\\ c_i & c_j & c_k\end{bmatrix}$$

$$=\frac{\sigma}{4S}\begin{bmatrix}b_i^2+c_i^2 & b_ib_j+c_ic_j & b_ib_k+c_ic_k\\ b_jb_i+c_jc_i & b_j^2+c_j^2 & b_jb_k+c_jc_k\\ b_kb_i+c_ic_k & b_kb_j+c_kc_j & b_k^2+c_k^2\end{bmatrix} \tag{7-28}$$

这样拉普拉斯问题变为

$$F(\phi)=\sum_{e=1}^{M}F_e(\phi)=\frac{1}{2}[\phi]_e^{\mathrm{T}}\sum_{e=1}^{M}[\boldsymbol{K}]_e[\boldsymbol{\phi}]_e$$

$$=\frac{1}{2}[\boldsymbol{\phi}]^{\mathrm{T}}K[\boldsymbol{\phi}]=0 \tag{7-29}$$

由单元系数矩阵可以合成总系数矩阵 $\boldsymbol{K}$，总系数矩阵 $\boldsymbol{K}$ 中的一般元素可写成

$K_{ii}=\sum K_{ii}^{e}$（所有以 i 为顶点的单元对应元素的和）

$K_{ij}=\sum K_{ij}^{e}$（所有以 ij 为公共边的单元对应元素的和）（7-30）

这样有限元方程可表示为：

$$[\boldsymbol{K}][\boldsymbol{\phi}]=0$$

上式是线性方程组，施加边界条件后，就可解出场域内各结点上的点位。

实际测量中，一般是从一对电极上注入和流出电流，再选择一个电极作为电位参考点。设 $m<n<1$，m 和 n 分别是电流注入和流出的电极，1 是电位参考点，且电流大小为 I，电极面积为 1，则电流注入结点和流出结点的电流密度为 I/A 和 $-I/A$。加入边界条件后，有限元方程为：

$$\begin{bmatrix} K_{11} & K_{12} & \cdots & 0 & \cdots & K_{1N} \\ K_{12} & K_{22} & \cdots & 0 & \cdots & K_{2N} \\ \vdots & \vdots & \vdots & \vdots & \vdots & \vdots \\ K_{m1} & K_{m2} & \cdots & 0 & \cdots & K_{mN} \\ \vdots & \vdots & \vdots & \vdots & \vdots & \vdots \\ K_{n1} & K_{n2} & \cdots & 0 & \cdots & K_{nN} \\ \vdots & \vdots & \vdots & \vdots & \vdots & \vdots \\ K_{l1} & K_{l2} & \cdots & 1 & \cdots & K_{lN} \\ \vdots & \vdots & \vdots & \vdots & \vdots & \vdots \\ K_{N1} & K_{N2} & \cdots & 0 & \cdots & K_{NN} \end{bmatrix} \begin{bmatrix} \phi_1 \\ \phi_2 \\ \vdots \\ \phi_m \\ \vdots \\ \phi_n \\ \vdots \\ \phi_l \\ \vdots \\ \phi_N \end{bmatrix} = \begin{bmatrix} 0 \\ 0 \\ \vdots \\ I \\ \vdots \\ -I \\ \vdots \\ 0 \\ \vdots \\ 0 \end{bmatrix} \tag{7-31}$$

该方程组可用高斯消元法求解，$[\boldsymbol{\Phi}]$ 即为所求各结点电势分布向量。

7.2.4.2 等位线反投影算法

从投影重建图像的算法很多，反投影重建算法是其中最简单、最粗略，但却是最基本的算法，其基本内容如下：“断层平面中的某一点的密度值可看作这一平面内所有经过该点的射线投影之和（的平均值）”。反投影重建算法又称累加法。

我们简要以下图为例，介绍反投影重建算法的物理概念。图7-10是硅片的薄层，方便起见以方形为例，具有16个像素，像素值（代表密度）为 x_1，x_2，x_3，…，x_{16}。

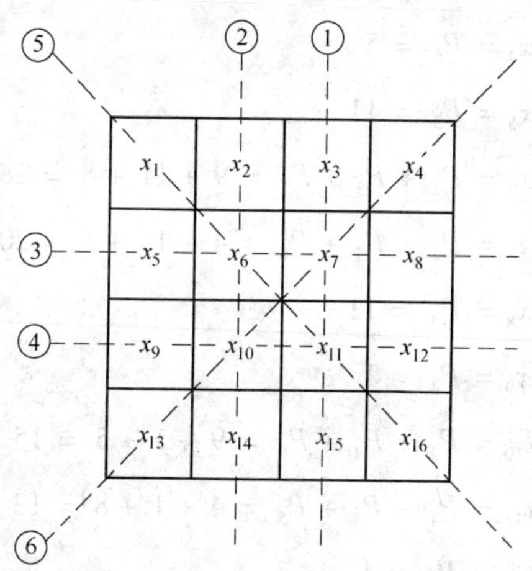

图7-10 断层的像素值和射线
（①、②、…、⑥表示射线符号）

对上面的各个元素赋值如下：$x_6=8$，$x_7=4$，$x_{10}=1$，其余为零，投影线的标号示于图中，根据射线投影的定义有：

$$P_1=x_3+x_7+x_{11}+x_{15}=4$$

$$P_2=x_2+x_6+x_{10}+x_{14}=8+1=9$$

$$P_3=x_5+x_6+x_7+x_8=8+4=11$$

$$P_4=x_9+x_{10}+x_{11}+x_{12}=1$$

$$P_5=x_1+x_6+x_{11}+x_{16}=8$$

$$P_6=x_4+x_7+x_{10}+x_{13}=4+1=5$$

现用反投影算法重建图像，根据反投影重建算法和定义，有：

$$x_1 = P_5 = 8$$

$$x_2 = P_2 = 9$$

$$x_3 = P_1 = 4$$

$$x_4 = P_6 = 5$$

$$x_5 = P_3 = 11$$

$$x_6 = P_2 + P_3 + P_5 = 9 + 11 + 8 = 28$$

$$x_7 = P_1 + P_3 + P_6 = 4 + 11 + 5 = 20$$

$$x_8 = P_3 = 11$$

$$x_9 = P_4 = 1$$

$$x_{10} = P_2 + P_4 + P_6 = 9 + 1 + 5 = 15$$

$$x_{11} = P_1 + P_4 + P_5 = 4 + 1 + 8 = 13$$

$$x_{12} = P_4 = 1$$

$$x_{13} = P_6 = 5$$

$$x_{14} = P_2 = 9$$

$$x_{15} = P_1 = 4$$

$$x_{16} = P_5 = 8$$

重建后像素值如图7-10所示，可以看出原像素值不为零的像素，反投影重建后仍较突出。但原图中像素值为零的点，经反投影重建后不再为零，即有伪迹。有时为了使重建后的图像的绝对值更接近于原图的像素值，在求反投影时把累加的结果除以投影线的数目 n_p（本例 $n_p=6$）。则有：

$$x_k = \frac{1}{n_p}\sum_{i=1}^{n_p} P_{k,i} \tag{7-32}$$

式中，x_k 表示像素的值；$P_{k,i}$ 为经过像素 k 的第 i 条射线投影。

按式 7-32 重建后的图像的像素值如图 7-11c 所示，式 7-32 也可作为反投影重建算法的计算公式。

a

0	0	0	0
0	8	4	0
0	1	0	0
0	0	0	0

b

8	9	4	5
11	28	20	11
1	15	13	1
5	9	4	8

c

1.33	1.50	0.67	0.83
1.83	4.67	3.33	1.83
0.17	2.5	2.17	0.17
0.83	1.5	0.67	1.33

图 7-11　16 像素图像经反投影成像后的结果

a—原像素值；b—反投影后的像素值；c—处理后的像素值

反投影重建算法的伪迹最易用孤立点源的反投影重建图像来说明。图 7-12 表示一个位于 A 点的孤立点源，密度为 1。经过 A 点的 4 条投影线也示于图中，投影线数理论上很多，例如有 n 条，取 4 条示意。不经过 A 点的射线投影为零，自然可以略去，经过 A 点的诸射线的投影值均为 1，即：

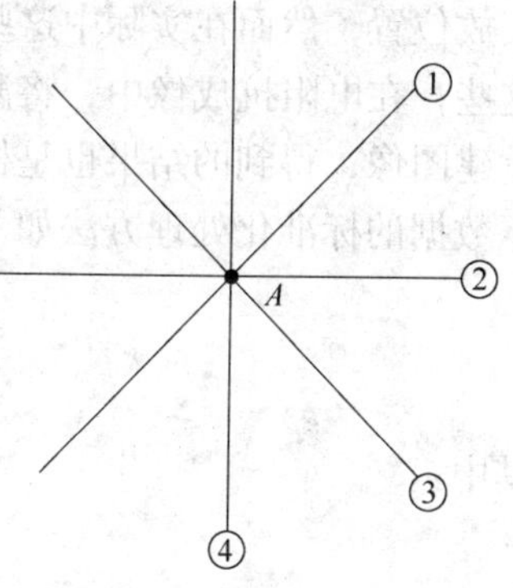

图 7-12　孤立点源

$$P_1 = P_2 = P_3 = \cdots = P_n = 1$$

经反投影重建后得 A 点的像素值为：

$$f_A = \frac{1}{n}(P_1 + P_2 + P_3 + \cdots + P_n) = 1 \tag{7-33}$$

A 点以外的像素值原来为零，经反投影重建后不再等于零，而是等于 $1/n$。如图 7-13 所示，这类伪迹称为星状伪迹。产生星状伪迹的原因在于：反投影重建的本质是把取自有限物空间的射线投影均匀地回抹（反投影）到射线所及的无限空间的各点之上，包括原先像素值为零的点。

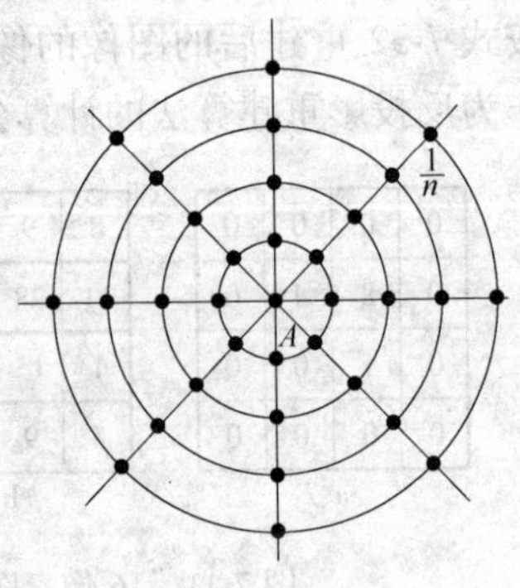

图7-13 星状伪迹

等位线反投影算法是一种动态电阻抗成像技术，自从英国Sheffield大学的Barber教授在1983年第一次提出，并于1990年对其进行修正后，该算法就被很多电阻抗成像研究小组所采用，而且绝大多数电阻抗成像研究小组均采用相邻电极注入电流、相邻电极测量电压。因此在本研究中，同样在相邻电极上注入电流，在相邻电极上测量电压。

灵敏度矩阵 **S** 计算需要准确知道场域的边界形状及电极的安放位置，然而在实际中这些信息是很难准确确定的。为了弥补这些，在电阻抗成像中，将测量的电压进行标准化处理后，再来重建图像，得到的结果也是标准化的电导率变化。测量的边界电压数据的标准化处理方法如下：

$$g_n = \frac{g_p}{g_u} \tag{7-34}$$

其中：

$$g_u = \int_\Omega \sigma_u \nabla\varphi_u \cdot \nabla\Psi_u \mathrm{d}v \tag{7-35}$$

式中，g_u 是均匀电导率分布下的测量电压；g_p 是场域电导率变化后边界电压变化（以 g_u 为参考电压）；σ_u 是均匀电导率分布。

在实际电阻抗成像中，电压 g_u 不是计算得到，而是通过测量获得的，由于场域边界形状而引起的误差对于 g_u 和 g_p 的影响几乎是相同的，因此通过标准化处理（式7-34）后，由场域边界形状而引起的误差就可以得到很好的抑制，甚至可以相互抵消。

结合式7-34和式7-35，可以得到标准化的边界电压向量 g_n：

$$g_n = \frac{G^{-1} g_p}{c_u} \tag{7-36}$$

式中，G 是一对角矩阵，其非零元素值为：

$$G_{ii} = \int_{\Omega} \nabla \varphi_u \cdot \nabla \Psi_u \mathrm{d}v \tag{7-37}$$

式中，i 是指任意一次电流注入下，第 i 次电压测量。

由于 $g_p = Sc_p$，因此式7-36变为：

$$g_n = \frac{G^{-1} S c_p}{c_u} \tag{7-38}$$

令

$$F = G^{-1} S$$

$$c_m = \frac{c_p}{c_u} \tag{7-39}$$

则式7-38变为：

$$g_n = F c_m \tag{7-40}$$

矩阵 F 就描述了标准化的边界电压变化与标准化的电导率变化间的标准化灵敏度关系。Barber教授通过研究发现，矩阵 F 的逆矩阵可以通过反投影方法来近似获得。

由于等位线反投影算法是借鉴于X射线计算机断层成像（X-CT）的反投影技术而研究出来，因此它像X-CT技术中一样，需要进行反投影这一过程。X-CT技术中的反投影是沿直线（射线）方向进行反投影的，而等位线反投影算法则是将测量的边界电压标准化后沿等位线方向进行反投影。在电阻抗成像中，从一对电极注入电流后在场域内形成的电流线（或等位线）不可能是直线，而是曲线，这不同于X-CT的直线反投影，但在原理上没有太大的差别。

在等位线反投影算法中，前文已经论述过硅片可以看作是一个二维场域，并且硅片还满足如下可以应用反投影法的假设条件：

（1）场域边界是圆形；

（2）电极沿场域边界等间距放置；

（3）场域内初始电导率均匀分布；

（4）场域内电导率变化较小。

我们将神经网络应用于EIT图像重建中，为加快神经网络的收敛速度，采用改进的PSO算法对神经网络的权值和阈值进行调整，取得了良好的效果。

首先采用如图7-14所示的三层神经网络。

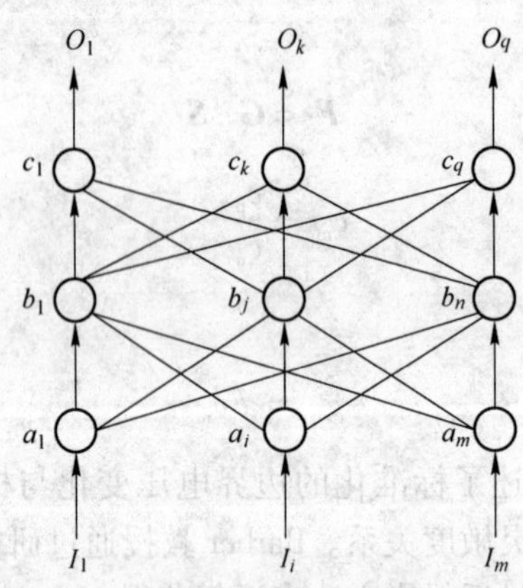

图7-14　三层神经网络

隐层单元和输出层单元的新激活值（输出）计算公式：

$$H_j = f\left| \sum_{i=1}^{m} v_{ji} I_i + \theta_j \right|$$

$$O_k = f\left| \sum_{j=1}^{n} w_{kj} H_j + \theta_k \right| \tag{7-41}$$

BP神经网络参数设置。将圆形样品均匀剖分成7层，共141个结点、248个单元。最外层有32个结点，将32个电极均匀放置在外层32个结点上。采用相邻电极驱动及相邻电极测量，进行32轮电流注入，每轮可获得29个独立边界电压，共928个数据。928个测量数据对应输入层的输入信息个数 m，248个单元对应输出层的输出信息个数 q。设置隐含层结点个数 n 为248个。连接权值和阈值学习参数 $\alpha=\beta=0.6$。激活函数采用S型函数：$f(x)=(1-e^{-2x})/(1+e^{-2x})$，其输出范围为0~1。

神经网络样本的产生。神经网络的输入应为928个电压数据，输出为248个单元的电导率。随机生成100个样本，每个样本的期望输出采用有限元法计算。已知电流密度、各单元电导率求电位分布属于EIT的正问题。先随机生成每个样本的输出(248个单元的电导率)，再利用有限元法计算出928个边界电压值，作为一个样本。

为便于网络的训练，需对输入和输出数据进行预处理，将数据进行归一化，最终得到的数据作为神经网络的训练样本。电导率、电压和电流均无单位且范围在0~1之间。

为加快神经网络的收敛速度，采用PSO算法及改进的PSO算法对神经网络的权值和阈值进行调整。

粒子群算法（Particle Swarm Optimization，PSO）是模拟鸟类觅食行为的一种启发式搜索方法。在PSO算法中，优化问题的解就是粒子在搜索空间中的位置。所有的粒子通过一个优化目标函数计算适应度，每个粒子都由一个速度参量来决定它们搜索的方向和距离。每个粒子通过跟踪个体极值和群体极值来更新自己。

设在 D 维搜索空间中，共有 M 个粒子组成一个粒子群体，其中第 i 个粒子的空间位置为 $X_i=(x_{i1},x_{i2},\cdots,x_{iD})$，$(i=1,2,\cdots,M)$ 是优化问题的一个潜在解。将它代入优化目标函数计算出相应的适应值作为衡量 X_i 的优劣。第 i 个粒子在各维上的速度记为 $V_i=(v_{i1},v_{i2},\cdots,v_{iD})$。第 i 个粒子经历过的历史最佳位置为 $P_i=(p_{i1},p_{i2},\cdots,p_{iD})$。群体所经历过的历史最佳速度记为 $P_g=(p_{g1},p_{g2},\cdots,p_{gD})$。在找到两个历史最佳值后，每个粒子根据下面的公式更新第 d 维（$1 \leqslant d \leqslant D$）的速度和位置：

$$v_{id}^{(t+1)} = uv_{id}^{t} + c_1 r_1 (p_{id} - x_{id}^{t}) + c_2 r_2 (p_{gd} - x_{id}^{t})$$
$$x_{id}^{(t+1)} = x_{id}^{t} + v_{id}^{t+1} \tag{7-42}$$

式中，u 为惯性权值（inertia weight），通常取值为 0.4 ~ 1.2；c_1 和 c_2 为加速常数，也称学习因子，通常 $c_1 = c_2 = 2$；r_1 和 r_2 为两个在[0,1]内变化的随机数。

惯性权值 u 具有平衡全局和局部搜索能力的作用。u 较大时，PSO 算法具有全局收敛性，但计算量很大；当 u 较小时，算法容易收敛，但易于陷入局部最优。有学者提出用模糊系统调整 u，但这样会增加算法的复杂度。我们采用一个非线性函数来调整惯性权值，算法早期 u 较大，随着粒子向目标不断靠近，u 的值不断减小。这样，算法在早期具有较强的全局收敛能力，在晚期具有较强的局部收敛能力。

$$u = a/\{1 + \exp[b(x - c)]\} \tag{7-43}$$

式中，自变量 x 为 PSO 算法的迭代次数；a、b 和 c 是常数，a 为初始惯性系数，通常取 4，b 为控制曲线下降速度，可取 0.1，c 为精确搜索最优解的起始值，可取 50。

图 7-15 是 a、b 和 c 分别取 4、0.1 和 50 时的惯性系数随迭

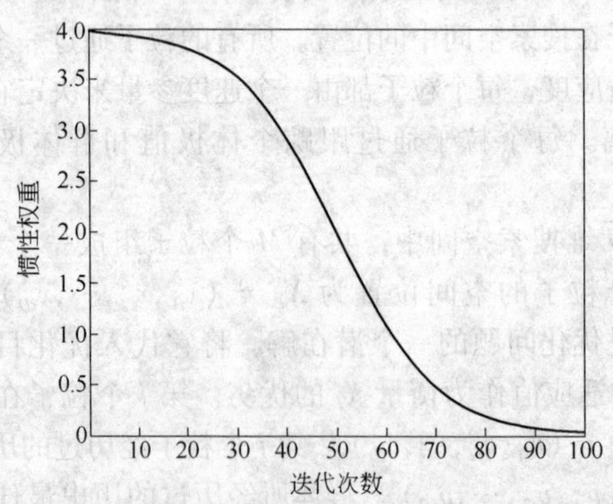

图 7-15 惯性权重调整曲线

代次数的变化情况，由图7-15可以看出，算法开始时惯性系数较大，粒子群搜索速度快，算法在较大的区域中搜索；在迭代到70次后，惯性系数的变化缓慢，开始精细的局部搜索。这种方法加快了PSO的收敛速度，提高了性能。

对同一组样本，分别训练BP神经网络算法、标准PSO-BP和改进PSO-BP算法，其训练结果如图7-16所示。

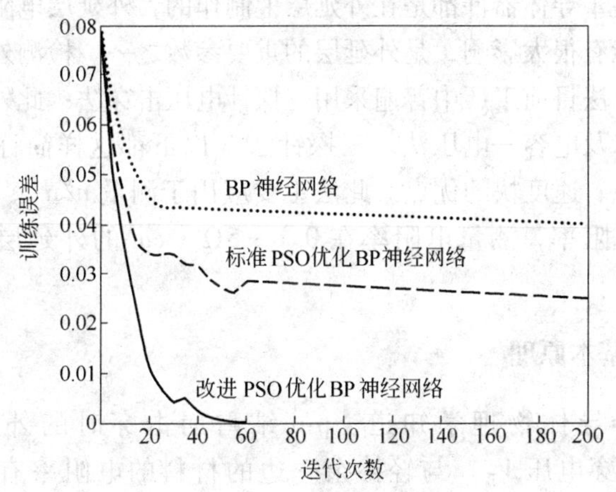

图7-16 不同算法比较

由图7-16可知，改进的PSO算法较BP神经网络算法、标准PSO算法，在收敛速度和误差精度上都有较大的提高。

8 外延片的电阻率测试

8.1 三探针电压击穿法测试外延层的电阻率

许多半导体器件都是在外延层上制作的，外延层电阻率对器件的性能有很大影响，是外延层的重要参数之一。检测外延片电阻率的方法目前工厂中普遍采用三探针电压击穿法；此外，还有四探针以及电容—电压法。三探针法（以下都这样简称）具有非破坏性、速度快的优点。此法主要应用于测量 n/n^+、p/p^+ 外延层的电阻率，测量电阻率在 0.1 ~ 5Ω · cm 的外延层时比较准确。

8.1.1 基本原理

从半导体物理学知道、p-n 结雪崩击穿时的外加电压（称为击穿电压 V_B）与轻掺杂一边的材料的电阻率有关。一定反向偏置电压下，材料的电阻率越高，p-n 结耗尽层空间电荷区越宽，而 p-n 结中电场强度越低。现在考虑一个突变结（空间电荷区的电荷密度通过结面时发生阶跃突变），计算 p-n 结空间电荷区的电场分布和电位分布。电荷密度与电位和电场强度的关系可用泊松方程来描述。在三维情况下的泊松方程为：

$$\Delta V = -\frac{\rho}{\varepsilon_r \varepsilon_0} \tag{8-1}$$

式中，ε_0、ε_r 分别为真空介电常数和介质的相对介电常数，$\varepsilon_0 = \frac{1}{36\pi} \times 10^{-11}$F/cm，硅的$\varepsilon_r = 12$；$\rho$ 为电荷密度。

可以认为 p-n 结中电场的电位和电场强度只随离开结面的距离而变化，因此可化简为一维情况下的泊松方程：

$$\frac{d^2V}{dx^2} = -\frac{\rho}{\varepsilon_r\varepsilon_0} \quad 或 \quad \frac{dE}{dx} = \frac{\rho}{\varepsilon_r\varepsilon_0} \tag{8-2}$$

这样便可以分别写出 p-n 结两边空间电荷区的电场梯度的关系式：

$$\frac{dE(x)}{dx} = \frac{qN_D}{\varepsilon_r\varepsilon_0} \quad (0 < x < \delta_n)$$

$$\frac{dE(x)}{dx} = -\frac{qN_A}{\varepsilon_r\varepsilon_0} \quad (\delta_p < x < \delta) \tag{8-3}$$

式中，N_D、N_A 分别为 n 和 p 型两侧的掺杂浓度（与空间电荷区的电荷密度相等）；δ_n 为 n 型一侧正空间电荷区的宽度；$\delta = \delta_n + \delta_p$ 是空间电荷区的总宽度，这里 x 轴的原点取 n 型一侧空间电荷区的边缘。

将上述微分方程积分并有边界条件：

$$当\ x = 0, \quad E(0) = 0$$

$$当\ x = \delta, \quad E(\delta) = 0 \tag{8-4}$$

可以解得：

$$E(x) = -\frac{qN_D}{\varepsilon_r\varepsilon_0}x \quad (0 < x < \delta_n)$$

$$E(x) = \frac{qN_A}{\varepsilon_r\varepsilon_0}(\delta - x) \quad (\delta_n < x < \delta) \tag{8-5}$$

$$E = -\frac{dV}{dx}$$

在结界面处出现的最大电场强度为：

$$E_m = \frac{qN_D}{\varepsilon_r\varepsilon_0}\delta_n = \frac{qN_A}{\varepsilon_r\varepsilon_0}\delta_p \tag{8-6}$$

将式 8-3 积分并考虑边界条件：

$$当\ x = 0, \quad V(0) = 0$$

$$当\ x = \delta, \quad V(\delta) = -(V_0 \pm V_{外})$$

式中，V_0 为 p-n 结的自建电势；$V_{外}$ 为外加电压，正向偏置时取负号，反向偏置时取正号，前者抵消 V_0，后者与 V_0 相迭加。

积分结果为：

$$V(x) = -\frac{qN_D}{2\varepsilon_r\varepsilon_0}x^2 \quad (0 < x < \delta_n)$$

$$V(x) = \frac{qN_A}{2\varepsilon_r\varepsilon_0}(\delta - x)^2 - \frac{qN_A}{2\varepsilon_r\varepsilon_0}\delta_p^2 - \frac{qN_D}{2\varepsilon_r\varepsilon_0}\delta_n^2 \quad (\delta_n < x < \delta) \tag{8-7}$$

$$\delta = \left[\frac{2\varepsilon_r\varepsilon_0}{qN_D}(V_0 \pm V_{外})\right]^{1/2} \tag{8-8}$$

式 8-6 和式 8-8 是 p-n 结中电场强度最大值和空间电荷区宽度与杂质浓度、外加电压的关系式。

对某一半导体来说，发生雪崩击穿时的电场强度大致是一定的，这个电场强度称为临界电场 E_C。硅的 E_C 约为 $10^5 \sim 10^6$ V/cm。对一定杂质浓度的半导体，随着外加反向偏置电压增加，p-n 结中电场强度也逐渐增加，当到达临界电场强度时就发生雪崩击穿，反向电流突然增加。半导体的杂质浓度越低，电阻率越高，p-n 结中电场强度越低，当它发生雪崩击穿时，所需外加反向偏置电压则越高。

金属钨丝与硅片接触时形成一个势垒，称为肖特基结。若在这个势垒上加一个反向电压，当它增加到某一值时也能使结击穿，此时反向电流突然增加。因为金属与半导体接触的机理还没有弄清楚，所以就把金属半导体接触看成是一个突变结，上述讨论中推导出的电场强度和空间电荷区宽度的公式仍然适用于这种情况。只要外延层的厚度足以大于空间电荷区的宽度，则击穿电压便与外延层厚度无关，仅与电阻率有如下关系：

$$V_B = a\rho^b$$

或者用对数表示为：

$$\lg V_B = \lg a + b\lg\rho$$

因此在双对数坐标中，上式是以 $\lg a$ 为截距，b 为斜率的直线方程。a 和 b 是只与探针、测试系统有关的常数。

由此可知，电阻率与击穿电压存在对应关系。如果测定了钨丝与硅片所构成的肖特基结的击穿电压，便可以推测材料的电阻率。对于一个新装好的三探针，应事先测量一组已知电阻率的标准单晶块，得出击穿电压，再做出 V_B 与 ρ 经验曲线。这样只要测出外延片的击穿电压 V_B，就可以从 V_B 与 ρ 关系曲线查得与 V_B 相应的外延层的电阻率 ρ。

8.1.2 测试线路与装置

一般采用图 8-1 所示的线路，利用调压器改变外加电压的大

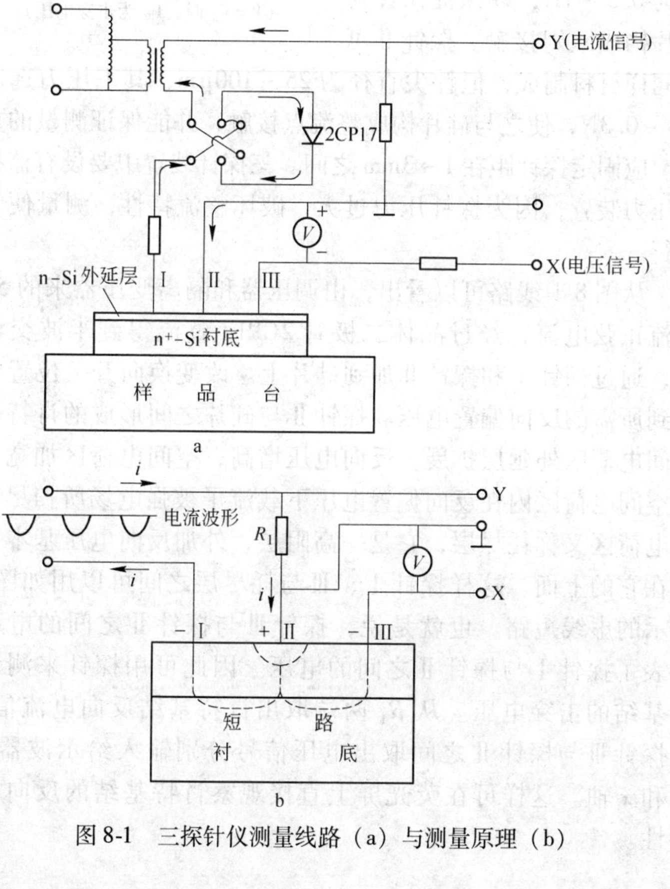

图 8-1 三探针仪测量线路（a）与测量原理（b）

小，并用晶体二极管整流获得反向偏置电压。这种线路比较简单，而且利用示波器，能直接看出反向电流和反向偏置电压之间的关系，电流-电压图形直接显示在荧光屏上（如图8-2所示）。

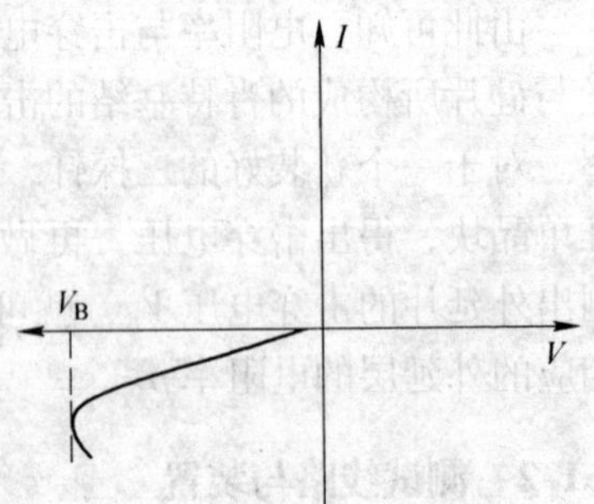

图 8-2 示波器上显示的伏-安特性以及击穿时的情况
（$V=V_B$ 时，V_B 为击穿电压）

探针Ⅰ和Ⅲ为头部磨钝的 ϕ0.5mm 钨或高速钢，其上压力为0.5～1N，以保证探针与硅片构成欧姆接触。探针Ⅱ可用同样材料制成，但针尖直径为25～100μm，其上压力选定为0.1～0.3N，使之与硅片构成整流点接触，并能保证测量的重复性。应固定探针距在1～3mm之间。三探针装置中要设有监视探针压力装置，因为探针压力过大，破坏整流特性，测量便无法进行。

从图8-1线路可以看出，由调压器和隔离变压器来的50Hz交流正弦电流，经过晶体二极管2CP17整流得到半波交流电压，通过探针Ⅰ和探针Ⅱ加到硅片上。改变换向开关位置可以得到所需的反向偏置电压。探针Ⅱ与硅片之间形成的肖特基结空间电荷区外延层扩展，反向电压增高，空间电荷区加宽。因为空间电荷区内在反向偏置电压下载流子被强电场所扫尽，空间电荷区又称耗尽层，它是一高阻层，外加反向电压基本上降落在它的上面。这样探针Ⅰ、Ⅲ与耗尽层之间可以用如图8-1所示的虚线短路。也就是说，探针Ⅲ与探针Ⅱ之间的电压就代表了探针Ⅰ与探针Ⅱ之间的电压。因此可用探针来测量肖特基结的击穿电压。从 R_1 两端取出肖特基结反向电流信号，从探针Ⅲ与探针Ⅱ之间取出电压信号分别输入给示波器的 y 轴和 x 轴。这样可在荧光屏上直接观察肖特基结的反向伏安特性。

8.1.3　测试步骤

三探针电压击穿法测试外延层的电阻率步骤如下：

（1）校准经验曲线的绘制。每套标样由 15 ~ 20 块样品所组成，它们的电阻率能均匀覆盖 0.1 ~ 5Ω · cm 范围。n 型和 p 型硅单晶的样块尺寸分别为 15mm × 15mm × 5mm 和 18mm × 18mm ×5mm。电阻率测点位置在样块的中心取一点，在对角线上取 4 个点（每一点离最近边的距离为 4mm）。测标样上所取各点的电阻率，要求得它们的平均值。对标样来说，电阻率的不均匀度不应大于 5%。平均电阻率用下式计算：

$$R = \frac{1}{5}(R_1 + R_2 + R_3 + R_4 + R_5) \tag{8-9}$$

式中，R 为硅片的平均电阻率；R_1 ~ R_5 分别为各次测量值。

上述标准样块经研磨、抛光制得没有表面污点和严重表面缺陷的镜状表面，然后在 HF 中浸泡 15min，再用热去离子水冲洗。

和测电阻率时所选择的位置一样，等间距测 5 次击穿电压，得到每一块标准样品的平均击穿电压 V_B。应用以后使用的三探针击穿电压测试仪来进行测量。

根据测量结果，在双对数坐标纸上绘出如图 8-3 所示的 V_B 与 ρ 关系曲线。因不同的三探针位置，其 V_B 与 ρ 校准经验曲线

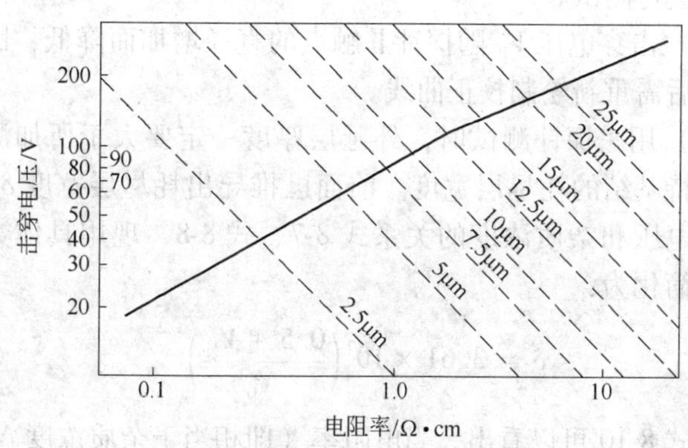

图 8-3　V_B 与 ρ 关系经验曲线

是不一样的，所以每台探针都必须有专用的经验曲线。当调换探针时，需要重新绘制经验曲线。

（2）测试。用三探针测量外延片的击穿电压，并从 V_B-ρ 关系经验曲线上查出外延层所对应的电阻率。若需要知道外延层的杂质浓度，可从已知的电阻率-杂质浓度关系曲线上查得杂质浓度。应该指出，该图只适用于无补偿材料的情况。对于补偿材料来说，同样杂质浓度下电阻率比无补偿材料高，电阻率所对应的是补偿后的杂质浓度。

8.1.4 测试注意事项

测试应注意的事项如下：

（1）测量时探针压力应适当，V_B 与探针Ⅱ的压力有关。为保证测量结果重现性好，应固定探针压力。实践证明，探针Ⅱ的压力以 0.1～0.3N 比较适宜。

（2）探针与被测样品表面应保持清洁，如有玷污，则击穿电压值偏低，这时需要用有机溶剂擦净。

（3）为避免探针打火放电，需先将调压器调至零位，方可使探针与被测样品接触脱开，否则探针尖便放电打火。因为打火后的针尖被氧化，必须更换新的探针或将探针上氧化层去掉，才能继续进行测试。

（4）击穿电压 V_B 随探针Ⅱ触点的直径增加而降低，因而更换探针后需重新绘制校正曲线。

（5）用三探针测试时，外延层厚度一定要大于所加测量电压下肖特基结的耗尽层宽度。前面已推导出耗尽层宽度 δ(mm) 与外加电压和杂质浓度的关系式 8-7、式 8-8，现用具体数代入之后，简化为：

$$\delta = 3.61 \times 10^{7}\left(\frac{0.5 + V_{外}}{N_D}\right)^{1/2} \tag{8-10}$$

由式 8-10 可以看出，当电阻率（即相当于杂质浓度 N_D）一定时，耗尽层宽度 δ 随外加向偏置电压增高而增加。如果在测试时，外加偏置电压还未能使探针接触的肖特基结击穿之前耗尽层已到达衬底，即出现“穿通”现象，此时所测得的“穿通”电压值显然不是击穿电压，所以从 V_B-ρ 曲线由“穿通”电压值查得的电阻率值是不正确的。因此，需在图 8-3 中画出许多斜线，斜线与 V_B-ρ 曲线交点为电阻率一定时，三探针测试所需外延的最小厚度值。

(6) 用本方法测电阻率时应注意下列一些事项：

1）应避免在高频发生器附近进行测量，最好将测试系统屏蔽起来；

2）测量应在（25±2）℃温度下进行，温度升高，V_B 增加，环境湿度小于 65%；

3）振动过大，测量便无法进行。振动可以利用手指触摸样品架或探针感觉出来；

4）不要将样品或探针暴露于反应气体中，否则就会改变探针接触特性，并引起测量误差。

8.1.5 测量精度

从 5 次测量的数据求出样品的平均电阻率，平均电阻由下式计算：

$$\bar{\rho} = \frac{1}{5}\sum_{i=1}^{5}\rho_i \tag{8-11}$$

而电阻率的变异系数 v 由下式确定：

$$v = \frac{1}{\bar{\rho}}\left[\frac{1}{5-1}\sum_{i=1}^{5}(\rho_i - \bar{\rho})^2\right]^{1/2} \times 100\% \tag{8-12}$$

经过多次实验确定，电阻率变异系数与外延层的电阻率有关，如图 8-4 所示。由图可以看出，外延层电阻率在 0.1～5.0Ω·cm 范围内，电阻率变异系数比较小，在 1.0Ω·cm 时为 ±20%，在 0.1Ω·cm 时为 ±27%，在 5Ω·cm 时为 ±35%。由此可见，本方法适用于测量电阻率在 0.1～5.0Ω·cm 范围内的外延片。

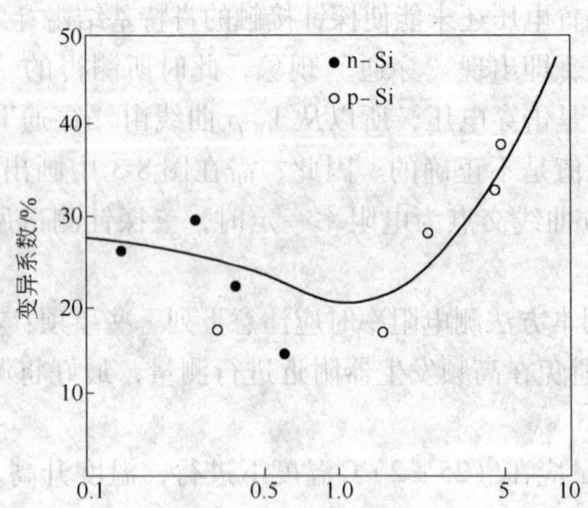

图 8-4　五次测量电阻率的变异系数与电阻率的关系曲线

在实际测量中，若变异系数 v 在 10% 以内，则这样测量是令人满意的。电阻率测量变异系数太大（超过 10%），可能是由样品本身电阻率不均匀，或者是探针系统的毛病造成的。为了弄清楚原因，可重复测量一次电阻率，探针Ⅱ偏离原先测量位置应在 1.6mm 之内。如两次测量值偏差小于 2%，可以认为探针系统没有毛病，否则必须更换探针。

8.2　电容-电压法测硅外延层纵向杂质分布

对外延层电阻率的测试，三探针法虽具备简单、操作方便、测量迅速及非破坏性等优点，得到广泛应用，但这种方法不能用来测量厚度较薄、电阻率较高的外延层；另外，电阻率测量精度也较差。用电容-电压法不但可以测量薄层的电阻率，而且测量精度也较三探针法高。但电容-电压法测得的是杂质浓度，需依靠图 8-5 将杂质浓度转化成电阻率。而图 8-6 中各斜线两端分别为相应的杂质浓度（左上）和与其对应的电阻率（右下）。后者也表明了两者的对应关系。

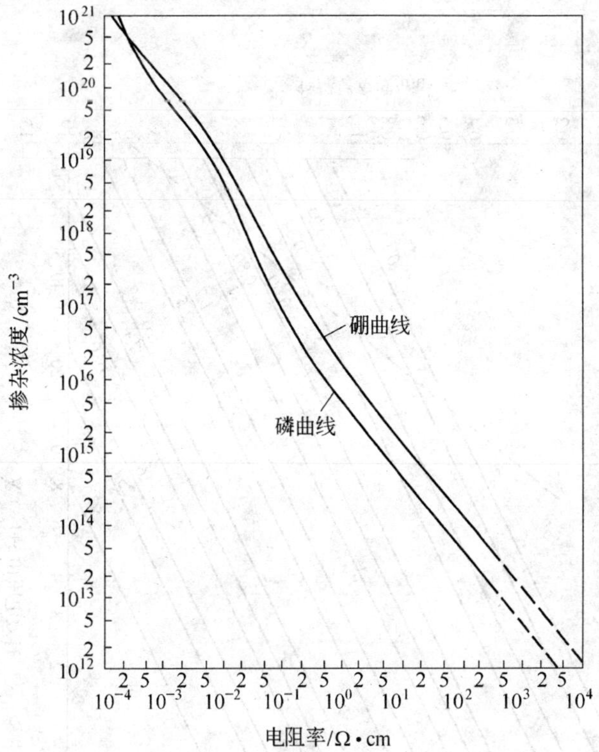

图 8-5 硅单晶片在无补偿情况下杂质浓度与电阻率关系曲线
（实线—电阻率与掺杂浓度关系曲线；虚线—外推线）

8.2.1 *C-V* 法测试基本原理

由 p-n 结理论可知，一个 p-n 结具有一定的电容，其大小除了与结的性质有关以外，还与构成结的材料中掺杂浓度和结面积有关。按 p-n 结电容形成来分类，可以分为势垒电容 C_T 和扩散电容 C_D。在正向偏置下，往 p-n 结边界两边分别注入非平衡少数载流子，在结边界两边扩散区便有一定数量的少数载流子积累。这些注入的少数载流子量是随外加电压变化而变化的。这也是一种附加的电容效应，把这样形成的电容称为扩散电容。用电

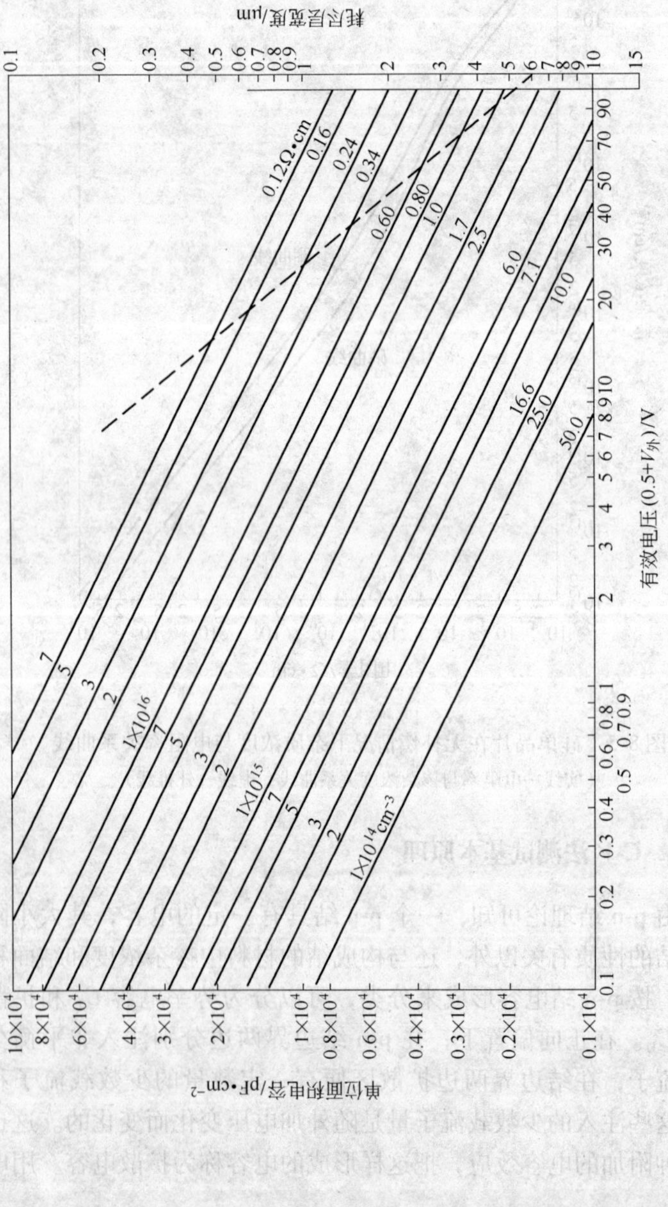

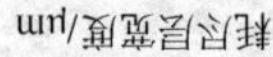

图 8-6 n 型硅 p-n 结单位面积电容与有效电压（$V_0+V_{外}$）的关系曲线

容-电压法测外延层杂质浓度时，p-n 结是反向偏置的，因而不涉及扩散电容，故下面不作详细介绍。

前面已指出，p-n 结空间电荷区（即势垒区）的宽度与外加电压有关。当结上的反向偏压有一个增量时，势垒区宽度就相应地增大一个量。势垒区是电离杂质的空间电荷区，随着势垒区扩大，电离电荷就应当增加。如果将电压增量除去，则势垒区宽度便恢复到原来的位置，从势垒区外面看，势垒区内所包含的电荷减少了。可见，势垒区的电荷与外加电压有关。因此 p-n 结具有电容的性质，这种电容就是势垒电容。根据电容的定义，这个电容可以用下式表示：

$$C = \frac{\mathrm{d}Q}{\mathrm{d}V} \tag{8-13}$$

应该指出，p-n 结电容和一般电荷与电压成线性关系的电容器不同，一般电容器的电容是一个常数。结电容之所以用导数定义，是因为外加电流偏压变化时，其电容的数值也随之变化。p-n结上一般加一个固定的电流偏压，外加偏压与固定偏压相比是一个微小的变量。这里所说的 p-n 结势垒电容就是指这个微小电压变化量 dV 所引起的 p-n 结空间电荷的变化，因此又把这个电容称为微分电容。由于结的势垒区宽度随外加电压的变化不是线性的，所以电荷随电压的变化也不呈线性，那么结电容便是一个非线性电容。

电容-电压法测外延层杂质浓度时需要制备一个金属-半导体接触肖特基二极管，可以把它看成是一个单边突变结。单位结面积上的总电荷由下式给出：

$$Q = qN_{\mathrm{D}}\delta = qN_{\mathrm{D}}\left[\frac{2\varepsilon_{\mathrm{r}}\varepsilon_0}{qN_{\mathrm{D}}}(V_0 \pm V_{外})\right]^{1/2}$$

式中，V_0 为自建电势，正号表示反向偏置，负号表示正向偏置。

单位面积势垒电容 C_{T} 为：

$$C_{\mathrm{T}} = \frac{\mathrm{d}Q}{\mathrm{d}V} = \left[\frac{q\varepsilon_{\mathrm{r}}\varepsilon_0 N_{\mathrm{D}}}{2(V_0 + V_{外})}\right]^{1/2} = \frac{\varepsilon_{\mathrm{r}}\varepsilon_0}{\delta} \tag{8-14}$$

其中的 δ 为单边结宽度，由下式给出

$$\delta = \left[\frac{2\varepsilon_r\varepsilon_0(V_0 + V_{外})}{qN_D}\right]^{1/2} \tag{8-15}$$

将式 8-14 两边取对数可以得到

$$\lg C_T = \frac{1}{2}\lg\varepsilon_r\varepsilon_0 qN_D/2 - \frac{1}{2}\lg(V_0 \pm V_{外}) \tag{8-16}$$

一般 p-n 结的自建电势 V_0 为 0.5V 左右，在反向偏置情况下，上式可简化为

$$\lg C_T = \frac{1}{2}\lg\varepsilon_r\varepsilon_0 qN_D/2 - \frac{1}{2}\lg(0.5 + V_{外}) \tag{8-17}$$

由此可见，在以 $\lg C_T$ 和 $\lg(0.5 + V_{外})$ 为纵坐标和横坐标的双对数坐标上 $\lg C_T$ 与 $\lg(0.5 + V_{外})$ 之间的关系可用一直线方程来表示。直线斜率为 −1/2，直线的截距与掺杂浓度有关。代表不同掺杂浓度的直线只往纵向平移了一些位置，掺杂浓度 N_D 越高，直线的位置越高。

用 $\varepsilon_0 = 8.85 \times 10^{-12}$ F/M、$\varepsilon_r^{Si} = 11.6$、$q = 1.6 \times 10^{-19}$ C 代入式 8-17 中，可以作出如图 8-6 所示的不同杂质浓度的 $\lg C_T$ 与 $\lg(0.5 + V_{外})$ 的关系曲线。此时式 8-14 简化成

$$C_T = 2.91 \times 10^{-6}\left(\frac{N_D}{0.5 + V_{外}}\right)^{1/2} \tag{8-18}$$

由此得到

$$N_D = 1.21 \times 10^{11} C_T^2(0.5 + V_{外}) \tag{8-19}$$

这样，外延层的杂质浓度可以利用式 8-19 算得。式 8-19 中 C_T 的单位为 pF/mm^2，N_D 单位为原子/cm^3。也可以把测得单位结面积上的电容和外加电压值，利用图 8-6 所示曲线直接查得外延层杂质浓度。

但外延层的杂质浓度的纵向分布往往是不均匀的，金属与外延层之间所构成的肖特基结并不满足突变条件。单位面积结电容随反向偏置电压的变化会出现如图 8-7 所示两种情况。在双对数

坐标上第一种情况直线的斜率大于1/2，也就是说更平坦些，相当于杂质浓度由表及里慢慢增加。由此可见，金属与杂质分布不均匀的外延层所构成的肖特基结，其单位面积结电容 C_T 与 $V_0+V_{外}$ 之间不存在 $-1/2$ 次方的关系。但变化式 8-14，也可以由 $\mathrm{d}C/\mathrm{d}V_{外}$ 测出杂质浓度。把式 8-14 改写为：

$$V_0+V_{外}=\frac{\varepsilon_r\varepsilon_0 q}{2}N_D C_T^{-2}$$

对上式进行微分得到

$$\frac{\mathrm{d}V_{外}}{\mathrm{d}C_T}=-\varepsilon_r\varepsilon_0 q N_D C_T^{-3} \tag{8-20}$$

并解出杂质浓度 N_D 为

$$N_D=\frac{C_T^3}{\varepsilon_r\varepsilon_0 q}\left(-\frac{\mathrm{d}C_T}{\mathrm{d}V_{外}}\right)^{-1} \tag{8-21}$$

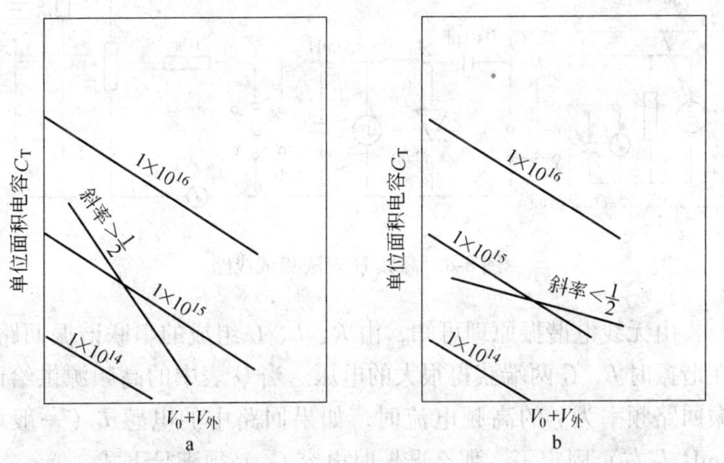

图 8-7 杂质浓度纵向分布不均匀时的 $\lg C_T$ 与 $\lg(V_0+V_{外})$ 的关系曲线

a—杂质浓度由表及里慢慢降低；b—杂质浓度由表及里慢慢增加

如果测量得到的结直径为 d 时的结电容 C，并将有关物理常数代入，那么就可以得到下式：

$$N_D = 9.75 \times 10^6 C^3/d^4\left(-\frac{dC}{dV_{外}}\right) \tag{8-22}$$

式中，N_D 是距离外延层表面为 δ 的位置上的杂质浓度

$$\delta = 8.17 \times 10^3 d^2/C \tag{8-23}$$

式 8-21 和式 8-22 中各物理量的单位为：C—pF（皮法）；dC/dV—pF/V；d—cm；δ—μm；N_D—原子/cm^3。

8.2.2 用高频 Q 表的测试方法和测试线路

图 8-8 所示为用高频 Q 表进行外延片的容-压法测量时所用线路。本节的最后再介绍用 C-V 测试仪的测试方法。两种测试方法的原理是相同的，区别仅在于所用仪表的不同。

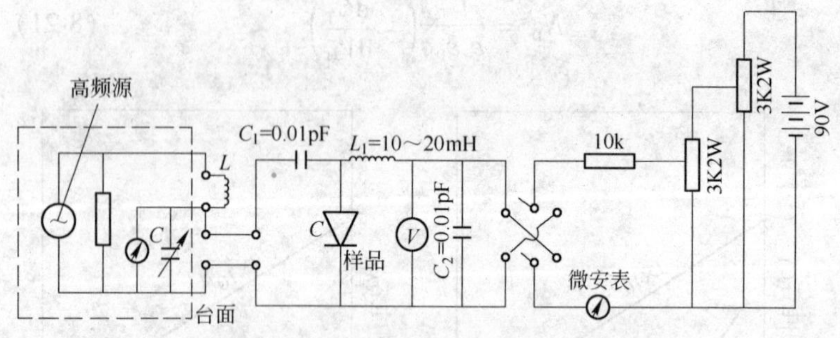

图 8-8 高频 Q 表法测试线路

由无线电谐振原理可知，由 R、L、C 组成的串联谐振回路，在谐振时 L、C 两端获得很大的电压。当 Q 表中的高频源供给谐振回路频率为 f 的高频电流时，如果回路中的电感 L（一般取 1mH 左右）固定了，那么谐振时电容 C_0 必须满足下式：

$$C_0 = \frac{1}{(2\pi f)^2 L} \tag{8-24}$$

如果在未加 p-n 结前（样品电路与 Q 表没有连接）测得一个谐振电容 C_0（由 Q 表中可变电容器的电容值读出），又将制

备的肖特基结与 Q 表中的可变电容器并联（电容相加），则这时谐振条件变了，L、C 两端的电压减小，Q 表的指示也变小。如果再调整 Q 表中的可变电容器，让 Q 表的指示重新达到最大值，这就意味着谐振条件又得到了满足，此时的电容刻度盘的读数为 C_1，其谐振电容：

$$C_1 + C = \frac{1}{(2\pi f)^2 L} \tag{8-25}$$

上式中，C 为肖特基结的势垒电容。比较式 8-24 和式 8-25 可以得到

$$C_0 = C_1 + C$$

肖特基结势垒电容为：

$$C = C_0 - C_1 \tag{8-26}$$

亦即是肖特基结势垒电容的两次谐振条件下，Q 表电容刻度盘读数之差。

因为肖特基结上需要外加直流偏置反向电压和交流电压，交流电压由 Q 表供给，把肖特基结两端与 Q 表中的可变电容相并联，而直流电压由电阻分压后供给，所以要设法隔离交流和直流电源。线路中所采用的电感 L_1（10～20mH）为高频阻流圈，其作用是防止 Q 表中产生的高频电流进入直流电源。C_1 是隔直电容（0.01μF），它将 Q 表与直流电源隔开，防止直流进入 Q 表。如果没有 C_1 的话，那么 Q 表中便会发出巨大的嗡嗡声，严重时还会损坏 Q 表。C_2 为高频旁路电容。线路中的微安表起到监视 p-n 结流过的电流的作用，当肖特基结正向偏置时正向电流较大。肖特基结反向偏置时反向电流很小，一般后者是几个微安数量级。测量时要求在肖特基结加反向偏置电压。当肖特基结被反向击穿时，电流突然增大，此时应马上将电压降下来。

8.2.3 测试步骤

8.2.3.1 肖特基结的制备

获得一个良好的具有整流特性的肖特基结，是保证测试成功

的关键。如果肖特基结制作不好，譬如反向漏电太大，就无法进行测试。一般在真空蒸发金或用汞探针与外延片构成肖特基结。肖特基结的制备步骤如下：

（1）蒸金：取几块外延片和带网孔金属板（要求板面平整且很薄）在真空镀膜机上蒸一层金膜，金膜与外延层之间便形成一个肖特基结。结的直径在 0.5～1.2mm 之间，可用测距显微镜测量。如果金属板上网孔尺寸与蒸的金膜尺寸一样，可直接在金属板上测出网孔的直径。

（2）点金：如果没有蒸发镀膜设备，可将三氯化金溶液（用 $AuCl_2 + HCl + HF$ 配置）小心地点在清洁的硅外延片上，其直径约 1mm，溶液干后便形成肖特基结。

（3）接触：用铟镓锡合金可以得到较好的欧姆接触。首先将制好肖特基结的外延片放在液态的合金上，并用镊子轻轻来回移动片子，以便得到较好的接触，然后再小心地把上探针压在金点上。

8.2.3.2 肖特基结电容的测量

选合适的标准电感接在 Q 表台面的接线柱上（标有电感符号处）。在 Q 表的电容主读数刻盘上选一个电容 C_0（C_0 是 Q 表内部振荡回路上的电容），并调整在 C_0 上。一般 C_0 选择 200pF 或 300pF。

调整 Q 表仪上两块指示电表的零位，然后拧“定位粗调”和“定位细调”旋钮，使定位指示表在“×1”位置上。调整定位的目的在于使 Q 表内部高频源输出的高频电压固定在 10mV。在未接入肖特基结电容的情况下，调整振荡波段开关和频率刻度盘，使串联的 LC 回路（指标准电感和 Q 表中内部主调电容）达到谐振状态，此时要求 Q 值指示表读数达到最大值。

然后将被测肖特基结电容接在 Q 表平台上注有“C”字的接线柱上，再调整主调电容刻度盘使串联测量回路重新达到谐振状态（Q 值表读数又达到最大值，但两次谐振时的最大值不一定相等）。此时主调电容刻度盘上的读数为 C_1，从而得到被测肖特基结势垒电容：

$$C = C_0 - C_1$$

改变肖特基结两端的反向偏置电压，分别记录在不同反向电压下肖特基结的电容值。

8.2.4 测试数据的处理与杂质浓度的确定

测试数据的处理与杂质浓度的确定方法如下：

（1）计算肖特基结单位结面积电容 C_T（pF/mm^2）：

$$C_T = \frac{C}{A} = \frac{C}{\frac{1}{4}\pi d^2} = \frac{4C}{\pi d^2}$$

式中，A 为结面积；d 为用测距显微镜测定的金膜的直径，mm。

（2）根据所测的电容值，计算耗尽层宽度（肖特基结宽度）：

$$\delta = \frac{\varepsilon_r \varepsilon_0}{C/A} = \frac{\varepsilon_r \varepsilon_0 \pi d^2}{4C} = 8.17 \times 10^3 \frac{d^2}{C} \tag{8-27}$$

式中，C 的单位为 pF；d 的单位为 cm；δ 的单位为 μm。

（3）在双对数坐标纸上绘制突变结的单位面积电容与外加有效反向偏置电压的关系曲线（如图 8-6 所示），并根据测试数据绘制外延片的曲线。

（4）求外延层杂质浓度：如果斜率为 1/2（取绝对值），则表明外延层杂质纵向分布均匀，根据曲线的位置便可确定杂质的浓度 N_D。也可以利用式 8-19 算得杂质浓度。

如果曲线的斜率不是 1/2，则根据式 8-22，把测得不同偏压下的 C 和$\frac{dC}{dV}$，由下式：

$$N_D = 9.75 \times 10^6 \frac{C^3}{d^4\left(-\frac{dC}{dV_{外}}\right)}$$

计算杂质浓度。

(5) 绘制外延层杂质纵向分布曲线：在毫米坐标纸上根据上面的数据作出不同耗尽层宽度（相当于外延层深度）时的杂质浓度曲线。

8.2.5 测准条件与注意事项

测准条件与注意事项如下：

(1) 肖特基结的制备是测准关键。金膜应成完整圆形，直径应在相互垂直方向上测两次，求平均值。

(2) 外延层金膜上的引出线的压力应尽量小。如果压力太大，触针将金膜弄破而直接与外延片接触，这样金膜就不起作用，肖特基结电容值就测不出来。

(3) 肖特基结两端的导线应尽量地短，以便减少分布电容带来的误差。因为用 Q 表测量电容时，分布电容也包括在所测电容内，但好在 $C = C_0 - C_1$，测量 C_0 和 C_1 时的分布电容被抵消。因此测量肖特基结电容时的接线应尽量短，而且接线情况不要有大的变动。

(4) 耗尽层宽度随反向电压增加而增加，当外延层比较薄、电阻率比较大时，耗尽层不会再继续扩展，肖特基结电容不再变化，因此继续增加电压就没有意义。数据处理时不用耗尽层到达衬底时测得的电压、电容数据，否则曲线便会失真。

(5) 当反向电压增加到一定程度时，便会引起肖特基结击穿，尤其是外延层杂质浓度较高时，结内电场就比较高，很容易被击穿。对于外延层较厚的情况，由于本方法受到肖特基结会被击穿的限制，所以往往不能测出整个外延层的杂质分布情况。因此要想知道整个外延层的杂质分布情况，就要满足在未击穿之前耗尽层就已延伸到衬底表面这个条件。

8.2.6 利用 *C-V* 测试仪和汞探针测外延片杂质浓度简介

汞和 n 型硅接触时在 n 型硅一侧也能形成势垒，加上直流反向偏压后势垒便会发生扩展。如果再迭加一个高频小电压 dV，势垒宽度以及其中电荷量就会发生变化，同样起到电容的作用。因此，在反向偏压下，势垒边界 δ 附近杂质浓度的平均值与电容 C 以及电容-电压变化率仍然符合式 8-22 和式 8-23，由该两式可以求出对应的杂质浓度 $N(\delta)$，而该浓度对应的位置就是在距表面深度为 δ 的地方。汞-硅接触的自建电势 V_0 为 0.6V。

8.2.6.1 样品台及汞探针

样品台的总体结构如图 8-9 所示。汞探针结构如图 8-10 所示。用环氧树脂将银丝固定在玻璃毛细管内，银丝端面稍露出玻璃管，在测试样品前将电极的银丝端面用去离子水冲洗后就可直接吸上一滴汞滴而成汞探针。若银丝端面吸不上汞滴，说明银丝端面或汞不够清洁，此时需用细金刚砂研磨其表面，然后用去离子水冲洗，汞可用高纯稀硝酸洗涤。

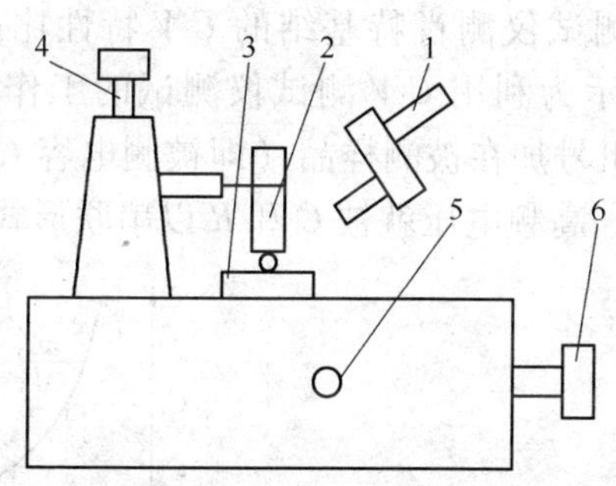

图 8-9 样品台

1—观察接触面积的双筒显微镜；2—汞探针；3—待测样品；4—调整汞-硅接触面积的微动螺丝；5，6—调节样品左右、前后的微动螺丝

汞硅接触时的电容值与接触面积有关，为使测试接触面保持一定，要用双筒显微镜观察，并控制汞滴的直径。

衬底背面的欧姆接触可采用在衬底背面与金属托之间加一滴

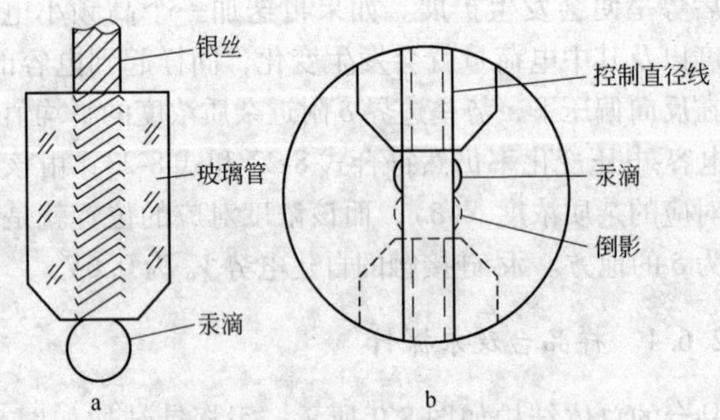

图 8-10 汞探针结构及汞滴直径控制

a—汞探针；b—显微镜观察汞-硅接触情况

水，以减小硅-水-金属接触时的复阻抗。

8.2.6.2 *C-V* 测试仪测试方法简介

利用 *C-V* 测试仪测肖特基结的 *C-V* 特性比高频 *Q* 表更方便，图 8-11 所示为利用 *C-V* 测试仪测试的工作原理方框示意图。当高频小讯号加在被测样品（即被测电容 *C*）和接受机输入阻抗 *R* 上时，高频电压就被 *C* 和 *R* 以串联形式分压。由于被

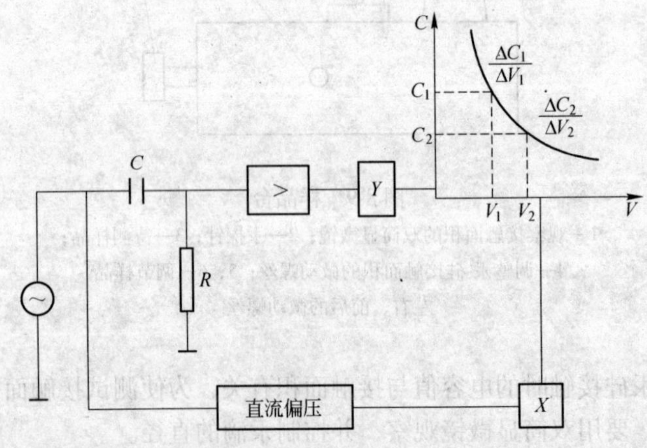

图 8-11 测试工作原理方框图

测电容两端加上反向直流偏压，改变偏压时这一电容值随反向偏压增大而减小，即容抗$\left(\frac{1}{C_{\omega}}\right)$随反向偏压增大而增大，$R$ 两端的高频电压也就随之而减小。取 R 两端高频电压进行高放，后经混频、中放，检波变换成直流加在 x-y 函数记录仪的 y 轴上，即能反映出样品的电容变化。

同样，样品上所加直流偏压经过分压器加在 x 轴上，因此在 x-y 函数记录仪上可直接描绘出电容-电压特性。

8.2.6.3 数据处理

依据电容-电压特性曲线，选定两个偏压值 V_1、V_2，由曲线求出 C_1、$\frac{\Delta C_1}{\Delta V_1}$和 C_2、$\frac{\Delta C_2}{\Delta V_2}$，代入式 8-21 或查依此公式所作的曲线即得对应的 $N_D(\delta_1)$和 $N_D(\delta_2)$，两者通常差别不大。

上述方法的优点是测试方便、迅速，省去制备金-半导体接触二极管，经长期生产表明测试精度优于 ±15%。但因为汞及其蒸气有毒，所以必须采取相应的防护措施（可参考有关劳动保护条例），这里不再细述。

本节所介绍的方法除所用数据仅适用于硅外，只要改变相对介电常数，也能适用其他半导体。

8.3 界面态对 C-V 法测试结果的影响

8.3.1 概述

众所周知，外延层杂质纵向分布可利用悬汞滴与外延层构成肖特基二极管，并在反向偏置下测定 C-V 特性计算而得，测定的精度可达 ±5%。在进行 C-V 特性测量时，希望汞滴与外延层间构成一个理想的金-半接触肖特基二极管，但实际上硅表面覆盖了自然氧化层，一般厚度为 1 ~ 2nm。严格讲，汞滴与外延层间形成了 MOS 结构。当氧化层厚度在 1nm 以内时，仍为一个理想的金-半接触肖特基二极管，而当氧化层厚度在 2.8nm 以下时，隧道电流很大，半导体表面的少子可通过隧道泄漏到金属电极，反型层建立不起来。或者虽有反型层，但少子浓度不随外加偏压变化，出现反型层的钳位效应。可见金属与半导体构成理想肖特基二极管时，即使存在自然氧化层，在反向偏压情况下，只出现耗尽状态而不出现反型状态。虽然自然氧化层很薄，也会存在界面态，当界面态密度比较大时，可使 *C-V* 特性偏离理想情况。本节证实了界面态对测量的影响，同时提出通过氢氟酸漂洗硅样品可以减少界面态，从而保证测量的正确性。

8.3.2 基本理论

汞探针与 p 型硅接触时构成肖特基二极管，在外加偏压作用下能带发生弯曲，表面形成空间电荷区以屏蔽外加电场。设能带的弯曲量为 qV_d，qV_d 常被称作扩散势，q 为电子电荷。高频 *C-V* 法就是利用 $V_d>0$，反向偏置情况下空间电荷层电容 C_d 与外加电压 V_r 的关系来测定外延层杂质浓度。此时 $V_d=V_{d0}+V_r$。V_{d0} 是偏压为零时半导体的表面势或称自建势，对汞-硅接触而言，$V_{d0}=0.6\text{V}$，而 C_d 与 $V_{d0}+V_r$ 的关系可表示为：

$$C_d = \left[\frac{q\varepsilon_s N_A}{2(V_{d0}+V_r)}\right]^{\frac{1}{2}} \tag{8-28}$$

式中，ε_s 为硅材料的相对介电常数；N_A 为 p 区受主杂质浓度。式 8-28 表明 C_d^{-2} 与 V_r 成直线关系，对于均匀掺杂的外延层，N_A 是常数，测定不同偏压 V_r 下的电容便可由式 8-28 确定外延层的杂质浓度。当外延层掺杂不均匀时，通常利用下式可以得到杂质的纵向浓度分布：

$$N_A = \frac{C_d^3}{q\varepsilon_s\left(-\dfrac{\partial C_d}{\partial V_r}\right)} \tag{8-29}$$

外延层的宽度为：

$$w = \frac{\varepsilon_s}{C_d} \tag{8-30}$$

当考虑到外延层表面覆盖有自然氧化层时，高频下测得的电容 C 是氧化层电容 C_{ox} 与 C_d 相串联的结果：

$$\frac{1}{C} = \frac{1}{C_{ox}} + \frac{1}{C_d} \tag{8-31}$$

进行归一化后可写成：

$$\frac{C}{C_{ox}} = \frac{1}{1 + C_{ox}/C_d} \tag{8-32}$$

此时扩散势 V_d 与外加电压 V_r 的关系为：

$$V_d = V_{d0} + V_r - V_{ox} \tag{8-33}$$

式中，V_{ox} 为氧化层上的电压降。当氧化层很薄时，$V_{ox} \approx 0$。才有：

$$V_d = V_{d0} + V_r \tag{8-34}$$

下面述及的实验表明，硅外延层上的自然氧化层厚度为 1 ~ 2nm，属于这一情况。且仅在空穴耗尽情况下，有 $C_{ox} \gg C_d$。这样，所测得的电容 C 才等于半导体的空间电荷层电容。可知在硅表面覆盖自然氧化层时，式 8-29 仍然成立，自然氧化层的存在对测量没有影响。另外，在反向偏压较大的情况下，由于隧道电流很大，反型层建立不起来，半导体表面处于深耗尽状态，因此，在较大的反向偏压下，只要不出现击穿现象，式 8-29 仍不失其正确性。由此可见，C-V 法高频测量时，需要保证测量过程处于空穴表面耗尽的情况下进行。因此区分空穴耗尽和堆积两种情况非常重要。下文所述实验表明，利用平带情况下的电容值，在实际归一化电容曲线上可以作出这一判断，见图 8-12。下面再来看氧化层 $+Q$ 电荷对半导体表面势、电容和击穿电压的影响。界面态被看成是一种特殊情况。当金属费米能级 $E_F^M > E_0$（E_0 为界面态电中性能级），受主界面态充负电荷。当金属费米能级 $E_F^M < E_0$，施主界面态充正电荷。这一电荷可产生如下影响：

（1）使 $C\text{-}V$ 归一化电容特性曲线平移，这在本文所示实验中已观察到，见图 8-12，与理想情况的平带电压 V_{FB}^0 之差 ΔV_{FB}：

$$\Delta V_{FB} = V'_{FB} - V_{FB}^0 = -Qx/C_{ox}d_{ox} = -Qx/\varepsilon_{ox}$$

$$Qx = -\varepsilon_{ox}\Delta V_{FB} \tag{8-35}$$

式中，x 是电荷 $+Q$ 离开金属-氧化物界面的距离。氧化层的电荷 $+Q$ 可以在半导体中感应出异号电荷 $-Q_{in}$ 引起能带弯曲。空间电荷层中的电荷量由无界面态情况下的 Q^0 改变为 Q'：

$$Q' = Q^0 - Q_{in} \tag{8-36}$$

此时半导体的空间电荷层电容 C'_d 为

$$C'_d = \left|\frac{\partial Q'}{\partial V_r}\right| = \left|\frac{\partial Q^0}{\partial V_r}\right| \pm \left|\frac{\partial Q_{in}}{\partial V_r}\right| = C_d^0 \pm \left|\frac{\partial Q_{in}}{\partial V_r}\right| \tag{8-37}$$

$$|Q'| = \int C'_d \mathrm{d}V_r \tag{8-38}$$

界面态电荷在半导体中的感应电荷引起 C'_d 与 C_d^0 明显的差别已在下文所述实验中观察到（见图 8-12）。利用实验所得到的 C'_d 与 V_r 关系进行求积便可以得到 $|Q'|$ 与 V_r 的关系（见图 8-16）。感应电荷的大小取决于界面态密度、自然氧化层厚度、半导体的掺杂浓度和外加偏压。$|Q_{in}/Q| = \varepsilon_s d_{ox}/w\varepsilon_{ox}$ 即相差一个数量级。Q_{in} 与

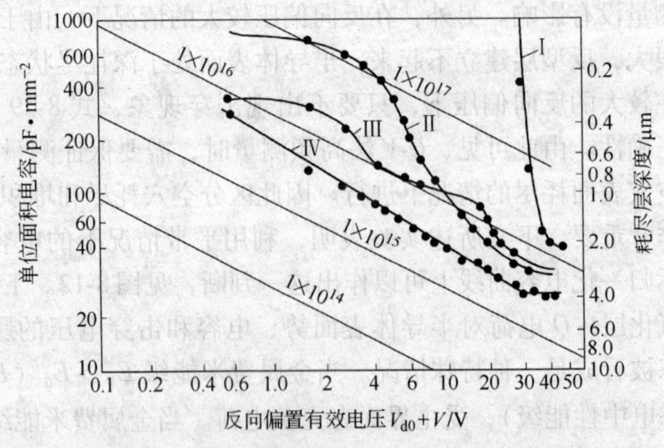

图 8-12 单位面积电容与反向偏置电压的关系

Q 相差 1 ~ 2 个数量级。

（2）当反向偏压很大，并发生深耗尽击穿时，在理想情况下表面电场强度为

$$E_{\max} = \frac{|Q_{0\max}|}{\varepsilon_s} = \left[\frac{2q}{\varepsilon_s}N_A(V_{d0} + V_r^B)\right]^{\frac{1}{2}} \quad (8\text{-}39)$$

这里忽略了表面电子浓度的影响，这是因为半导体表面的自然氧化层在 1 ~ 2nm 以内时，金-半接触构成理想的肖特基二极管，由于隧道电流很大，因此在发生反向击穿前即使能带弯曲十分厉害，电子也不能在表面堆积，不出现反型层。此时必须依靠深耗尽来屏蔽反向偏压增加时金属电极上的正电荷。氧化层中的电荷所感应的电荷为 $+Q$，它使空间电荷量 $-Q_{in}$ 改变，导致击穿电压改变，则可写出下式：

$$E'_{\max} = \frac{|Q'| + Q_{in}}{\varepsilon_s} = \left[\frac{2q}{\varepsilon_s}N_A(V_{d0} + V_r^{B'})\right]^{\frac{1}{2}} + \frac{Q_{in}}{\varepsilon_s} \quad (8\text{-}40)$$

式中，V_r^B 和 $V_r^{B'}$ 分别为两种情况下的击穿电压。因为击穿时，$E_{\max} = E'_{\max} = E_k$。$E_k$ 为临界电场强度，由上两式可得到

$$Q_{in} = (2q\varepsilon_s N_A)^{\frac{1}{2}}\left[1 - \frac{(V_{d0} + V_r^{B'})}{(V_{d0} + V_r^B)}\right]^{\frac{1}{2}}\sqrt{V_{d0} + V_r^{B'}} \quad (8\text{-}41)$$

忽略 V_{d0} 的影响可以简化为

$$Q_{in} = (2q\varepsilon_s N_A)^{\frac{1}{2}}\left[1 - \frac{V_r^{B'}}{V_r^B}\right]^{\frac{1}{2}}\sqrt{V_r^B} \quad (8\text{-}42)$$

反向偏压较高时，施主型界面态上充正电荷，它在半导体空间电荷层中感应出负电荷增强其电场，引起击穿电压降低。在三探针击穿电压的实验中已观察到这一现象。

8.3.3 实验结果

实验中所用样品为 $SiCl_4 + H_2$ 还原的 P/P +〈111〉外延片，

外延层厚度为 12μm。用高频 C-V 特性测试仪进行纵向杂质浓度测定，汞滴直径控制为 0.51mm。测定归一化电容时汞滴直径不加控制，置正向偏压较大时归一化电容为 1。漂洗样品所用氢氟酸浓度为 40%（分析纯）。为配合高频 C-V 测量，并观察理论部分所述界面态对击穿电压的影响，用三探针法测样品的击穿电压。并事先用标样绘制出 $\rho\text{-}V_r^B$ 曲线，以换算成电阻率。

8.3.3.1 反向偏压高频 C-V 特性测定

对同一样品在未经氢氟酸漂洗和分别经 2min、5min、7min 氢氟酸漂洗后测定得到如图 8-12 所示的四条曲线Ⅰ、Ⅱ、Ⅲ、Ⅳ。由图 8-12 可见，样品未经氢氟酸漂洗时电容值出现异常高的现象，$\lg\rho\text{-}\lg V_d$ 曲线斜率明显偏离 1/2，曲线Ⅱ、Ⅲ情况有所好转。这种异常现象正说明界面态对空间电荷层电荷及电容的影响（见式 8-36、式 8-37）。样品经氢氟酸漂洗 7min 后 C-V 关系恢复正常，基本上呈直线，其斜率绝对值略大于 1/2。这说明杂质浓度由表及里减小，大致为$(3\sim5)\times10^{15}/\text{cm}^3$。

8.3.3.2 正、反向偏压下归一化电容测定

为了进一步证明界面态对空间电荷层电容的影响，进行了第二个实验。图 8-13 示出样品未经氢氟酸漂洗和漂洗 7min 后所得归一化电容曲线。样品的 $N_A=5\times10^{15}/\text{cm}^3$，一般 $d_{ox}<2\text{nm}$。

在平带状态时，归一化电容的计算公式为

$$\text{归一化电容}=\frac{1}{1+\dfrac{\varepsilon_{ox}}{d_{ox}}\left(\dfrac{\varepsilon_s kT}{q^2 N_A d_{ox}^2}\right)^{\frac{1}{2}}} \tag{8-43}$$

式中，k 为玻耳兹曼常数；T 为绝对温度；d_{ox} 为氧化层厚度；ε_{ox} 为氧化层相对介电常数。按式 8-43 可算得归一化平带电容约为 0.1，与样品经氢氟酸漂洗后的曲线上在 $V_r=-V_{d0}=0.6\text{V}$ 处的平带电容一致。这说明经氢氟酸漂洗 7min 后氧化层中无可察觉

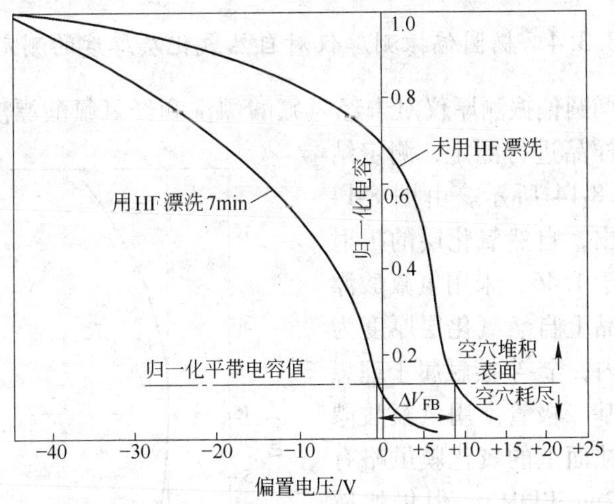

图 8-13 归一化电容与正、反向偏置电压的关系

电荷。样品未经氢氟酸漂洗时归一化电容曲线明显右移，如理论部分所述，这正是受主界面态填充了负电荷后的效应。

8.3.3.3 三探针法击穿电压的测定

为了进一步验证样品上存在界面态并确定其性质，进行了第三个实验，观察界面态对击穿电压的影响。测定的结果示于表 8-1 中。表 8-1 中又将电阻率值用 ASTM 标准 F723—81 重新校订的曲线换算成硼含量。由表 8-1 可见，样品经氢氟酸漂洗后三探针测得的击穿电压增加，对应换算的电阻率增高。样品经 7min 漂洗后，三探针法测得的电阻率所换算成的硼含量与 C-V 法测得的硼含量是一致的。

表 8-1 样品经不同时间氢氟酸漂洗后的击穿电压及电阻率、硼含量换算值

氢氟酸漂洗情况	未漂洗	漂洗 2min	漂洗 5min	漂洗 7min
击穿电压/V	265	270	320	330
电阻率/Ω·cm	2.3	2.4	2.8	2.9
换算的硼含量/cm^{-3}	6.3×10^{15}	6×10^{15}	5.2×10^{15}	5×10^{15}

8.3.3.4 椭圆偏振测厚仪对自然氧化层厚度的测定

用椭圆偏振测厚仪对未经氢氟酸漂洗和经氢氟酸漂洗 7min 的同一样品进行测定，测定结果如图 8-14 所示。由图 8-14 可以看出，自然氧化层的折射率略小于1.46，未用氢氟酸漂洗时样品上自然氧化层厚度为 1nm 以内，金-半接触属于理想的肖特基二极管。用氢氟酸漂洗后腐蚀面上的氧化膜虽略有增加（2nm 以内），但仍然属于超薄氧化物结构。

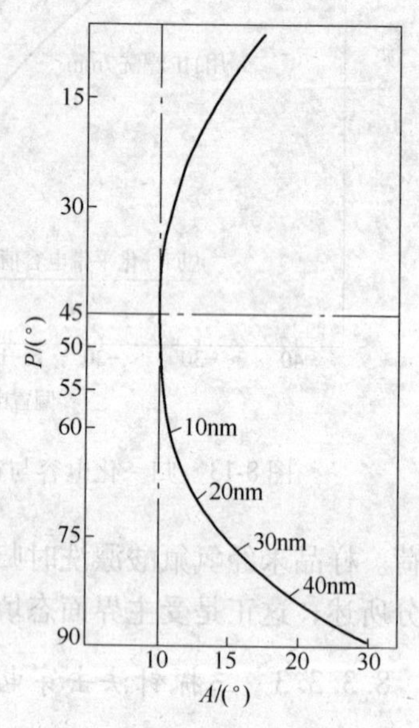

图 8-14 椭圆偏振测厚仪对自然氧化层厚度测定的 *P*-*A* 关系结果（用黑点表示）
（*P* 和 *A* 是椭圆偏振测厚仪所测得的两个方位角[28]）

8.3.4 讨论

硅片暴露于空气会产生自然氧化层。曾有人用椭圆偏振仪测定它的厚度，与本书所得结果基本一致。经氢氟酸漂洗 7min 后样品虽然有自然氧化层，前面实验已指出其中无可察觉电荷，包括离子或界面态电荷，因此由它的归一化平带电容可确定未经氢氟酸漂洗的同一样品的一特性曲线的平带电压为 8V（见图8-15）。由图中两条 *C*-*V* 曲线的平带电压差 $\Delta V_{FB} = V'_{FB} - V^0_{FB} = 8.6\text{V}$，可以由式 8-35 确定氧化层中的电荷密度：

$$Qx = -\varepsilon_{ox}\Delta V_{FB}$$

于是

$$N_{ss}x = -\varepsilon_{ox}\Delta V_{FB}/q$$
$$= \frac{8.6 \times 4 \times 8.85 \times 10^{-14}}{1.6 \times 10^{-19}}$$
$$= -1.9 \times 10^{7}\,\mathrm{cm}^{-1}$$

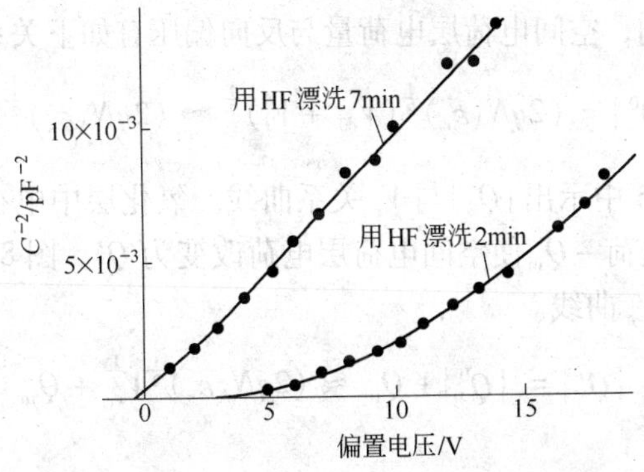

图 8-15 C^{-2} 与偏置电压 V_r 的关系

这相当于密度为 $10^{14}/\mathrm{cm}^2\delta$ 函数型分布的电荷分布在 O-S 界面上。由此可见，正是这么高密度的负电荷作用使归一化电容 C-V 曲线右移。因此当 $0 < V_r < +8\mathrm{V}$ 时，即使反向偏置下，由于 $V'_d < 0$，仍是处于空穴堆积表面的状态，导致悬汞滴定直径测量时具有非常高的电容。依据这一电容值，利用只在耗尽状态下适用的公式来计算杂质浓度必然造成很大的误差。图 8-12 中曲线Ⅰ、Ⅱ、Ⅲ实际上也是界面态上填充负电荷使 C-V 特性曲线右移的结果。由图 8-12 看出，样品经氢氟酸漂洗后可使界面态减少。

为了进一步比较有界面态和无界面态两种情况下电容、电压关系，再作 C^{-2}-V_r 关系曲线（图 8-15）。由图 8-15 可见，样品经氢氟酸漂洗 7min 后 C^{-2}-V_r 关系曲线符合理想情况（式 8-28 表明 C_d^{-2} 与 V_r 应成直线关系），由斜率确定杂质浓度为 $N_A = (3 \sim 5) \times 10^{15}/\mathrm{cm}^3$。直线与横坐标轴 V_r 的截距为 $-0.6\mathrm{V}$，由此确定自建电势为0.6V，这与ASYM419-75T所给出的自建电势一致。图8-15中样品经氢氟酸漂洗2min的C^{-2}-V_r曲线也明显向右偏移，这与归一化电容特性曲线右移是一致的。另外可以看到，该曲线在偏压较小时不为直线，这是因为此时还处于空穴堆积表面的状态。

下面对耗尽情况作深入讨论。在无界面态时，耗尽情况忽略少子的影响，空间电荷层电荷量与反向偏压有如下关系：

$$|Q^0| = (2qN_A\varepsilon_s)^{\frac{1}{2}}(V_{d0}+V_r)^{\frac{1}{2}} \approx (2qN_A\varepsilon_s)^{\frac{1}{2}}V_r^{\frac{1}{2}} \quad (8\text{-}44)$$

图8-16中示出$|Q_0|$与V_r关系曲线。氧化层中电荷$+Q$所产生的感应电荷$-Q_{in}$使空间电荷层电荷改变为Q'。图8-16中也示出了$|Q'|$-V_r曲线。

$$|Q'| = |Q^0| + Q_{in} \approx (2qN_A\varepsilon_s)^{\frac{1}{2}}V_r^{\frac{1}{2}} + Q_{in} \quad (8\text{-}45)$$

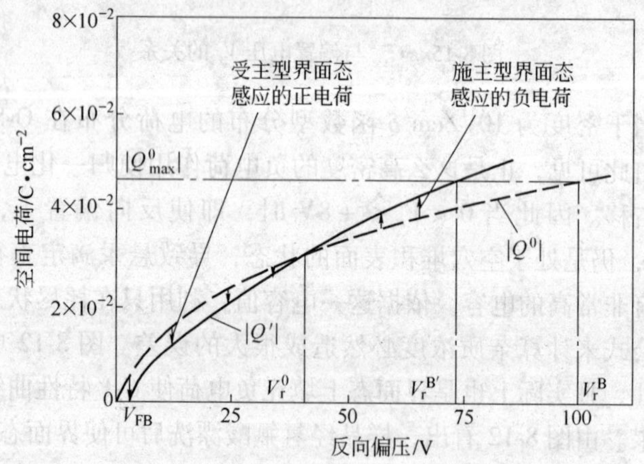

图8-16 空间电荷与外加偏压的关系

因为氧化层中电荷Q使平带电压由理想情况V_{FB}^0移至V_{FB}，因此当$V_r = V_{FB}$时才开始引起能带弯曲，产生负的空间电荷$|Q'|$由V_{FB}才开始增加。与无界面态的理想情况相比较，可以确

定 $V_r=V_{FB}$ 时的感应电荷：

$$-Q_{in} = |Q^0| - |Q'| \approx (2qN_A\varepsilon_s)^{\frac{1}{2}} V_{FB}^{\frac{1}{2}}$$

由图 8-13 确定 $V_{FB}=8V$。由上式计算得到感应电荷量为 $1.2\times10^{-7}C/cm^2$，相当于减少 $7.5\times10^{11}/cm^2$ 电离受主。这就是充负电荷的受主型界面态在半导体中感应出的正电荷。前面已指出，样品未用氢氟酸漂洗时，大约有 $10^{14}/cm^2$ 界面态分布在 O-S 界面上。由此可见，界面态电荷比其感应电荷高两个数量级。

当 V_r 由 V_{FB} 增加时，因为受主界面态密度随金属费米能级下降而减少，$|Q'|$便迅速升高，升高的情况完全取决于界面态的能级分布。与理想情况的$|Q^0|$曲线相比较，则有

$$C'_d = \left|\frac{\partial Q'}{\partial V_r}\right| \gg C_d^0 = \left|\frac{\partial Q^0}{\partial V_r}\right| \tag{8-46}$$

这就说明，有界面态时，即使在耗尽情况下仍有较高的电容。$|Q'|$若按图 8-16 情况变化，由图 8-16 可以看出，由平带情况开始，电容逐渐减小，但$|Q'|$曲线斜率始终比$|Q^0|$的大，C'_d总是大于 C_d。这正好就是图 8-12 中各曲线所揭示的情况。

当外加偏压增加到 V_r^0，此时金属费米能级 E_F^M 恰好降至界面态电中性能级 E^0，界面态上未填充电荷，$|Q'|$与$|Q^0|$曲线相交，两者在相同的外加偏压 V_r^0 下有完全相同的空间电荷层电荷：

$$|Q^0| \approx (2qN_A\varepsilon_s)^{\frac{1}{2}} V_r^{0\frac{1}{2}} \tag{8-47}$$

当外加偏压继续增加时，$E_F^M < E_0$，施主型界面态开始充正电荷，在半导体空间电荷层感应出负电荷，$|Q'| = |Q^0| + Q_{in}$，因此$|Q'|$曲线便高于$|Q^0|$曲线。当 V_r 增加到 $V^{B\prime}_r$时，此时$|Q'|$量已达到发生击穿时的电荷量$|Q_{max}^0|$，V_r 就不能继续增加。图 8-16 中也示出无界面态情况下，达到$|Q_{max}^0|$时的击穿电压为 V_r^B。由图 8-16 可见 $V_r^B > V_r^{B\prime}$。由此可见，氧化层中的施主型界面态使半导体提前击穿。依据式 8-42，可由三探针击穿电压实验求得样品未经氢氟酸漂洗时界面态电荷在半导体中的感应电荷。因为三

探针所测得的击穿电压与探针和仪器条件有关，因此式中的击穿电压可取理论值。有资料已给出 $N_A = 5\times10^{15}/cm^3$ 时的击穿电压为 100V，式 8-42 中 $V_r^{B\prime}/V_r^B$ 可由三探针击穿电压实验确定。

当 $V_r^{B\prime}/V_r^B = 265/330 \approx 0.8$ 时，则有

$$Q_{in} \approx (2\times1.6\times10^{-19}\times5\times10^{15}\times12\times8.854\times10^{-14})^{\frac{1}{2}}(1-\sqrt{0.8})\sqrt{100}$$

$$\approx 4\times10^{-8}C/cm^2$$

感应电荷 $-Q_{in}$ 相当于 $2.5\times10^{11}/cm^2$ 电离受主。三探针击穿电压分别为 265V、270V、320V、330V 时相当于感应出 2.5×10^{11} C/cm^2、$2\times10^{11}C/cm^2$、$4.5\times10^{10}C/cm^2$ 和检测限以下的电离受主。前面已提到未用氢氟酸漂洗时，受主型界面态密度为 10^{14} C/cm^2，可感应减少的电离受主为 $7.5\times10^{11}cm^{-2}$。考虑到发生击穿时空间电荷区较宽，估计施主界面态当样品未用氢氟酸漂洗时也可达到 $10^{14}C/cm^2$ 数量级。通过不同时间氢氟酸的漂洗，样品中的施主界面态也可不同程度减少。

从上述分析可知，偏压 V_r 由负至正增加，金属费米能级 E_F^M 相对于半导体费米能级 E_F^s 不断下降，E_F^M 由高于 E_0（界面态中性荷电能级）转变为低于 E_0，则受主型界面态负电荷逐渐减少，进而转变为施主型界面态带正电荷。界面态电中性能级位置很低，在半导体的价带中。用氢氟酸漂洗样品时，氢氟酸立即将表面自然氧化层腐蚀掉，经 7min 漂洗可使界面态大大减少，这说明界面态的产生与表面情况（如损伤、沾污）有关。

8.3.5 小结

硅表面自然氧化层中的界面态受汞电极费米能级控制，加强汞电极的电场作用。充负电荷的受主型界面态，使平带电压移到正电位。在小的反向偏置电压下仍可处在空穴堆积表面状态，导致空间电荷层电容增大（相对耗尽情况而言）。因此具有高密度

界面态的外延片不能直接用 *C-V* 法测量杂质浓度分布，否则测量结果可偏高达 1 个数量级以上。自然氧化层中的界面态可用归一化平带电容进行检查。当正向偏压为 0.6V（汞硅接触自建电势）时，若归一化电容偏离 0.1 ~ 0.2，一般就说明有界面态存在，但它在氧化层中的确切位置无法知道。样品用分析纯氢氟酸漂洗 7min 可以去掉表面上易产生界面态的薄层。在低密度界面态的条件下，才能用 *C-V* 法测准杂质浓度分布。在较大反向偏压下，界面态又转变为荷正电的施主型，使 p 型半导体的空间电荷区电场增强，提前击穿。因此三探针法测定的击穿电压降低，电阻率换算值偏低。

8.4 单探针扩展电阻法测量外延片纵向电阻率分布

8.4.1 单探针扩展电阻法基本原理

四探针法比两探针法好，四探针法的优点在于可以测量样品沿径向分布的断面电阻率，从而可以观察到样品电阻率的不均匀情况，但是由于此法受到针距的限制，很难发现距离小于 0.5mm 两点上电阻率的变化，因此人们又提出了一种新的测量微区电阻率的方法，称为单探针扩展电阻法。此法可以确定体积为 10^{-10}cm^3 的区域的电阻率，分辨率可以达到 1mm。

这种方法是利用一根金属锇（或钨钴合金）尖的探针来探测样品表面的电阻率。要求探针材料具有强度大和耐磨的性能。探针用夹头夹紧安装在由两个簧片构成的探针臂系统上。簧片很薄，几乎不能承受加于探针上的砝码重量。当探针上加上砝码的固定重量时，簧片便自由下垂，因此簧片不会改变探针上的压力。簧片的作用在于探针在任意情况下始终与样品面垂直，且不发生横向移动。探针系统应用绝缘材料使之与样品架绝缘。图 8-17 示出了探针臂系统的示意图。

用于单探针扩展电阻测量的半导体样品的正面要经过很好的机械抛光（或化学机械抛光），以获得镜状的光亮表面。样品背

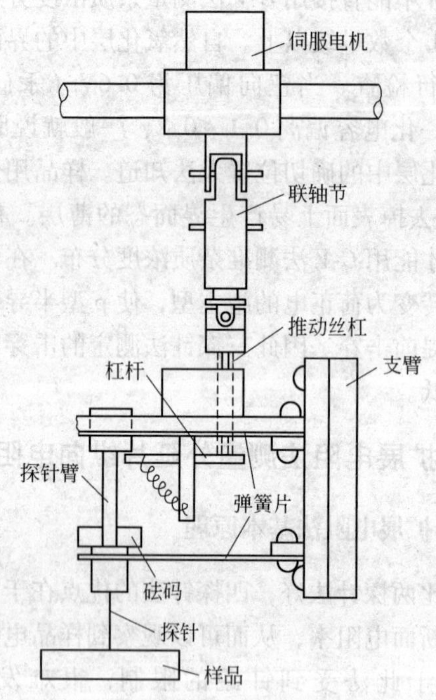

图 8-17 扩展电阻法单探针测量装置

面要用大面积超声波焊接来制造欧姆接触，或者背面用粗砂研磨并涂以金-镓合金来达到欧姆接触。样品厚度一般为几个毫米，其厚度差不得大于 10μm。下面对扩展电阻法做一简单介绍。

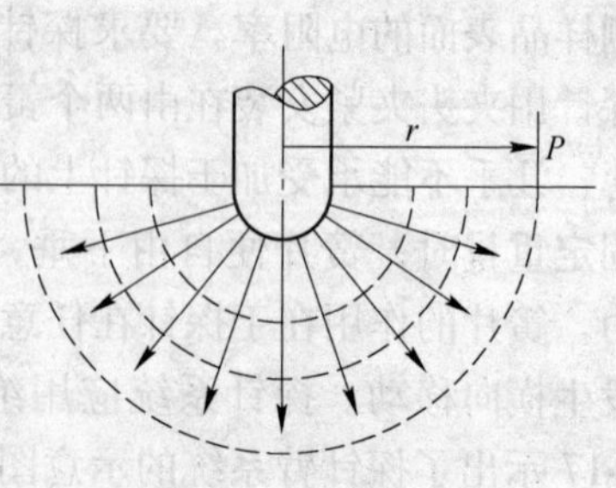

图 8-18 球面探针头（半径为 r_0）与样品接触

假设把探针尖看成是一个镶嵌在半无限大半导体中的半球（见图 8-18），在样品内半径为 r 处的电流密度 j 为：

$$j = \frac{I}{2\pi r^2} \qquad (8\text{-}48)$$

径向电场 E 为：

$$E = -\frac{\partial V}{\partial r} = \rho \cdot j = \frac{I\rho}{2\pi r^2} \tag{8-49}$$

积分后便可以得到体内电压降 $V = IR_s$：

$$V = \int_{r_0}^{\infty}\left(-\frac{\partial V}{\partial r}\right)\mathrm{d}r = \frac{I\rho}{2\pi}\frac{1}{r_0} \tag{8-50}$$

式中，I 为流过探针和样品的电流；$R_s = \frac{\rho}{2\pi r_0}$，称 R_s 为扩展电阻；r_0 为探针的球面半径。实际上，对于脆性的半导体材料，探针尖与样品平面之间的接触面的真正几何形状是一个半径为 a 的圆，a 的大小由下式确定

$$a = 1.1\left\{\left(\frac{Fr}{2}\right)\left(\frac{1}{E_1} + \frac{1}{E_2}\right)\right\}^{1/3} \tag{8-51}$$

式中，F 为接触压力；r 为球面半径；E_1 和 E_2 分别为微探针材料和半导体样品材料的杨氏弹性模量，硅的杨氏弹性模量 $E_1 = 1.888 \times 10^7 \mathrm{N/cm^2}$，锇的杨氏弹性模量 $E_2 = 5.4 \times 10^7 \mathrm{N/cm^2}$。

$$R_s = \frac{\rho}{4a} \tag{8-52}$$

式中，ρ 为半导体样品的电阻率；a 为接触点的半径。

如果金属与半导体样品接触时其他因素所引起的接触电阻均比扩展电阻小时，就可以认为测量出的接触电阻就是扩展电阻。因而根据 R_s 与 ρ 的关系，也就能测定材料的电阻率。

一般来说，金属与半导体构成整流特性，正反电阻不一样。由于接触点很小，形成强电场，足以改变载流子的迁移率，而且焦耳热也使触点处局部升温而造成温差电势，也改变了载流子浓度和迁移率。但是上述造成接触电阻的因素只要外加电压小于 1.5mV 就可忽略。因此在足够低的电压下测量，接触电阻即可以认为等于扩展电阻，但与利用公式 $R_s = \frac{\rho}{4a}$ 所计算样品的电阻率还是不一样的。特别是 n 型和 p 型材料之间还存在很大差别。

为了使扩展电阻技术得到实际应用，需要制定一条校准曲线。选取从 $10^{-3} \sim 10^{3}\Omega \cdot \mathrm{cm}$ 电阻率范围的样品，用四探针法测量某一电阻率样品的电阻率后，再测量扩展电阻 10 次，找出两者的对应关系，所得到的校准曲线如图 8-19 所示。

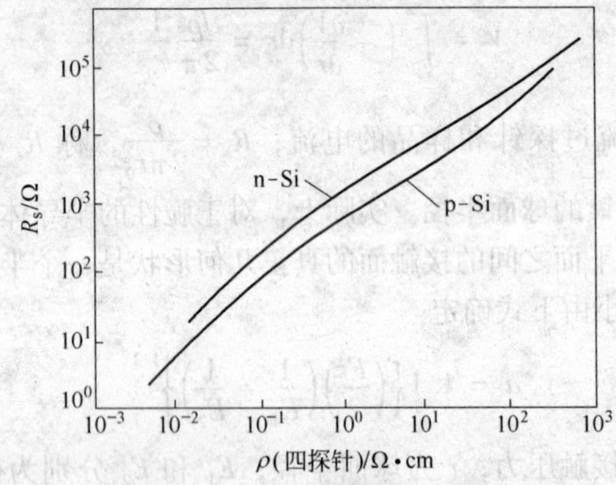

图 8-19　扩展电阻 R_s 的校正曲线

也可对理论公式进行修正：

$$R_s(\text{实际}) = K\rho/4a \tag{8-53}$$

式中，K 是经验参数。K 值与材料型号和电阻率关系示于图 8-20

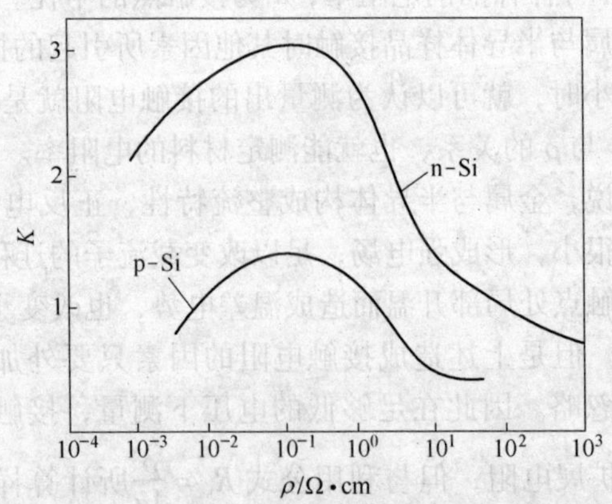

图 8-20　K-ρ 曲线

中。由图 8-20 可以看出，当探针用金属锇制作时，n 型硅的 K 值比 p 型硅的大，这是因为电阻锇探针与 n 型硅构成整流特性而与 p 型硅构成欧姆特性的缘故。也就是说，由于金属、半导体的功函数不同而形成接触电势，是由金属、半导体的性质所决定的。势垒的存在就有一个势垒电阻，它和扩展电阻相串联，并影响到扩展电阻的测量。

测量用的校准曲线除了与探针、半导体的导电型号、样品的不同径向有关之外，还与探针压力、探针下降速度、接触面积、压入深度等有关。只要严格控制好以上接触参数的可重复性及选用理想探针头，便可得到满意的测量结果。

测扩展电阻时所用的探针头曲率半径约为 2.5×10^{-3}cm，用光学精密测量仪校正。探针的载荷一般为 20～50g。压力选择太小则测量重复性差，太大探针又很快磨损，降低探针的使用寿命。当调换探针时，因为扩展电阻与 a 值有关，需要重新找出 R_s 与 ρ 的校准曲线，然后利用新的标准曲线来得到电阻率。

扩展电阻法测量半导体材料的电阻率在半导体研究中已有很多应用。例如测定断面电阻率的不均匀性，尤其是可以测定微区电阻率不均匀性，这对制作大规模或超大规模集成电路的硅单晶来说甚为重要。因为宏观上电阻率（用直流四探针测量）均匀的材料，其微观电阻率（用扩展电阻法测量）往往存在很多的不均匀性。扩展电阻的起伏情况往往与电阻率条纹是相一致的。如果硅单晶经过 450℃ 热处理，硅中间隙氧聚集成 SiO 络合体，这种络合体称为热生施主。氧含量高的地方热生施主产生率大，电阻率变化也随之增大。因此用扩展电阻法测定样品在热处理前后电阻率分布情况的变化，便可以知道样品中氧含量的微区分布。

此外，扩展电阻法可以用来测量外延层厚度。因为外延层的电阻率与衬底不一样而发生突变，因此可以用扩展电阻探针把外延层与衬底的界面测定出来，同时也可测定杂质在外延层的分布。

8.4.2 外延层生长过程杂质掺入模型

外延层晶向往往与衬底相同，但导电类型和电阻率两者恰可能不同。于是有同型和异型外延之分，而且外延层电阻率通常比衬底高，以达到提高器件耐高击穿电压和低的极间串联电阻的目的。例如有 n/n^+，p/n^+，n/p^+ 外延。本节中以掺 Sb 和 B 的硅衬底生长掺 p 外延层为例，阐明外延层中杂质或电阻率的分布规律和检测结果。在沿外延层一维 x 情况下的两种杂质的扩散方程分别为：

$$\frac{\partial c_1}{\partial t} = D_1 \frac{\partial^2 c_1}{\partial x^2} \qquad \frac{\partial c_2}{\partial t} = D_2 \frac{\partial^2 c_2}{\partial x^2} \tag{8-54}$$

式中，c_1 和 c_2 分别代表衬底杂质和外延掺入杂质浓度。初始条件为：

$$c_1(-x,0) = s,\ x \leqslant \delta$$
$$c_2(-x,0) = 0,\ x \leqslant \delta \tag{8-55}$$

式中，s 代表衬底杂质浓度；δ 为衬底厚度。t 时刻外延层背面的界面条件为：

$$c_1(-\delta,t) = s,\ c_2(-\delta,t) = 0 \tag{8-56}$$

外延层 c_1 的生长界面条件为：

$$D_1 \left.\frac{\partial c_1}{\partial x}\right|_i = h_1 c_1(i,t) + vc_1(i,t) - fh_1 c_1^{\mathrm{b}}(0,t) \tag{8-57}$$

式中，$D_1 \left.\frac{\partial c_1}{\partial x}\right|_i$ 代表 c_1 扩散量，$h_1 c_1(i,t)$ 代表 c_1 在生长界面蒸发量，$vc_1(i,t)$ 代表 c_1 生长需用量，f 为代表衬底背面杂质自掺杂因子，$fh_1 c_1^{\mathrm{b}}(0,t)$ 代表衬底背面杂质蒸发自掺杂量。自掺杂浓度一般为 $4\times10^{13}\sim3\times10^{14}\mathrm{cm}^{-3}$，取决于衬底掺杂浓度、衬底片数、石英管直径等。当 c_1 扩散量（即梯度）为零时，则有

$$c_1(i,t) = \frac{f h_1 c_1^{\mathrm{b}}(0,t)}{h_1 + v} \tag{8-58}$$

对于 2 号外延掺入杂质，其外延层表面浓度为 $c_2(i,t)$，则生长界面条件为：

$$D_2 \left.\frac{\partial c_2}{\partial x}\right|_i = h_2 c_2(i,t) + v c_2(i,t) - K_e c_m(t) + K_A \frac{\mathrm{d}c_2(i,t)}{\mathrm{d}t} \tag{8-59}$$

式中，$D_2 \left.\frac{\partial c_2}{\partial x}\right|_i$ 代表 c_2 扩散量；c_m 是气相中掺杂剂的浓度；K_e 是气相到外延层的分凝系数；K_A 是 2 号掺入杂质在生长界面积累的时间常数。当扩散和积累比较慢时，则有

$$\frac{c_m}{c_2} = \frac{1}{K_p} + \frac{v}{K_e} \tag{8-60}$$

其中 $c_2 = c_2(i,t)$，$K_p^{-1} = \mathrm{h}_2/K_e$，而气相掺杂剂的浓度与下式成正比：

$$c'_m = \frac{P_1 c_2}{P_3} \propto c_m (P_1 \ll P_2, P_3) \tag{8-61}$$

式中，c_2 为 PCl_3 加入 $SiCl_4$ 中的浓度，P_1 为 H_2 携带掺入 PCl_3 的 $SiCl_4$ 的流量，P_2 为 H_2 携带的纯 $SiCl_4$ 的流量，P_3 为 H_2 的总流量。于是有

$$\frac{c'_m}{c_2} = \frac{1}{K'_p} + \frac{v}{K'_e} \tag{8-62}$$

本书作者用实验测定 c'_m/c_2 与外延生长速率 v 的关系，如图 8-21 所示。由图中曲线的截距和斜率的倒数分别得到 $K'_p = 2.5 \times 10^{23}\ \mathrm{cm}^{-3}$ 和 $K'_e = 2.56 \times 10^{17}\ \mathrm{cm}^{-2} \cdot \mathrm{s}^{-1}$。

当掺杂流量发生突变时 $t > 0$，又当 $D_2 \left.\frac{\partial c_2}{\partial x}\right|_i = 0$ 时，代入式 8-59 有瞬态微分方程：

$$K_A \frac{\mathrm{d}c_2(i,t)}{\mathrm{d}t} = K'_e c'_m(t) - \frac{c_2(i,t)}{K'_p} - v c_2(i,t) \tag{8-63}$$

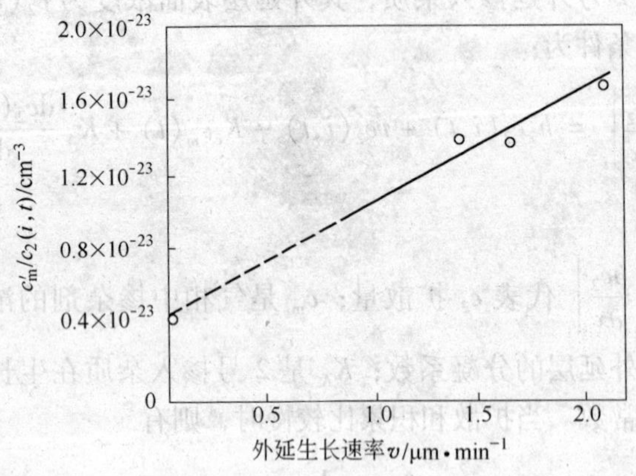

图 8-21 c'_m/c_2 与外延生长速率 v（growth velocity）的实验关系

解上述微分方程有：

$$c_2(i,t)=\frac{K'_e c'_m(t)}{v+\frac{K'_e}{K'_p}}-\left[\frac{K'_e c'_m(t)}{v+\frac{K'_e}{K'_p}}-c_2(i,0)\right]\exp\left[-\left(v+\frac{K'_e}{K'_p}\right)\frac{1}{K_A}\right]$$

$$=c_2-\Delta c_2\exp\left[-\left(v+\frac{K'_e}{K'_p}\right)\frac{1}{K_A}\right]$$

式中，$c_2(i,0)$是掺杂流量发生突变 $t=0$ 时的外延层 c_2 浓度；$c_2=\frac{K'_e c'_m(t)}{v+\frac{K'_e}{K'_p}}$是气相掺杂突变后外延层的平衡浓度；$\Delta c_2=\frac{K'_e c'_m(t)}{v+\frac{K'_e}{K'_p}}-c_2(i,0)$；外延层掺杂瞬态浓度由 $c_2(i,0)$指数式随时间跃变为平衡浓度 c_2。上述模型已用计算机进行模拟并采用以下相关杂质的扩散和蒸发系数：

$$D_B=1.05\exp(-85000/RT)\,\mathrm{cm^2/s}$$

$$D_P=1.05\exp(-85000/RT)\,\mathrm{cm^2/s}$$

$$D_{As} = 0.32\exp(-82000/RT)\text{cm}^2/\text{s}$$

$$D_{Sb} = 5.6\exp(-91000/RT)\text{cm}^2/\text{s}$$

$$h_B = 1.674 \times 10^7\exp(-2.48/KT)\mu\text{m/min}$$

$$h_P = 9 \times 10^5\exp(-1.99/KT)\mu\text{m/min}$$

$$h_{As} = 1 \times 10^{10}\exp(-5.157/KT)\text{cm/s}$$

$$h_{Sb} = 1.5 \times 10^3\exp(-1.04/KT)\mu\text{m/min}$$

根据上面所讨论的模型，本书作者模拟了 1200℃ 下 Sb/P（即 n/n）和 B/P（即 n/p）外延层中的杂质的分布如图 8-22 所示。各条曲线的实验条件与表 8-2 相对应。可见掺 B 衬底外延时，B 的扩散系数大，衬底与外延层之间的过渡层宽，而且因杂质的补偿，交界处出现高阻层及 p/n 结。

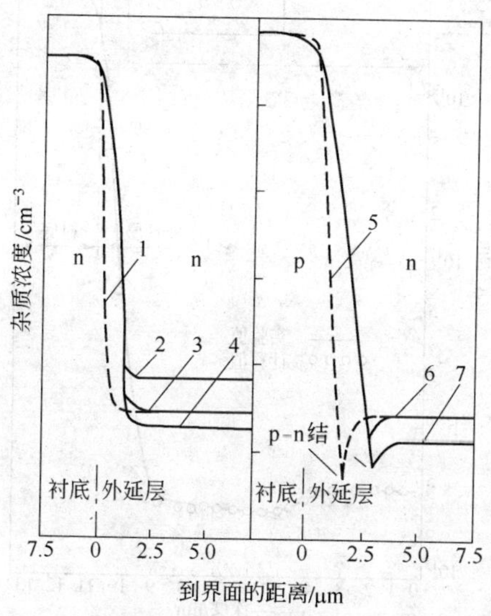

图 8-22 模拟不同条件下从衬底到外延层杂质的分布

表 8-2 模拟外延过程时所选的不同条件

曲线号	1	2	3	4	5	6	7
衬底中杂质	Sb	Sb	Sb	Sb	B	B	B
生长温度/℃	1100	1200	1200	1200	1100	1200	1200
PCl_3 流量/L·min^{-1}	1	2	1	1	1	1	0.5
$SiCl_4$ 流量/L·min^{-1}	10	15	10	15	10	10	10

注：PCl_3+SiCl_4 掺杂源的浓度为 $2\times10^{-6}cm^3/cm^3$；H_2 总流量为 25L/min，自掺杂为 $2\times10^{13}cm^{-3}$；晶向为 <111>。

8.4.3 单探针扩展电阻技术测定外延层电阻率的分布

由于外延层很薄，一般几微米至 100μm，只能用单探针扩展电阻技术测定其电阻率的纵向分布。当掺杂气流发生突变时，图 8-23 示出本书作者用 ASR-100/2 单探针扩展电阻仪测定的外延层中的杂质纵向分布，模拟（小圆圈）与实际测量（实线）结果一致，并拟合得到 $K_A=6\times10^{-5}$cm。

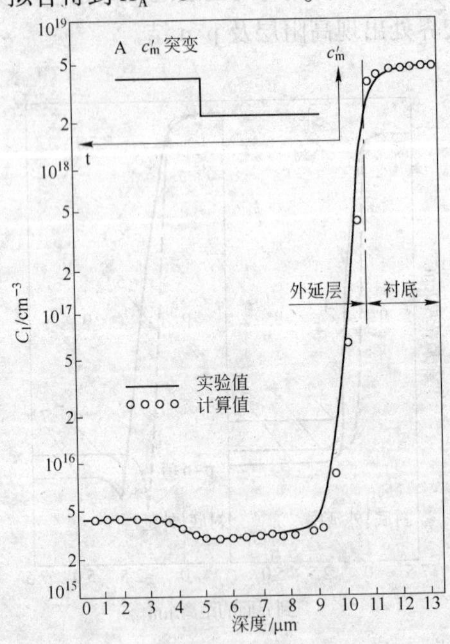

图 8-23 用 ASR-100/2 单探针扩展电阻仪测定的外延层中的杂质纵向分布（实线）和计算机模拟分布（小圆圈）

9 接触电阻的测量

随着半导体器件的集成度由超大规模向甚大规模发展，以动态随机存储器为例，器件的最小设计尺寸也相应由0.25μm缩小到0.1μm以下。器件各单元的接触、互连性已成为影响器件性能的重要因素之一。特别是当电极引线孔的面积减小到微米和亚微米范围时，金属与半导体间或金属间的接触电阻将明显增加，从而导致串联电阻明显增加，严重影响器件的性能。例如多晶硅发射极技术是当今双极技术的重要特征，它可以使小尺寸的器件获得良好的浅结、高的电流增益，合适的集电极-发射极穿通电压和较低的基极串联电阻，从而实现了器件的按比例缩小多晶硅和单晶硅之间的自然氧化层，虽可使电流增益提高5~6倍，但它却增大了晶体管的发射极串联电阻，影响器件的单位增益带宽 fT，又如自动引线键合（Tape Automatic Bonding，TAB）技术中，内外引线之间接触面上，往往由于电流在前端的拥挤，导致电流密度过大而发热，从而使接触失效。接触失效时间与接触处电流密度峰成 j^{-n}（$n=2\sim3$）关系。接触电阻越大，焦耳热使触点温度升高，接触失效越提前发生。特别是大部分电流流过接触前沿，电流密度峰要比平均电流密度大，因此对接触电阻应引起更多关注。引线连接的可靠性是指引线结合处在一定的环境温度、湿度、气氛下在结合处因产生界面层或空洞、裂纹而导致连接失效。特别是接触电阻及其变化的检测，可直接检查引线连接质量的好坏。例如结合处的某些金属间化合物的形成，同时产生孔洞而使有效通电面积减小，均可使接触电阻增加。本章首先叙述引线接触电阻及接触电阻率的测量，然后对各种材料间的接触电阻作一评述。

9.1 接触电阻的测量方法和接触电阻率提取理论模型

9.1.1 接触电阻的测量方法

接触电阻的大小通常与接触面积成反比。为了测量接触电阻，通常需要制备接触面积很小的接触窗，例如小至几个到几十平方微米才能测出接触电阻。图 9-1 示出纵坐标接触电阻的大小与横坐标接触窗面积 S 的倒数（$1/S$）的关系，可以看出接触电阻与接触窗面积 S 之间成反比的关系。接触电阻比较容易测量，只要测得通过接触窗的电流 I 和接触窗两侧的平均电压差 $\overline{V}$ 即可：$R_c = \overline{V}/I$。人们通常希望得到一个与接触面积大小无关的物理量——接触电阻率 ρ_c。它反映实际接触情况，如功函数、势垒等。接触电阻率 ρ_c 定义为：$\rho_c = \dfrac{V}{j}$。于是由零维模型得到接触电阻率：

$$\rho_c = \frac{V}{j} \approx \frac{\overline{V}}{I/S} = R_c \cdot S$$

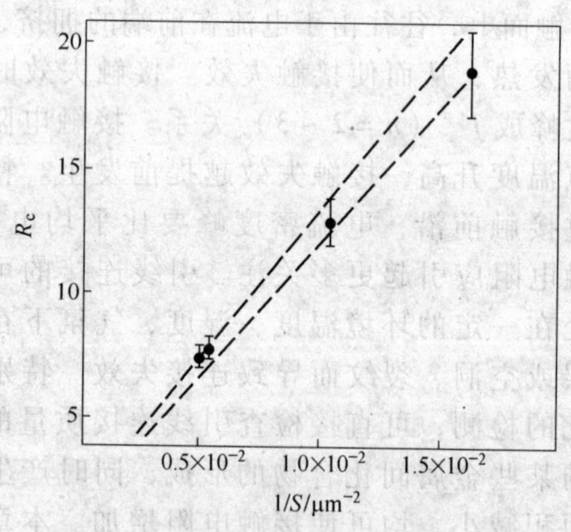

图 9-1 接触电阻与接触窗面积 S 的倒数（$1/S$）的关系

由图 9-1 可以看出，接触电阻率 ρ_c 与接触面积大小无关。这样，表征某一接触特性的重要参数应是接触电阻率 ρ_c。我们测定了不同面积的 Au-TiW-Al 结构的接触窗的接触电阻 R_c，所得到的接触电阻率 ρ_c 是一致的，如表 9-1 所示。但由于流过接触窗的电流不是均匀分布的，因此下两式：

$$V \approx \overline{V} \quad 及 \quad j = I/S$$

只是平均效果。可见，往往接触电阻率 ρ_c 不能直接测得，直接可测得的是接触电阻 R_c。

表 9-1 从零维和一维模型提取的 ρ_c 值的比较

接触窗尺寸/μm		测量的 R_c/mΩ	零维模型：$\rho_c = R_c S$ /Ω · μm²	一维模型：从式 9-1 提取 ρ_c /Ω · μm²
长	宽			
6	10	19.2	1.15	1.17
8	12	13.0	1.25	1.27
14	14	7.5	1.47	1.53
10	20	7.35	1.47	1.50

最常用来提取接触电阻率的接触测试结构有：（1）交叉桥 Kelvin 电阻器（CBKR）；（2）接触末端势电阻器（CER）；（3）传输线条电阻器（TLTR），如图 9-2 所示。所有这些测试结构中，电流都从扩散层上来，通过接触窗进入到金属中。接触层间的电压差需用其他两个终端测定出来。直接将测得的电压差除以所用的源电流便可得到每种测试结构的接触电阻。但是对每一种测试结构来说，电势是在接触的不同地点测得的，因此所测得的阻值是不同的，因结构而异。为此将接触电阻分别表示为 R_k（Kelvin）、R_e（末端势）和 R_f（前端势），相应于用 CBKR、CER 和 TLTR 结构所测得的接触电阻。

通常利用理论模型中的一维公式来提取接触电阻率 ρ_c。对于 CBKR、CER 和 TLTR 三种结构分别有

$$R_k = \frac{V_{14}}{I_{32}} = \frac{\rho_c}{l^2} \tag{9-1a}$$

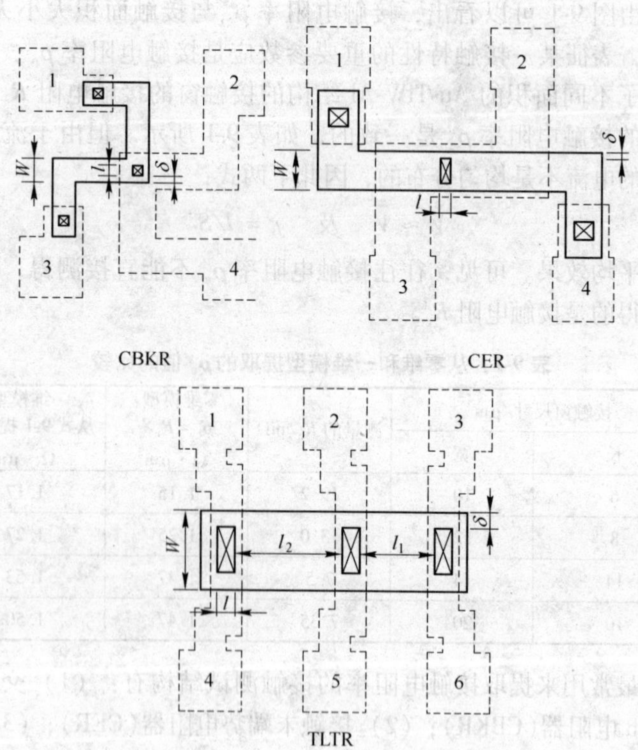

图 9-2 用于接触电阻测定的三种标准测试结构

$$R_c = \frac{V_{14}}{I_{32}} = \frac{\sqrt{R_s \rho_c}}{W \sinh(\sqrt{R_s/\rho_c}\, l)} \quad (9\text{-}1b)$$

$$R_f = \frac{(V_{56}/I_{23})l_1 - (V_{43}/I_{12})l_2}{2(l_1 - l_2)} = \frac{\sqrt{R_s \rho_c}}{W \tanh(\sqrt{R_s/\rho_c}\, l)} \quad (9\text{-}1c)$$

式中，电压 V 的角标是表示图 9-2 中的终端板片号；W 和 l 分别是接触窗的宽和长；R_s 是扩散层的薄层电阻；ρ_c 是接触电阻率。

对于 R_s 和接触尺寸仅有小的差别的类似接触来说，依据接触电阻的测量值（方程左端第二式）用这些一维方程来提取 ρ_c 时，所估算的 ρ_c 通常不一致，有时可达到一个数量级以上的差别。例如，在接触窗周围的扩散条上存在电流的拥挤现象。据认为，这与电流的二维流动有关，一维模型公式不能正确反映这种现象，这就需要用二维乃至三维模型。

9.1.2 接触电阻模型

9.1.2.1 三维模型

金属与半导体之间的接触通常近似为无限薄层，并且仅仅考虑重掺杂半导体，这样便是一个欧姆接触。总电流密度便是界面两侧多数载流子的费米能级差的函数：

$$J = J(\nu_m - \nu_s) = J(\nu_{ms}) \tag{9-2}$$

其中 ν_m 和 ν_s 分别是金属和半导体的费米势。总电流可以表示为马克劳林级数

$$J(\nu_{ms}) = J(0) + \left.\frac{\partial J(\nu_{ms})}{\partial \nu_{ms}}\right|_{\nu_{ms}=0} \nu_{ms} + \frac{1}{2}\left.\frac{\partial^2 J(\nu_{ms})}{\partial^2 \nu_{ms}}\right|_{\nu_{ms}=0} \nu_{ms}^2 + \cdots \tag{9-3}$$

因为 $\nu_{ms}=0$ 时电流为 0，故第一项为零，又二阶以上项忽略，

所以
$$J = \left.\frac{\partial J(\nu_{ms})}{\partial \nu_{ms}}\right|_{\nu_{ms}=0} \nu_{ms} = \frac{\nu_{ms}}{\rho_c} \tag{9-4}$$

其中 ρ_c 是所定义的界面接触电阻率

$$\rho_c = \left[\frac{\partial J(\nu_{ms})}{\partial \nu_{ms}}\right]^{-1}_{\nu_{ms}=0} \tag{9-5}$$

ρ_c 是一个与界面几何尺寸及势差 ν_{ms} 大小无关的物理参数。只有建立合适的模型才能提取正确的 ρ_c。建立模型时，对于半导体来说忽略了少数载流子的影响，也就是忽略了耗尽层深度和能带的弯曲，总电流密度便是多子的电流密度。此外，多子浓度等于电活性掺杂浓度，因而保持准电中性条件。这样，体内电流传输方程为

$$\nabla \cdot \boldsymbol{J} = \frac{\partial J_x}{\partial x} + \frac{\partial J_y}{\partial y} + \frac{\partial J_z}{\partial z} = 0 \tag{9-6}$$

体内电流密度由下式给出

$$\boldsymbol{J} = -\sigma \nabla \nu = -\sigma\left(\boldsymbol{a}_x \frac{\partial \nu}{\partial x} + \boldsymbol{a}_y \frac{\partial \nu}{\partial y} + \boldsymbol{a}_z \frac{\partial \nu}{\partial z}\right) \tag{9-7}$$

在界面处电流守恒，则有

$$-\sigma \boldsymbol{n}_i \cdot \nabla \nu = \frac{\nu - \nu_{\mathrm{m}}}{\rho_{\mathrm{c}}} \tag{9-8}$$

因电导率发生不连续变化，其中 $\boldsymbol{n}_i$ 是界面的法向矢量。不同金属接触时，则界面条件为

$$\nu_1 = \nu_2$$

$$\sigma_1 \boldsymbol{n}_{12} \nabla \nu_1 = \sigma_2 \boldsymbol{n}_{12} \nabla \nu_2$$

其中 $\boldsymbol{n}_{12}$是界面 1、2 的单位法向矢量。对金-半接触，金属的电导率很大，可以认为，在整个界面上 ν 为常数。整个接触体系将受半导体势所控制。总电流 I_{tot}为

$$I_{tot} = \int \boldsymbol{J} \cdot \mathrm{d}\boldsymbol{A} \tag{9-9}$$

其中

$$\boldsymbol{J} = -\sigma \nabla \nu \tag{9-10}$$

三维模型在概念上是简单的，困难在于实际计算，因此要简化为二维模型。

9.1.2.2 二维模型

假定界面（x，y）与 z 轴垂直，半导体层在接触面之下，有效厚度为 z_j，电导率与 x、y 无关，即 $\sigma(z)$。二维模型的目的是将有关的效应合并为单一参数。例如有下列薄层电阻 R_{s} 的表示式：

$$R_{\mathrm{s}} = \frac{1}{\int_0^{x_j} \sigma(z)\,\mathrm{d}z} = \frac{1}{\int_l \sigma \mathrm{d}z} \tag{9-11}$$

电导率加权平均势得到另一个新变量:

$$V = V(x,y) = R_s\int_l \sigma(z)\nu(x,y,z)\,dz \tag{9-12}$$

由式 9-6、式 9-7 可以得到:

$$\frac{\partial}{\partial x}\left(-\sigma\frac{\partial\nu}{\partial x}\right)+\frac{\partial}{\partial y}\left(-\sigma\frac{\partial\nu}{\partial y}\right)+\frac{\partial J_z}{\partial z}=0 \tag{9-13}$$

或写成为

$$-\left(\boldsymbol{a}_x\frac{\partial}{\partial x}+\boldsymbol{a}_y\frac{\partial}{\partial y}\right)\left(\sigma\boldsymbol{a}_x\frac{\partial\nu}{\partial x}+\sigma\boldsymbol{a}_y\frac{\partial\nu}{\partial y}\right)+\frac{\partial J_z}{\partial z}=0 \tag{9-14}$$

$$-\nabla_t\sigma(z)\nabla_t\nu+\frac{\partial J_z}{\partial z}=0 \tag{9-15}$$

所以
$$\nabla_t\equiv\boldsymbol{a}_x\frac{\partial}{\partial x}+\boldsymbol{a}_y\frac{\partial}{\partial y}$$

式中,$\boldsymbol{a}_x$、$\boldsymbol{a}_y$ 为单位矢量;∇_t 代表横向梯度算子。因电导率 σ 与 x、y 无关,故 $\sigma=\sigma\ (z)$。

将式 9-15 沿 z 轴积分,则变成为

$$-R_s^{-1}\nabla_t^2V(x,y)=J_z(0)-J_z(x_j) \tag{9-16}$$

在结处 $J_z(x_j)$ 可以忽略,又在接触面上 $J=\nu_{ms}/\rho_c$ 故

$$\nabla_t^2V(x,y)=\frac{R_s}{\rho_c}\left[V(x,y)\Gamma-\nu_m(x,y,0)\right] \tag{9-17}$$

其中 $\Gamma=\nu(x,y,0)/V(x,y)$ 为表面势与加权平均势的体电导率之比。对浅结来说,这一比值接近于 1。因为金属的电导率很高,因此电势为常数,可以设为零,则方程可以进一步简化为

$$\nabla_t^2V=V/l_t^2 \tag{9-18}$$

其中 $l_t=\sqrt{R_s/\rho_c}$ 称为变换长度(transfer length)。总电流可以从下式得到:

$$I_{tot}=\int_l\left(\int_z J_z\mathrm{d}z\right)\mathrm{d}l=\int_l\left(\int_x-\sigma(z)\nabla_t\nu\mathrm{d}z\right)\mathrm{d}l=(1/R_s)\int_l\nabla_tV\mathrm{d}l \tag{9-19}$$

l 是 xy 平面上的一直线，且 lz 平面是电流必须通过的面。因为 $\nabla_t V = \int_s \nabla_t^2 V\mathrm{d}s$，所以总电流又可表示为：

$$I_{tot} = (1/R_s)\int_A \nabla_t^2 V\mathrm{d}A = (1/R_s)\int_A V/l_t^2\mathrm{d}A \tag{9-20}$$

9.1.2.3 一维模型

如果沿 y 方向的电势变化不大，则可以仅考虑 x 方向的变化：

$$\frac{\partial^2 V(x)}{\partial x^2} = \frac{V(x)}{l_t^2} \tag{9-21}$$

而边界条件可以简化为在接触的前沿（$x=0$），$V=V_t$，在尾端（$x=l$），$\partial V/\partial x=0$，则可以解得

$$V(x) = V_t\cosh(l - x/l_t)/\cosh(l/l_t) \tag{9-22}$$

总电流即为 $$I_{tot} = \frac{W}{R_s}\frac{\partial V}{\partial x}\Big|_{x=0}$$

式 9-1a、式 9-1b 和式 9-1c，就是利用刚才上两式得到的。

9.1.2.4 零维模型

零维模型是最简单的模型。尽管其适用性较差，但通常仍用来初步估计 ρ_c 的上限。这一模型认为在半导体中电势是近似恒定的，且进入接触窗的电流也是近似均匀分布（由前面讨论可见，实际情况并非如此）。由式可以得到

$$\rho_c = \nu_{ms}/J = \nu_{ms}/(I/A) = R_c A \tag{9-23}$$

式中，$R_c=\nu_{ms}/I$，称为接触电阻，可由实验直接测定。此时要求接触尺寸小于变换长度 l_t。平常估计接触电阻率多用零维和一维模型。

9.2 材料间键合接触时的冶金学效应

9.2.1 原子的互扩散与金属间化合物的形成

不同材料相接触时，原子间便会相互扩散。一般在 200℃以

上便可出现原子的互扩散。原子的扩散系数一般遵守 Arrhenius 关系。随绝对温度的升高，扩散系数便呈指数式增加。金属原子互扩散的结果便形成金属间化合物，甚至在室温下便可形成金属间化合物。这种化合物往往不遵守原子价结合规律，通常形成有序固溶体，即一定原子处于晶格中一定位置，因而原子数有一定的比例，在相图中处在一定的位置上。例如金、铜间有 Cu_3Au、$AuCu$、Au_3Cu，金铝间有 Au_2Al、$AuAl_2$ 等金属间化合物，随着处理的温度和浓度的梯度变化，这些金属间化合物也依此顺序变化。金属间化合物有的延展性好，有的却很脆，影响可键合性。金属间化合物的厚度随时间往往遵守如下关系：

$$x = Kt^{0.5}, \quad K = \exp(-E/kT)$$

式中，E 是生长激活能。

9.2.2 Kirkendall 空洞的形成

当金属间化合物形成时，往往同时发射空位。空位又可以集结在一起在接触处凝聚成空洞，称为 Kirkendall 空洞。因而不仅降低了键合的强度，而且减少了可利用的有效通电流面积，必然引起接触电阻增加。因为表观接触面不变，这相当于接触电阻率增加。

9.2.3 固相沉淀物的形成

接触处原子间相互扩散时固相间反应除了生成金属间化合物外，往往导致某种元素发生偏析，甚至当浓度超过一定极限时会出现沉淀，如 $Co/Si_{0.8}Ge$ 键合连接时形成 $CoSi_2$ 相，因硅的失去从而导致 Ge 偏析，乃至沉淀。

9.2.4 界面上绝缘层或缺陷的形成

金属间键合接触时，在有氧、氯、硫、水汽的环境下，金属往往与这些气体反应生成氧化物、硫化物等绝缘夹层或受氯的腐蚀，导致接触电阻增加，从而使键合可靠性降低。另外，在键合处也会产生某种缺陷，如接触时的所谓钉子缺陷，会引起漏电。

9.3　减小接触电阻的措施

前面提到，不同材料相接触时，原子间便会相互扩散，可形成金属间化合物，形成 Kirkendall 空洞及固相沉淀物。要防止或阻碍原子间的互扩散，人们便设法在接触或键合处形成一层原子间的互扩散阻挡层。构成合适阻挡层的条件是：（1）一般阻碍层的某一原子应是重原子。原子互扩散时要推开重原子，从其间隙中挤过去，这时做的功大些，也就是原子要克服较大的势垒才能迁移，因此迁移激活能便增大了。例如已肯定 TiW 可以作为 AuAl 接触的势垒金属层。没有 TiW 时的扩散激活能为 0.2～1eV。而有 TiW 层时，本书作者从接触电阻与退火温度的关系测得的激活能为 1.15eV。（2）阻挡层的结构应是致密的，晶格中的空隙小，原子的扩散通过较为困难。扩散阻挡层应与被连接的两种金属具有很好的浸润性、黏合力，也不与它们形成金属间化合物。例如 TiW 已广泛用作 AuAl 间的阻挡层。而且它们本身的电阻率低，不会因阻挡层的引入而增大接触电阻。阻挡层用溅射法沉淀在金属面上，一般只需要 200～300nm 便可起到很好的阻挡作用。

由于不同金属的电子逸出功功函数不同，会导致接触能带发生弯曲，从而出现肖特基势垒，电流的正反方向表现不同的特性。这一势垒越低，则欧姆特性越好。引线间键合接触时通常希望是欧姆特性。引线孔附近的半导体层都应是重掺的。四探针测量硅片电阻率时，希望探针与硅片是欧姆接触，防止整流接触时的少子注入。特别是测量高阻轻掺杂样品的电阻率时，要粗磨样品表面。这样，即使从探针注入少子，也会很快被粗磨的样品表面缺陷中心所复合掉，防止注入的少子对测量道电阻值的影响。

9.4　接触电阻随温度的变化

接触电阻随温度的变化取决于构成接触的材料。热处理有利于消除接触材料间挤压造成的应力。但热处理会促进原子扩散，有利于金属间化合物的形成。如果金与铝片之间无势垒层的话，200℃以下便可引起金与铝之间的互扩散，形成金属间化合物。同时发射空位，空位的聚积形成 Kirkendall 空洞，使有效导电面积减少而增加表观的接触电阻。但当有扩散阻挡层时，热处理可以提高到 300℃。本书作者对金触突-TiW-铝键合搭接片结构的热处理退火行为作了研究。发现 350℃以上退火后，接触电阻率增加分数随退火时间的 $t^{1/2}$ 关系增加。退火温度在 350℃以下，接触电阻率几乎不随退火时间而增加，如图 9-3 所示。从这里可以看出，为什么有些公司选择 300℃的退火温度。可见势垒金属（TiW 或 TiPd）只在 350℃以下才起扩散阻碍作用。350～450℃的退火则会促进原子的相互扩散和形成金属间化合物。因为这时原子获得了能量以克服通过势垒金属层所需较高的激活能（1.15eV）。由此可见，350℃以上热处理是决不允许的。

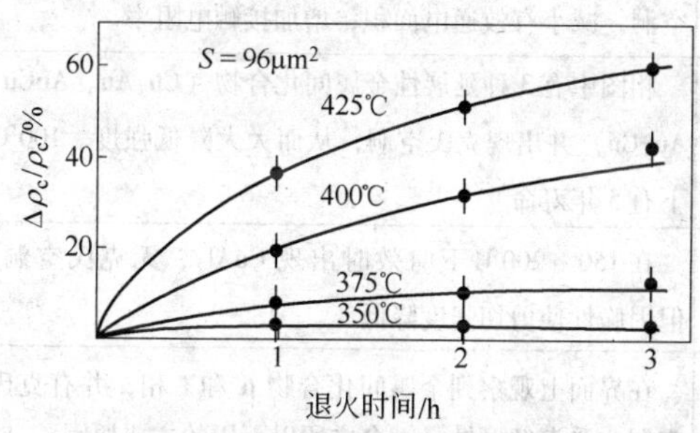

图 9-3 接触电阻率相对增加百分数与退火时间的关系（S 为接触面积）

9.5 各种材料的键合接触述评

在半导体微电子工艺中涉及到各种键合连接，例如发射极、基极的引线，芯片的内外引线的键合。因此涉及到材料间的接触效应物理的影响和化学的影响，特别是接触电阻影响器件的性能和可靠性。下面以列表方式对各种材料间的接触效应与接触电阻以及制备与键合工艺作一简单的综述，如表9-2所示。

表9-2 各种接触对的述评与接触电阻率 ρ_c

接触对或多层接触	制备工艺或接触效应及其可靠性、可键合性评述	接触电阻率 $\rho_c/\Omega\cdot\mu m^2$
Au/Au	这是极端可靠的键合，不发生界面腐蚀和不形成金属间化合物	
Al/Al	也是相当可靠的键合，不易受腐蚀	
Au/Ag	在高温下长期工作可靠，不发生界面腐蚀，不形成金属间化合物。注意不被硫化物污染	
Au/Ni	很易键合，在各种环境中很可靠。用在功率器件上。相图有许多中间相，不产生克氏空洞，不发生电化腐蚀	
Au/Al	200℃700h后键合失效，形成金属间化合物和克氏空洞，减小有效通电面积，增加接触电阻率	
Au/Cu	相图中有3种延展性金属间化合物（Cu_3Au、AuCu、Au_3Cu）并出现克氏空洞，从而大大降低强度。100℃下有5年寿命	
Al/Cu	在150~200℃下时效时出现 $CuAl_2$，无克氏空洞，但因脆性使剪切强度降低	
Al/Ag	在界面上观察到金属间化合物μ和ξ相，并有克氏空洞。受潮解腐蚀是键合之所以不用的主要原因	
Cu/Sn	可键合性变坏的原因是因为形成 Cu_2Sn 相。用于共晶连接的Sn量降低使可键合性变坏	
Au/Sn	相图中有 $AuSn_4$、$AuSn_2$、AuSn以及ξ相等金属间化合物。选择80% Au和20% Sn合金键合可防止 $AuSn_4$、$AuSn_2$ 脆性相形成。热时效时也会形成空洞	
Au/Cr	金迁移入铬层是很快的，300℃时为0.7nm/h	
Au/Ti	金迁移入钛层相对铬是慢的，300℃时为0.2nm/h	

续表 9-2

接触对或多层接触	制备工艺或接触效应及其可靠性、可键合性评述	接触电阻率 $\rho_c/\Omega\cdot\mu m^2$
Au/Pd/Ti	受 Pd 层（约 30nm）阻挡，金迁移入钛层更慢，300℃时为 0.1mm/h	
、Al/Si	产生钉子缺陷，引起漏电。硅沉淀引起高接触电阻使接触失效	
Al/TiN//Ti/Si	两步处理形成 TiN/Ti 双层作为扩散势垒层，并且接触电势低使接触电阻率降低	0.25
Au/TiW/Al	TiW(200～300nm)溅射层防止 AuAl 互扩散，350℃以下无明显互扩散。350℃以上热处理使接触电阻明显增加，接触面在 $200\mu m^2$ 以下时，热处理使接触电阻增加越明显	1.2～1.5
Au/Cu	铜将能取代 Al 为 USLI 集成电路作金属化引线	
Cu/TiW/Si	TiW 作为铜的扩散势垒层	
立方 AlN/Si 六方 AlN/Si	分子束外延，CVD，溅射，激光刻蚀制备，高流体静压下六方相转变为立方相	
Cu/Ni/Ag/Si	Cu/Ni/Ag 与硅欧姆接触	
$CoSi_2/Si$（P^+）	用离子束溅射工艺淀积 Co 纳米层。Co 与 Si 形成 $CoSi_2$，$CoSi_2$ 的电阻率低，耐高温，晶体结构与硅接近	100～800
$TiN/CoSi_2/Si$	Ti 减缓 Co 与 Si 反应率并分解 Si 表面的天然氧化层，使接触电阻降低	
Mo_5Si_3/Si	四方晶系硅化物	
V_5Si_3/Si	四方晶系硅化物	
WSi/Si	生成钨化物难度大	
$Al/CoSi_2/Si$	在热处理过程中 Co 和 Al 会互扩散，最终生成 Co_2Al_9、Co_4Al_{13}。400℃以下不反应，400～450℃开始反应，500℃反应剧烈，界面破坏	
$Al/TiN/CoSi_2/Si$	TiN 起到防止 Co 与 Al 反应的阻碍层作用	

续表 9-2

接触对或多层接触	制备工艺或接触效应及其可靠性、可键合性评述	接触电阻率 $\rho_c/\Omega\cdot\mu m^2$
$CoSi_2/Si$	快速热退火时 Co 与 Si 发生固相反应。相序过程为 Co-Co_2Si-CoSi-$CoSi_2$。800℃退火，$CoSi_2$ 膜电阻率最低	
$CoSi_2/n^+$-polySi	多晶硅掺杂增加使 ρ_c 降低，界面有氧化层使 ρ_c 增加	220～800
n^+-polySi/n^+-Si	淀积多晶硅前应去掉氧化层，氧化层厚度小于 1nm	50～70
Al/TiN/Ti/$CoSi_2$/n^+-polySi	在 n^+-polySi 上形成 $CoSi_2$，接触孔面积小于 4μm×4μm	
Al/TiN/Ti/$CoSi_2$/p^+-Si	在 p^+-Si 上形成 $CoSi_2$。1000℃退火 20s	
Al/TiN/Ti/n^+-polySi/n^+-Si	n^+-polySi 淀积前 HF 漂洗，1150℃快速（RTA）退火 40s	40
	n^+-polySi 界面热氧化生长 1.5nm 薄层，1050℃快速（RTA）退火 40s	90
	界面条件同上，1050℃快速（RTA）退火 40s＋1150℃快速（RTA）退火 40s	930
	界面 RCA 处理，形成 1.7nm 薄层，1150℃快速（RTA）退火 40s	300
β-Fe_2Si/Si	固相外延（铁沉积在冷硅衬底，接着高温退火）或反应淀积到 500～700℃硅衬底上	130
Pt，Pd，Ti，Ni/SiGe	发生固相反应	
Co/Si0.8Ge0.2	Co，Si 发生固相反应形成 $CoSi_2$，导致在表面偏析 Ge 层	
Cu/聚酞亚胺	聚酞亚胺用于微电子的封装，因铜受聚酞亚胺腐蚀，很快迁移入聚合物膜中，不适于在芯片上应用。用铜代铝金属化和使用聚合物是今后用于特征尺寸在 0.1μm 以下甚大规模集成电路的内引线系统的材料	

10 电阻率测试的测准条件

10.1 少子注入二维薄层样品时的连续性方程

为保证测量时免受静电、电磁干扰，采用屏蔽并让屏蔽接地，因此读数稳定可靠。为消除探针与样品间接触电势的影响，采用电流正反两次测量再平均。测量中用 MCS51 单片机采样探针电压、自动计算，立即显示薄层电阻。这不仅提高测试速度，还对读数异常起监视作用，不让探针落到图形外。并观察测量电流对薄层电阻的影响，测量电压随电流正比增加或减少。因单片机采样电压为几毫伏至 200mV，测量电流受到限制。对半导体样品，少子注入及焦耳热会影响测量结果，下面考虑这个问题。二维薄层样品中，由探针点电流源注入少子时，必须满足下列条件。

10.1.1 二维连续性方程

$$\frac{\mathrm{d}\Delta p}{\mathrm{d}t} = D\left[\frac{\mathrm{d}^2\Delta p}{\mathrm{d}^2 x} + \frac{\mathrm{d}^2\Delta p}{\mathrm{d}^2 y}\right] + \mu\left[E_x\frac{\mathrm{d}\Delta p}{\mathrm{d}x} + E_y\frac{\mathrm{d}\Delta p}{\mathrm{d}y}\right] + \frac{\Delta p}{\tau} \tag{10-1}$$

当忽略少子 Δp 的扩散流并考虑稳定条件下 $\frac{\mathrm{d}\Delta p}{\mathrm{d}t}=0$，上式简化为：

$$\mu\left[E_x\frac{\mathrm{d}\Delta p}{\mathrm{d}x} + E_y\frac{\mathrm{d}\Delta p}{\mathrm{d}y}\right] = -\frac{\Delta p}{\tau} \tag{10-2}$$

式中，μ 和 τ 分别为少子的迁移率和寿命。

10.1.2 少子注入时的牵引半径

依据欧姆定律 $\boldsymbol{E}=\boldsymbol{j}/\sigma$，可以得到下面的表达式：

$$\oiint E\mathrm{d}s = \oiint j/\sigma \mathrm{d}s = I/\sigma \tag{10-3}$$

考虑样品为无穷大薄层情况，以探针为中心作封闭圆柱，沿圆周有均匀的电场，于是

$$\oiint E\mathrm{d}s = E\oiint \mathrm{d}s = E2\pi r\delta \tag{10-4}$$

式中，δ 为样品的厚度。因此由上两式可得到

$$E = I/2\pi r\sigma\delta = \frac{IR_s}{2\pi}\frac{1}{r} \tag{10-5}$$

式中，$R_s = 1/\sigma\delta = \rho/\delta$ 为样品的薄层电阻。以无穷大薄层中电流注入点为原点 O 的 xy 平面上，少子的分布满足连续性方程：

$$\Delta p = \Delta p_0\left[\exp\left(-\frac{x}{2E_x\mu\tau} - \frac{y}{2E_y\mu\tau}\right)\right] \tag{10-6}$$

因为 $E_x = -\mathrm{d}\phi/\mathrm{d}x$，$E_y = -\mathrm{d}\phi/\mathrm{d}y$

代入上式得：

$$\begin{aligned}\Delta p &= \Delta p_0\left[\exp\left(-\frac{x}{2E_x\mu\tau} - \frac{y}{2E_y\mu\tau}\right)\right]\\ &= \Delta p_0\left[\exp\left(\frac{x}{2\mu\tau\,\mathrm{d}\phi/\mathrm{d}x} + \frac{y}{2\mu\tau\,\mathrm{d}\phi/\mathrm{d}y}\right)\right]\\ &= \Delta p_0\left[\exp\left(\frac{\mathrm{d}x^2}{4\mu\tau\,\mathrm{d}\phi} + \frac{\mathrm{d}y^2}{4\mu\tau\,\mathrm{d}\phi}\right)\right]\\ &= \Delta p_0\exp\left[\frac{r}{2\mu\tau}\cdot\frac{\mathrm{d}r}{\mathrm{d}\phi}\right]\end{aligned}$$

用 $E = -\frac{\mathrm{d}\phi}{\mathrm{d}r} = \frac{IR_s}{2\pi}\frac{1}{r}$ 代入上式得：

$$\Delta p = \Delta p_0\exp\left[-\frac{\pi r^2}{IR_s\mu\tau}\right] \tag{10-7}$$

也就是说，在无穷大薄层电阻情况下，少子按 r^2 的指数关系衰减。在二维情况下，要比一维情况下 $\Delta p = \Delta p_0\exp\left[-\frac{x}{2E_x\mu\tau}\right]$ 衰

减快多了。图 10-1 示出了一维和二维两种情况下少子的相对衰减的比较。

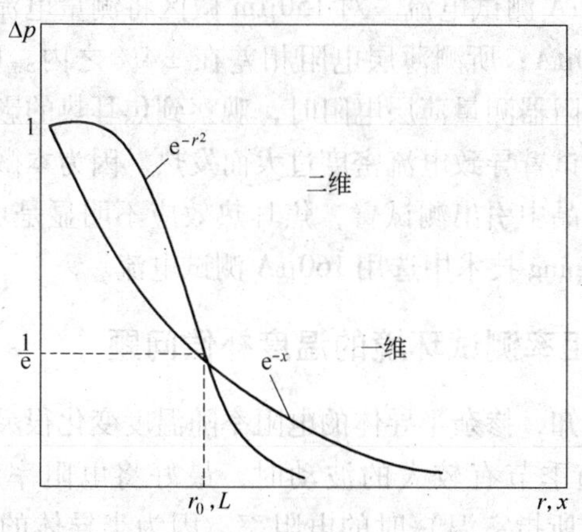

图 10-1 注入的少子随距离的衰减

将当 $\Delta p = \Delta p_0/e$ 时的距离称为牵引半径：$r_0 = \sqrt{IR_s \mu \tau/\pi}$。在二维情况下，当 $r = 2r_0$ 时，$\Delta p = \Delta p_0/e^4 = 0.0183\Delta p_0$。也就是说，残余的少子只剩下不足 2%。注入的少子基本上存在于$3/2r_0$以内，超过 $3/2r_0$ 少子几乎不存在了，这就与一维情况不同。一维牵引长度 $L = E_x \mu \tau$ 是注入的少子平均生存距离。表 10-1 示出了少子的牵引半径与样品的薄层电阻和注入电流大小的关系。其中迁移率和少子寿命值取自相关文献。

表 10-1 牵引半径与样品薄层电阻和注入电流的关系

样品电阻率/Ω · cm	10^{-2}		10^{-1}	
薄层电阻($\delta = 3.18\mu m$)/Ω	31.4		314	
迁移率/$cm^2 \cdot (V \cdot s)^{-1}$	60		300	
少子寿命/μs	0.3		0.7	
注入电流/μA	100	1000	100	1000
牵引半径/μm	1.34	4.24	14.5	44.8

当微区尺寸达到3倍牵引半径时，可以认为少子受电场的牵引影响便不大了。因而所用样品扩散电阻率为0.18Ω·cm，一般选用160μA测试电流。对150μm微区将测量电流从90μA逐渐增至1000μA，所测薄层电阻相差在±4%之内。Beuhler利用微范德堡电阻器测量薄层电阻时，观察到焦耳热的影响，并归因于过窄的测试臂导致电流密度过大而发热。因为本微区测试方法不要求从样品中引出测试臂，焦耳热效应不明显是可以理解的。在微区Mapping技术中选用160μA测试电流。

10.2 电阻率测试环境的温度补偿问题

众所周知，掺杂半导体的电阻率随温度变化很灵敏。当测试室的室温随季节有较大的波动时，最好将电阻率统一折算到23℃（通常所指室温）时的电阻率。因为半导体的电阻率当测试温度变化10~30℃时，对于电阻率为100Ω·cm的样品，可以相差10~20Ω·cm。如有必要考虑温度的修正问题，可应用以下一级近似式：

$$\rho_r = \rho_m[1 - C_T(T - T_r)]$$

式中，ρ_r为修正到某一参考温度（比如23℃）下的样品电阻率，Ω·cm；ρ_m为测试温度下的样品平均电阻率，Ω·cm；C_T是与样品电阻率有关的温度系数；T为测试温度；T_r为指定的某一参考温度。C_T与样品电阻率的关系可从ASTM（美国材料测试协会）标准中相关图表查到。本书希望将C_T与样品电阻率的关系曲线表示成多项式，方便于应用。下面比较各种拟合方法以选择优良者。

10.2.1 各种拟合方法的结果

图10-2示出ASTM中n型硅的电阻率温度系数-电阻率曲线。现在用各种拟合方法来进行多项式拟合。硅的电阻率温度系数-电阻率关系各种拟合方法所得的拟合函数如表10-2所示。

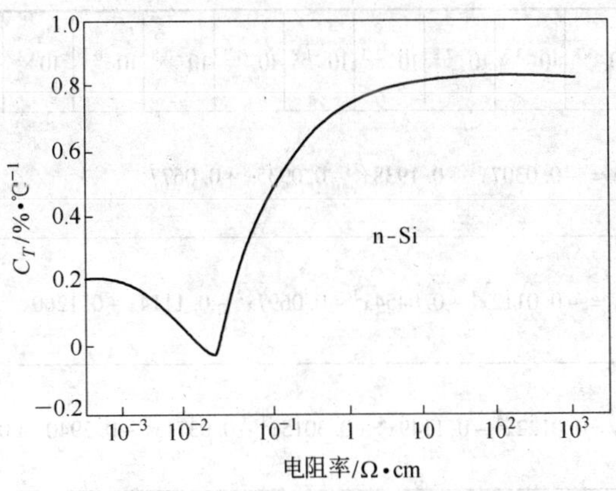

图 10-2 ASTM 中 n 型硅的电阻率温度系数-电阻率曲线

表 10-2 硅的电阻率温度系数-电阻率关系的各种拟合方法所得的多项式

电阻率 ρ /Ω · cm	$10^{-3.8}$	$10^{-3.3}$	$10^{-2.8}$	$10^{-2.3}$	$10^{-1.8}$	$10^{-1.3}$	$10^{-0.8}$	$10^{-0.3}$	$10^{0.2}$	$10^{0.7}$	$10^{1.2}$
$x=\lg\rho+3$	−0.8	−0.3	0.2	0.7	1.2	1.7	2.2	2.7	3.2	3.7	4.2
ASTM 原始值 y	0.2	0.2	0.18	0.08	−0.03	0.3	0.55	0.68	0.75	0.8	0.81
规范化拟合（分为两段拟合）	$y=0.0667x_1^5-0.2467x_1^4+0.2433x_1^3-0.0983x_1^2+0.0150x_1+0.2$ 其中：$x_1=x+0.8 \quad x\in[-0.8, 1.7]$ $y=-0.0107x_3^5+0.0400x_3^4+0.0267x_3^3-0.3300x_3^2+0.6540x_3+0.3$ 其中：$x_3=x-1.7 \quad x\in[1.7, 4.2]$										
最小二乘法	$y=0.1625x_1+0.1346$										
牛顿插值	$y=-0.007x^{10}+0.1235x^9-0.8847x^8+3.2442x^7-6.1278x^6$ $+4.4466x^5+2.5184x^4-5.0504x^3+1.1779x^2+0.4298x+0.0822$										
Matlab 二次曲线	$y=0.0372x^2+0.0361x+0.1491$										

续表 10-2

电阻率 ρ /Ω · cm	$10^{-3.8}$	$10^{-3.3}$	$10^{-2.8}$	$10^{-2.3}$	$10^{-1.8}$	$10^{-1.3}$	$10^{-0.8}$	$10^{-0.3}$	$10^{0.2}$	$10^{0.7}$	$10^{1.2}$
Matlab 三次曲线	$y=-0.0307x^3+0.1938x^2-0.0935x+0.0677$										
Matlab 四次曲线	$y=-0.0112x^4+0.0454x^3+0.0697x^2-0.1114x+0.1260$										
Matlab 五次曲线	$y=0.0122x^5-0.1149x^4+0.3015x^3-0.0371x^2-0.2940x+0.1801$										
Matlab 五次曲线（分段拟合）	$y=0.0867x^5-0.1363x^3-0.1068x^2-0.0416x+0.1937 \quad x\in[-0.8,1.7]$ $y=0.0160x^5-0.2627x^4+1.7104x^3-5.5961x^2+9.4338x-6.0014 \quad x\in[1.7,4.2]$										

对应表 10-2 中硅的电阻率温度系数-电阻率关系的各种拟合方法的拟合函数的曲线如图 10-3 ~ 图 10-10 所示。

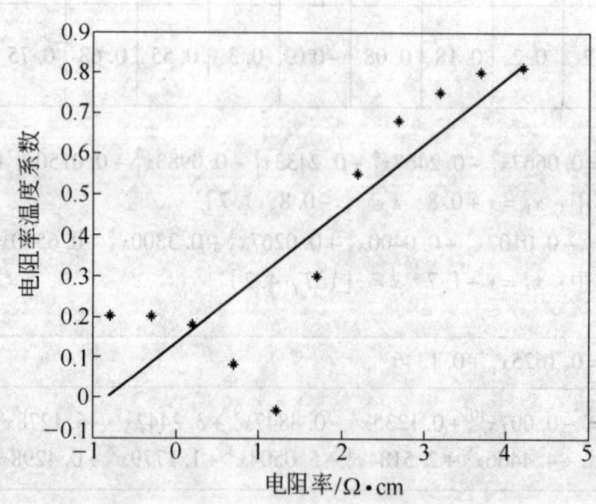

图 10-3 最小二乘拟合硅的电阻率温度系数-电阻率曲线

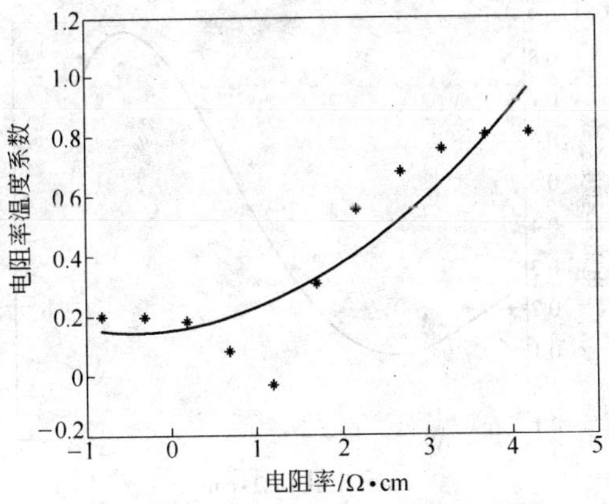

图 10-4 Matlab 二次拟合硅的电阻率温度系数-电阻率曲线

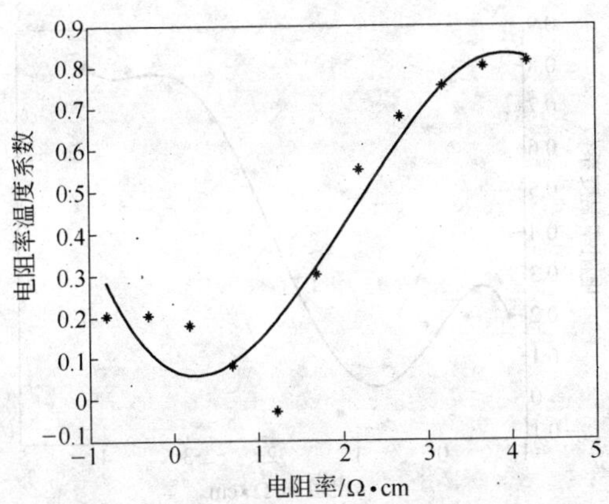

图 10-5 Matlab 三次拟合硅的电阻率温度系数-电阻率曲线

图中的曲线坐标是以 x-y 的关系表示的。y 代表电阻率温度系数，x 代表电阻率 ρ（表 10-2 中的关系为 $x = \lg\rho + 3$），经此坐标变换可以转换成 ρ-y 的关系。

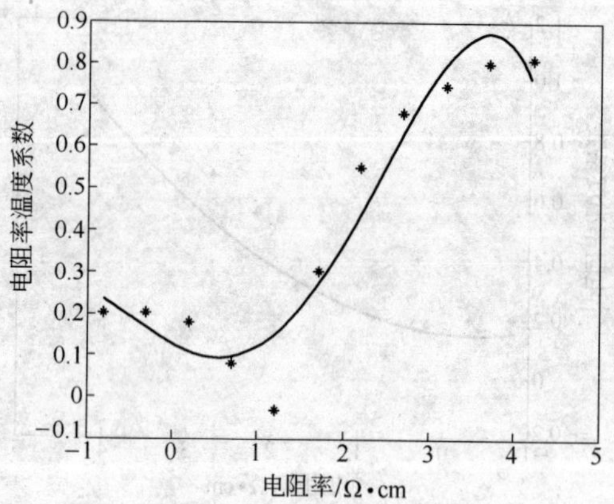

图 10-6 Matlab 四次拟合硅的电阻率温度系数-电阻率曲线

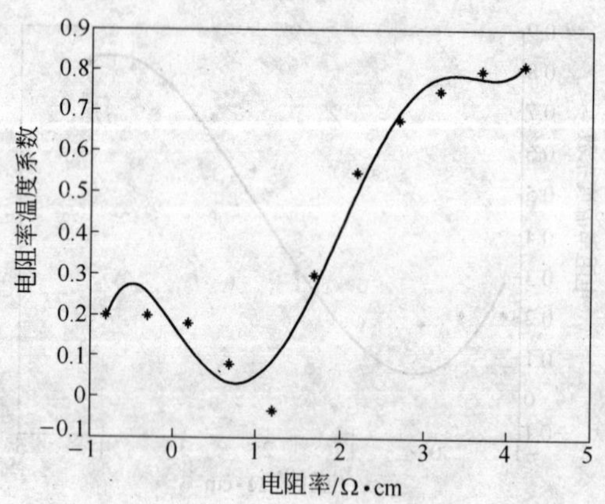

图 10-7 Matlab 五次拟合硅电阻率的温度系数-电阻率曲线

10.2.2 讨论

本节简单介绍了几种曲线拟合方法，并以硅的电阻率温度系

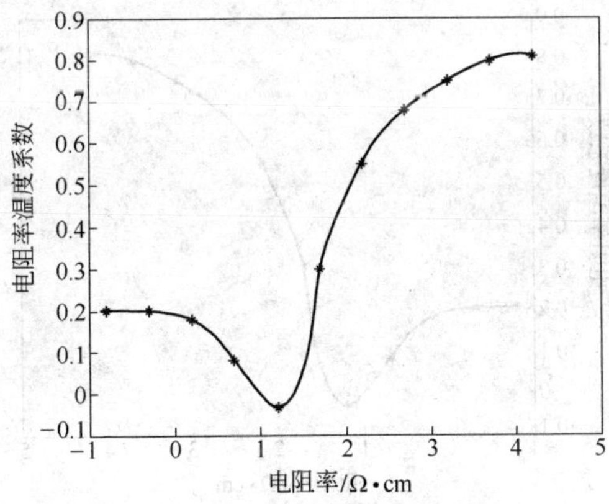

图 10-8 Matlab 五次（分段）拟合硅电阻率的温度系数-电阻率曲线

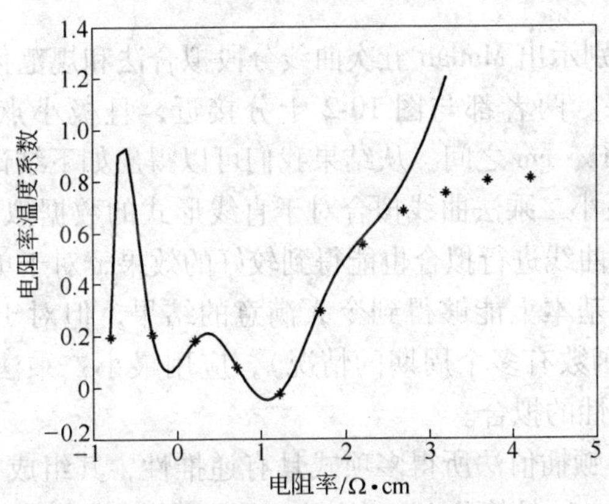

图 10-9 牛顿插值硅的电阻率温度系数-电阻率曲线

数-电阻率为研究对象，列出了结果与图形。可以看出拟合效果除了与拟合方法本身有关以外，还与曲线的拟合点的选取好坏有密切关系。当曲线不光滑并有尖点（C_T-ρ 曲线上有尖点，位于 10^{-2} ~ $10^{-1}\Omega\cdot$cm 之间）时，如果尖点不被选为拟合点，则效果不理想。拟合曲线的极小点与实际尖点位置不重合。图 10-8 和

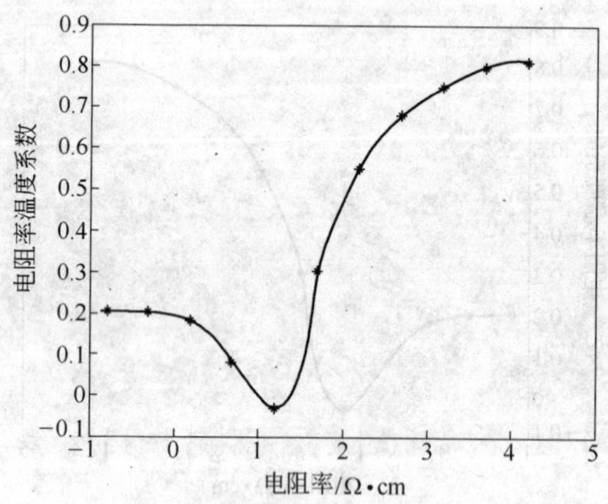

图 10-10 规范化多项式拟合硅电阻率的温度系数-电阻率曲线

图 10-10 分别示出 Matlab 五次曲线分段拟合法和规范化五次分段拟合的效果。两者都与图 10-2 十分接近，且极小点位置都在 $10^{-2} \sim 10^{-1}\Omega \cdot cm$ 之间。从结果我们可以得出如下结论：

（1）最小二乘法曲线拟合对于直线形式的数据拟合得最好，对于单调的曲线进行拟合也能得到较好的效果，对于单峰值数据进行拟合也基本上能够得到令人满意的结果，但对于多峰数据（如正余弦函数有多个周期的情况），应用最小二乘法就无法对其进行一次性的拟合。

（2）牛顿插值法所得多项式具有递推性，其组成很有规律，取值不一定必须是等分点，当增加一个新的插值点时，只需再增加一项，原来算出的各项仍然有效，并且与它的排列次序无关。

（3）基于 Matlab 的数据拟合方法可以更快速地从采样数据逼近待测函数或曲线。它可以将使用者从繁琐、无谓的底层编程中解放出来，把宝贵的时间更多地花在解决问题中，这样无疑会提高工作效率。但是由上文也可以看出，基于 Matlab 的拟合法，有时低阶次拟合效果不是很好。

（4）本书作者曾提出规范化多项式拟合法，可以参考相关文献。利用规范化多项式处理非线性问题，与具体问题无关，处理起来简单。这种方法多项式拟合的精度与逆矩阵元系数的小数位数的选取和多项式阶数的选取有关。应选取适当的小数位数和矩阵元阶数。利用规范化多项式进行处理时，选用 3、4 阶，等分点太少，精度不高。选用 6、7 阶，一个是因为等分点为无穷小数，另外是因为 6 阶以上时，逆矩阵的最后一行及最后一列系数太小，容易造成误差。所以我们可以选用 5 阶的多项式，并且实践也证明，选用 5 阶可以达到很好的精度。如果有时对精度要求比较高，我们可以先取曲线的中点，然后再分别把这两部分再 4 等分或 5 等分，进行计算，得出多项式。由于规范化多项式精度较高，所以拟合曲线在两部分的交接处数值是连续的，这样整个曲线将连续。在两部分的交接处部分重叠时，导数也连续，这样可应用于三角函数曲线的拟合。

（5）通过对各种方法的分析和对拟合结果的比较，我们可以看出，规范化多项式拟合法、Matlab 拟合和牛顿插值法的效果是非常好的。特别是规范化多项式拟合法，只要它的小数位数和阶数选择适当，就可以达到很好的拟合效果和很高的拟合精度。因此本书建议选用以下两式作为 n 型硅的电阻率温度系数与样品电阻率关系的拟合多项式，分别与图 10-10 和图 10-8 一致。

$$y = 0.0667x_1^5 - 0.2467x_1^4 + 0.2433x_1^3 - 0.0983x_1^2 + 0.0150x_1 + 0.2$$

其中：$x_1 = x + 0.8 \quad x \in [-0.8, 1.7]$

$$y = -0.0107x_3^5 + 0.0400x_3^4 + 0.0267x_3^3 - 0.3300x_3^2 + 0.6540x_3 + 0.3$$

其中：$x_3 = x - 1.7 \quad x \in [1.7, 4.2]$

或

$$y = 0.0867x^5 - 0.1363x^3 - 0.1068x^2 - 0.0416x + 0.1937 \quad x \in [-0.8, 1.7]$$

$$y = 0.0160x^5 - 0.2627x^4 + 1.7104x^3 - 5.5961x^2 + 9.4338x - 6.0014 \quad x \in [1.7, 4.2]$$

以上 x、y 的定义见表 10-2。y 代表电阻率温度系数；x 代表电阻率 ρ（表 10-2 中的关系为 $x = \lg\rho + 3$），经此坐标变换可以转换成 y-ρ 的关系。

10.3 探针游移度的测量及检验对电阻率测量的影响

用直线四探针测量时，探针应有良好的力学刚性，接触样品时不弯曲也不左右移动，即针尖不动，针距不变，这样探针系数 C 就是一固定常数。实际上由于探针加工问题，探针和探针孔之间存在间隙，探针的机械位置会发生变化，也就是说，探针在未接触样品前的针距与接触样品后的针距，由于针尖的无规则运动即游移而发生变化，因而引起探针系数 C 发生变化，从而影响到测量结果的正确性和重复性。

探针游移定义为：

$$\frac{\Delta \bar{S}}{\bar{S}} \times 100\% \tag{10-8}$$

式中，$\bar{S}$ 为探针与样品接触后的针距重复多次测量的平均值；$\Delta\bar{S}$ 为平均值 $\bar{S}$ 与每次测量值的偏差的绝对值的平均值。

测试步骤如下：

（1）将探针头压触在抛光样品（压力保持 20N 左右）并在硅片留下针尖痕迹。使样品在垂直探针连线的方向上进行平移，将探针重复压 5 次。

（2）用测距显微镜测痕迹点的距离。

（3）求 $\bar{S}$ 及 $\Delta\bar{S}$，求出针头游移度。

（4）将 $\bar{S}$ 代入 2.6 节的公式：$C = 2\pi\left(\frac{1}{S_1} - \frac{1}{S_1 + S_2} - \frac{1}{S_2 + S_3} + \frac{1}{S_3}\right)^{-1}$ 求探针的系数。

探针间距 S 的测量及计算方法如下：探针间的痕迹在显微镜下呈如图 10-11 所示的样子，可以分别测出 A、B、C、D、E、F、G、H 的坐标，然后计算探针间距 S_1、S_2、S_3：

$$S_{3j} = \frac{1}{2}(A_j + B_j) - \frac{1}{2}(C_j + D_j)$$

$$S_{2j} = \frac{1}{2}(C_j + D_j) - \frac{1}{2}(E_j + F_j) \quad (10\text{-}9)$$

$$S_{1j} = \frac{1}{2}(E_j + F_j) - \frac{1}{2}(G_j + H_j)$$

式中，j 为测量次数，一般进行 10 次测量即可，所以 j 值是从 1 到 10。

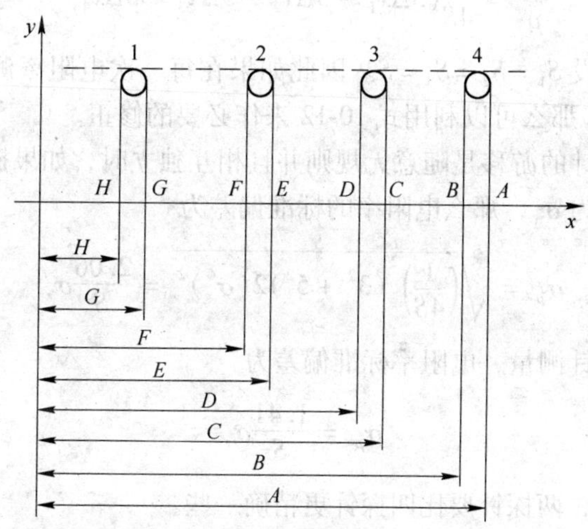

图 10-11 由探针压坑的边缘决定 x 坐标位置

针距平均值为：

$$\overline{S}_1 = \frac{1}{10}\sum_{j=1}^{10} S_{1j}$$

$$\overline{S}_2 = \frac{1}{10}\sum_{j=1}^{10} S_{2j} \quad (10\text{-}10)$$

$$\overline{S}_3 = \frac{1}{10}\sum_{j=1}^{10} S_{3j}$$

下面计算探针游移度对电阻率测量误差的影响。电阻率与探针系数的关系中

$$\rho = \frac{V_{23}}{I} \cdot 2\pi\left[\frac{1}{S_1} - \frac{1}{S_1 + S_2} - \frac{1}{S_2 + S_3} + \frac{1}{S_3}\right]^{-1} \quad (10\text{-}11)$$

式中，S_1、S_2、S_3 用探针坐标 x_1、x_2、x_3、x_4 代入，两边求微商，并设4根探针的线位移量为 Δx_1、Δx_2、Δx_3、Δx_4，则可以得到

$$\frac{\Delta\rho}{\rho} = \frac{1}{4S}(3\Delta x_1 - 5\Delta x_2 + 5\Delta x_3 - 3\Delta x_4) \quad (10\text{-}12)$$

其中已假设 $S_1 = S_2 = S_3 = S$。因此如果在每一次电阻率测量时测定了 Δx_i，那么可以利用式10-12来作必要的修正。

当探针的游移是随意无规则并且相互独立时，如果探针游移的标准差为 σ_x，那么电阻率的标准偏差为

$$\sigma_\rho = \sqrt{\left(\frac{1}{4S}\right)^2 (3^2 + 5^2) 2(\sigma_x)^2} = \frac{2.06}{S}\sigma_x \quad (10\text{-}13)$$

对于两探针测量，电阻率标准偏差为

$$\sigma_\rho = \frac{1.41}{S}\sigma_x \quad (10\text{-}14)$$

由此可见，两探针要比四探针更精确一些。

四探针体电阻率测量中，$\rho = \frac{V_{23}}{I} \cdot 2\pi S$ 适用于等间距的情况，见式2-19。只要四探针的探针间距相等，S 的大小并不影响读数。但是当探针间距不相等时，则需要引入一个探针间距的矫正因子:

$$\rho = F_S \rho_{\text{测量}} \quad (10\text{-}15)$$

$$F_S = \frac{2\ln 2}{\ln\left[\frac{(S_1 + S_2)(S_2 + S_3)}{S_1 S_3}\right]} \quad (10\text{-}16)$$

当探针间距变化不大时

$$F_S \approx 1 + 1.082\left(1 - \frac{S_2}{\overline{S}}\right) \tag{10-17}$$

式中，$\overline{S}$为探针间距的平均值。对于薄片的电阻率测量（见式2-21，设 $F = 4.532$）可以表示为

$$\rho = F \times F_S \frac{V}{I}\delta \tag{10-18}$$

式中，δ 为样品厚度。如果探针的位移是随意而且是独立的，并且所有探针间距相等并等于名义值 S，则 F_S 的相对标准偏差为

$$\sigma_{FS} = (\sqrt{5}\sigma_S)(\overline{S}\ln 4) \tag{10-19}$$

S 的标准偏差由下式给出

$$\sigma_S = \left(\frac{1}{3}\right)\left[\sum_{j=1}^{10}(S_j - \overline{S})^2\right]^{1/2} \tag{10-20}$$

在正方形四探针中，可以进行两次测量求出平均值来消除探针位移的一级误差，这两次测量要选用不同的电流探针对，其中一根探针是两次测量的公共电流探针。

为了检验游移度对电阻率测量的影响，可以重复测量同一点的电阻率（即不移动样品，保持样品与探针相对位置不变）并采用相同的电流，观察电阻率测量结果变化情况，就可知道探针游移的影响。由此可以得出结论：探针游移度只有在小于 2% 的情况下，测量重复性和正确性才较好，因此游移度是检验探针质量的重要指标之一。

10.4 硅片热经历史对电阻率的测量的影响

硅片的电阻率取决于其中电活性杂质的含量及载流子的迁移率。n 型硅的电阻率：

$$\rho_n = \frac{1}{(N_D - N_A)\mu_n q}$$

式中，N_D 为施主杂质浓度；N_A 为补偿杂质-受主浓度；μ_n 为载

流子的电子的迁移率；q 为电子电荷。目前，硅单晶的纯度已很高，补偿度和补偿杂质浓度除非有特殊要求一般不予以关心，不过测定方法也可以参考《半导体测试技术》（冶金工业出版社，1984）。但是用直拉法制备硅单晶时使用石英坩埚熔化硅料，硅中仍有较高的氧含量，这是无法避免的。而且硅单晶的生长自然冷却过程及硅片的加工过程的各阶段有不同温度，硅中的氧的形态会发生变化。下文指出，在 450℃ 下硅中的氧会产生所谓的热施主，从而影响电阻率的测定，因此有必要知道硅片热经历史。

10.4.1 硅中氧热施主的产生规律

硅中的氧一般处于间隙态。可以用 9μm 波长红外吸收光谱测定，这可参考有关国标。硅单晶经过 450℃ 热处理后，溶解在硅中的氧的组态便要发生变化。室温下测定的间隙氧的 9μm 波长红外吸收峰降低。据测定，经过 450℃ 热处理后，溶解在硅中的氧吸收峰降低相当于间隙氧减少 $1\times10^{17}\sim2\times10^{17}/cm^3$。在 80K 下，测定氧的 9μm 波长范围红外吸收光谱有非常丰富的谱线，与热处理时间有关，如图 10-12 所示。热处理时间增长，主峰位置不变，同时出现一些附加的小峰。由此可见，450℃ 热处理后产生的热施主与氧的组态变化有关。通过氧含量的测定可以推算 450℃ 热处理后产生的热施主量，从而得知电阻率的变化量。

硅中氧热施主的形成与氧有如下关系：

（1）施主形成初始速率和氧浓度的四次方成正比；

（2）施主产生的最大值与氧浓度的三次方成正比。

由此提出了氧施主形成的机理。氧的热施主是 SiO_4^+ 配合物，其形成步骤如下：

$$A_1 + A_1 \rightleftharpoons A_2$$

$$A_2 + A_1 \rightleftharpoons A_3$$

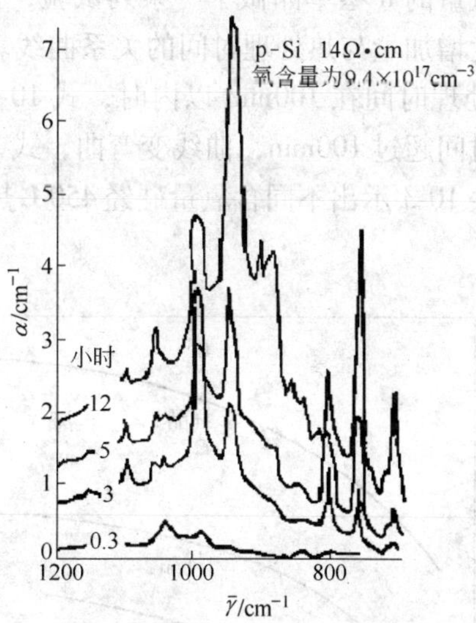

图 10-12 经 450℃不同时间热处理后

在 80K 下测定红外吸收光谱

$$A_3 + A_1 \rightleftharpoons A_4$$

$$A_4 + A_1 \rightleftharpoons P_5$$

式中，A_i 为有 i 个氧原子的硅-氧配合物；A_4 为施主 SiO_4^+；A_1 的浓度就是单原子氧的浓度（含量）。

根据上述可逆反应可以得到 SiO_4^+ 的浓度随时间变化的动力学关系式：

$$\frac{dA_4}{dt} = K_f[N_0]^4 - (K_b + K_p[N_0])A_4 \tag{10-21}$$

式中，K_f 和 K_b 为正向和逆向反应的速度常数；K_p 为 SiO_4^+ 的聚合反应的速度常数。

因为 A_4 是施主，开始时，A_4 的浓度为零。如果热处理时间 Δt 内增加的施主量为 ΔN_D，则上式可以表示为

$$\frac{\Delta N_D}{\Delta t} = K_f[N_0]^4 \tag{10-22}$$

对不同含氧量的 n 型单晶做了一系列试验，得到如图 10-13 所示的施主浓度增加量与热处理时间的关系曲线。由图 10-13 可以看出，当热处理时间在 100min 以内时，式 10-22 的线性关系成立；热处理时间超过 100min，曲线变弯曲，式 10-22 线性关系便不复存在。表 10-3 示出不同含氧量硅经 450℃热处理 50min 产生的施主量。

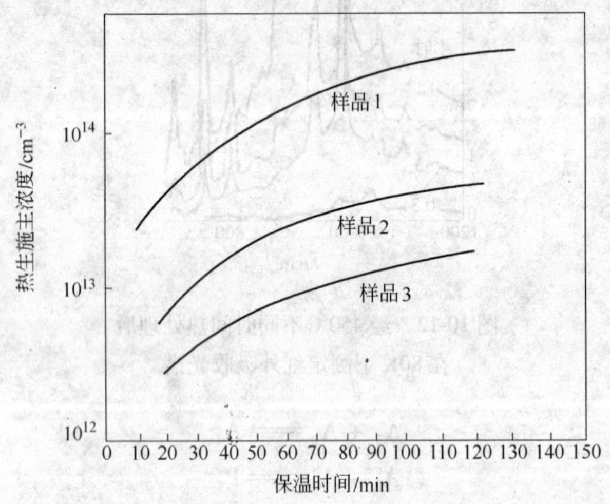

图 10-13 不同样品中热生施主浓度随 450℃热处理时间的变化曲线

表 10-3 不同含氧量硅经 450℃热处理 50min 产生的施主量

$[N_0]$ /cm^{-3}	1×10^{17}	2×10^{17}	3×10^{17}	4×10^{17}	5×10^{17}	6×10^{17}	8×10^{17}	10×10^{17}
ΔN_D/cm^{-3}	0.8×10^{10}	1.3×10^{11}	6.5×10^{11}	2.1×10^{12}	5×10^{12}	1.0×10^{13}	3.3×10^{13}	8×10^{13}

样品中若有高浓度的碳，则在 450℃热处理时会形成 C-O 配合物，这种配合体会强烈抑制 SiO_4^+ 施主的形成。但是只有当碳含量大于 3×10^{17}cm^{-3}时，才有明显的影响。一般直拉单晶中的碳含量均在 10^{16}cm^{-3}数量级，碳的影响不会严重。

从熔体中生长的晶体都要从熔点冷却到室温，必定经过400～500℃的温度范围，因此在生长完毕的晶体中会含有一定量的热施主。对于高氧单晶来说，这个问题比较重要，因为这时热施主产生率比较大，产生的施主足以改变成品单晶的电阻率。只要样品在450℃热处理完毕，再经580～650℃的热处理，让全部热施主消除。此时n型样品的电阻率回升，甚至可以超过成品电阻率。两者相差越大，说明晶体生长完毕自然冷却过程影响越大。

10.4.2 硅中氧热施主引起的电阻率的变化

设ρ_1和ρ_2是在450℃下经热处理50min前后室温下测定的电阻率。对n型样品可以表示如下：

$$\rho_1 = \frac{1}{(N_D - N_A)\mu_n q}$$

$$\rho_2 = \frac{1}{(N_D + \Delta N_D - N_A)\mu_n q}$$

式中，μ_n为电子迁移率，可以认为μ_n基本不变。这是因为高氧单晶在450℃下经热处理50min所产生的施主浓度不超过$10^{14}/cm^3$，所以对1～100Ω·cm的样品的电子迁移率影响不太大。ΔN_D为热处理产生的SiO_4^+施主量，已经测定SiO_4^+的能级在导带以下0.16eV处，温室下SiO_4^+全部电离。

解出ΔN_D：

$$\Delta N_D = \frac{\rho_1 - \rho_2}{\rho_1\rho_2}\frac{1}{\mu_n q}$$

即

$$\Delta\rho/\rho = \Delta N_D\rho_1\mu_n q = \Delta N_D\rho\mu_n q \tag{10-23}$$

将式10-23代入式10-22中得到：

$$N_0 = \left(\frac{1}{K_f\,\mu_n q\Delta t}\right)^{1/4}\left(\frac{\rho_1 - \rho_2}{\rho_1\rho_2}\right)^{1/4} \tag{10-24}$$

最后，利用红外线吸收测定样品的氧含量，得到如图10-14所示含氧量与$(\rho_1-\rho_2)/\rho_1\rho_2$之间的关系：

$$N_0 = K_a\left(\frac{\rho_1-\rho_2}{\rho_1\rho_2}\right)^{1/4} = 2.68\times10^{18}\left(\frac{\rho_1-\rho_2}{\rho_1\rho_2}\right)^{1/4} \quad (10\text{-}25)$$

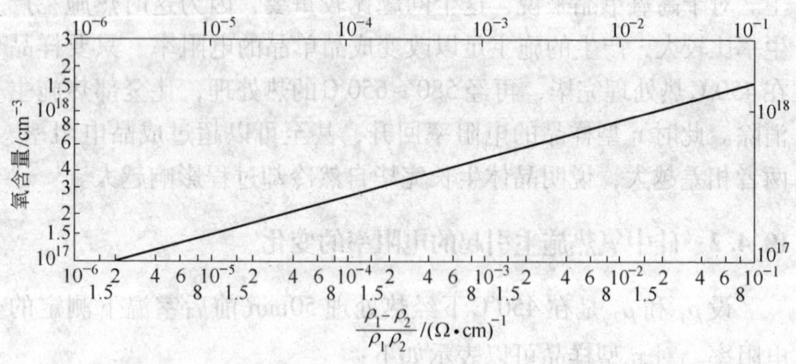

图 10-14 450℃下经热处理 50min 后硅的电阻率变化与硅中氧含量的关系

其中 $K_a = 2.68\times10^{18}(\Omega\cdot cm)^{1/4}\cdot cm^{-3}$，由 K_a 值可以得到 K_f 值：

$$K_f = 1.6\times10^{-60} cm^9/min$$

由式 10-25 可得 $\frac{\rho_1-\rho_2}{\rho_1\rho_2}\approx\frac{\Delta\rho}{\rho^2}=\left[\frac{N_0}{2.68\times10^{18}}\right]^4$。于是有 450℃下经热处理 50min 后相对电阻率变化与硅中氧含量的关系：

$$\frac{\Delta\rho}{\rho}\approx\left[\frac{N_0}{2.68\times10^{18}}\right]^4\rho \quad (10\text{-}26)$$

对于 10Ω · cm 的硅单晶来说，当硅中氧含量分别为 $5.34\times10^{17}cm^{-3}$ 和 $2.68\times10^{18}cm^{-3}$ 时，450℃下经热处理 50min 后，相对电阻率变化分别为 1.6×10^{-3} 和 10 倍。由此可见硅中氧含量的影响之大。

硅单晶经 450℃长时间热处理后氧的热生施主达到饱和。Amurgai 等人用扩展电阻法测得如下两块 p 型硅单晶样品在 450℃下经 50h 热处理前后的电阻率（折算成受主量（cm^{-3}））

和相应的施主量（cm^{-3}），如表10-4所示。

表10-4 经50h热处理前后受主量 （单位：cm^{-3}）

样 品	原始受主	热处理后受主	热施主
样品1	9.72×10^{15}	8.4×10^{15}	1.32×10^{15}
样品2	13.08×10^{15}	10.64×10^{15}	2.44×10^{15}

用表中数据可以得到$[N_0]=A[\Delta N_D]^k$中的常数：$k\approx0.367$，$A\approx2.2\times10^{12}$，由此得到校准公式：

$$[N_0]=2.2\times10^{12}[\Delta N_D]^{0.367}$$

代入式10-23可得到电阻率相对变化率与氧含量的关系：

$$\frac{\Delta\rho}{\rho}\approx1.8\times10^{-48}\rho[N_0]^{2.725} \tag{10-27}$$

当$[N_0]=1\times10^{18}$，$\rho=10\Omega\cdot cm$时，$\frac{\Delta\rho}{\rho}\approx140$。当$[N_0]=1\times10^{17}$，$\rho=10\Omega\cdot cm$时，$\frac{\Delta\rho}{\rho}\approx0.274$。由此可见，氧含量影响之大。

参考文献

[1] J. Van der Pauw. A method of measuring specific resistivity and Hall effect for disks of arbitrary shape. Pilips Research Report, 1958, 13: 1 ~9.

[2] R. Rymaszewski. Electron [J]. Lett, 1967, 3: 57.

[3] Sun Yicai, Shi Junsheng, Meng Qinghao. Measurement of sheet resistance of cross micro areas using a modified Van der Pauw method[J]. Semiconductor Sci &Tech, 1996, 11: 805 ~813.

[4] Sun Yicai, Ehrmann Oswin, Wolf Juergen, et al. Determination of the areas of a square sample suitable to the resistance measurement by Van der Pauw's method [J]. Review of Scientific Instruments, 1992, 63 (7): 3757.

[5] Sun Yicai, Ehrmann Oswin, Wolf Juergen, et al. Correction factors and their new curve for the measurement of sheet resistance of a square sample with a square four-point probe [J]. Review of Scientific Instruments, 1992, 63 (7): 3752.

[6] Sun Yicai, Meng Qinghao, Chen Zhiyong, et al. Normalizing the polynomial-match for the non-linear signal in transducers Sensors and Actuators [J]. A: Physical, 2005, 125 (1): 76 ~83.

[7] Sun Yicai, Yu Chengzhen. Computer simulation for profiles of impurities in silicon epitaxial layer [J]. Rare Metals, 1989, 8(2): 49 ~57.

[8] Sun Yicai, Wang Zhijin, Dang Jiping. Determination of the deep levels of transition metals in n-type silicon by using DLTS method [J]. Rare Metals, 1989, 8(3): 61 ~62.

[9] Sun Yicai, Ehrmann Oswin, Wolf Juergen, et al. Annealing behaviour of the specific contact layer resistivity for an Au bump-TiW-Al pad structure [J]. Semiconductor Science and Technology, 1994, 9(9): 1686 ~1689.

[10] Sun Yicai, Wang Zhijin, Dang Jibin. Determination of the deep levels and observation of the defect level related to iron in silicon by use of the DLTS method [J]. Materials Letters, 1989, 8(3 ~4):101 ~104.

[11] Sun Yicai. Computer simulation of the boron vaporization quantity from BBr_3 plus $SiCl_4$ mixing liquid doping source used in P-Si epitaxy technology [J]. Rare Metals, 1986, 5(1): 42 ~49.

[12] Wang Peng, Xie Lili, Sun Yicai. Application of PSO algorithm and RBF neural network in electrical impedance tomography[C]. Proceedings of 9th International Conference on Electronic Measurement and Instruments ICEMI 2009, 2009: 2517 ~2521.

[13] Wang Peng, Sun Yicai, Xie Lili. A new method for testing resistivity distribution of semiconductor wafer[C]. Proceedings of the 2nd International Conference on Modelling

and Simulation [C]. ICMS2009, 2009, 5: 407 ~412.

[14] Wang Peng, Xie Lili, Sun Yicai. Electrical impedance tomography based on bp neural network and improved pso [C]. Proceedings of the 2009 International Conference on Machine Learning and Cybernetics, 2: 1059 ~1064.

[15] Sun Yicai, et al. Several microfigures suitable to the measurement of sheet resistance for them. Int. Confon. Materials and Process Characterization for VLSI, 1994: 124 ~126.

[16] J. BEUHLER M G, GRANT S D, THURBER W R. An experimental study of various cross sheetresistor test structures [J]. J Electrochem Soc, 1978, 125(4):645 ~649.

[17] J. Steinhauer D. E. Quantitative Imagine of Sheet Resistance with a Scanning Near-field Microwave Microscope [J]. Applied Physics Letters, 1998, 72(7):861 ~863.

[18] J. SantosaF, Vogelius M. A Back Projection Algorithm for Electrical Impedance Tomography [J]. SIAMJ, 1990, 50: 216 ~243.

[19] J. Cheney M. Electrical impedance Tomography [J]. SIAM Review, 1999, 41(1): 85 ~101.

[20] A. Jan C de Munck, Theo J C Faes, Rob M Heethaar. The Boundary Element Method in the Forward and Inverse Problem of Electrical Impedance Tomography [J]. IEEE Trans Biomed Eng, 2000, 47(6): 792 ~800.

[21] J. Saulnier G J, Blue R S, Newell J C, et al. Electrical Impedance Tomography [J]. IEEE Signal Processing Magazine, 2001, 11: 31 ~43.

[22] J. Tang Mengxing, Dong Xiuzheng, et al. Electrical impedance tomography reconstruction algorithm based on general inversion theory finite element method [J]. Med. Biol. Eng. Comput., 1998, 136(4):395 ~398.

[23] R. W. M. Smith, I. L. Freeston, B. H. Brown. A real-time electrical impedance tomography system for clinical use design and preliminary results [J]. IEEE Trans. Biomed. Eng., 1995, 42(2): 133 ~140.

[24] A. K. Y. Kim, S. I. Kang, M. C. Kim, et al. Dynamic image reconstruction in electrical impedance tomography with known internal structures [J]. IEEE Trans. Magn., 2002, 38(2): 1301 ~1304.

[25] J. Murai T, et al. Electrical impedance computed tomography based on a finite element model [J]. IEEE Trans BME., 1985, 32(3):177 ~184.

[26] S. Hyun, M. F. Thorpe, M. D. Jaeger, et al. Resistivity determination from small crystallities [J]. Physical Review B, 1998, 57(11):3.

[27] J. Rodriguez Femandez, J. C. Gomez Sal. Contacts and sample shape in anisotropic resistivity [J]. J. Phys. D: Appl. Phys., 1988, 21: 1165 ~1170.

[28] 孙以材. 半导体测试技术 [M]. 北京: 冶金工业出版社, 1984.

[29] 孙以材，张林在．用改进的Van der Pauw法测定方形微区的方块电阻［J］．物理学报，1994，43(4)：530～539.

[30] 孙以材，石俊生．在矩形样品中Rymaszewski公式适用条件的分析［J］．物理学报，1995，441(12)：1869～1878.

[31] 张艳辉，孙以材，刘新福，等．斜置式方形探针测量单晶断面电阻率分布mapping技术［J］．半导体学报，2004，25(6)：682～686.

[32] 刘新福，孙以材，张艳辉，等．用改进的Rymaszewski公式及方形四探针法测定微区的方块电阻［J］．物理学报，2004，53(8)：2461～2466.

[33] 孙以材，孟庆浩，宫云梅，等．四探针Mapping自动测试仪中电阻率温度系数的规范化拟合多项式的应用［J］．电子学报，2005，33(8)：1438～1441.

[34] 孟庆浩，孙新宇，孙以材．薄层电阻测试Mapping技术［J］．半导体学报，1997，18(9)：701～705.

[35] 孙以材，刘新福，高振斌，等．微区薄层电阻四探针测试仪及其应用［J］．固体电子学研究与进展，2002，22(1)：93～99.

[36] 王静，孙以材，刘新福．利用多项式拟合规范化方法实现范德堡函数的高精度反演［J］．半导体学报，2003，24(8)：817～821.

[37] 刘新福，孙以材，刘东升，等．无测试图形薄层电阻测试仪及探针定位［J］．半导体学报，2004，25(2)：221～226.

[38] 孙以材，陈志永，王静．传感器与固体电子学中非线性函数多项式拟合的规范化［J］．电子器件，2004，27(1)：1～4.

[39] 孙以材，宫云梅，王静，等．硅的电阻率温度系数-电阻率关系Si几种拟合方法的比较［J］．传感器世界，2006(3)：12～16.

[40] 王伟，孙以材，汪鹏．无学习率权值调整神经计算法拟合范德堡多项式［J］．电子器件，2008，31(3)：1015～1018.

[41] 孙以材，潘国峰，杨茂峰，等．绘制硅单晶电阻率等值线的Mapping技术（英文）［J］．半导体学报，2008，29(7)：1281～1285.

[42] 孙以材，王伟，屈怀泊．四探针电阻率微区测量改进的Rymaszewski法厚度修正［J］．纳米技术与精密工程，2008，6(6)：454～457.

[43] 孙以材，范兆书，孙新宇，等．电阻率两种测试方法间几何效应修正的相关性［J］．半导体技术，2000，25(5)：38～41.

[44] 肖敬勋，杨庆新，孙以材．反偏二极管的计算机辅助设计［J］．河北工学院学报，1995，24(3)：1～6.

[45] 孙以材．界面态对p/p$^+$外延片高频C-V法测定杂质纵向浓度分布的影响［J］．固体电子学研究与进展，1984，4(1)：61～69.

[46] 孟庆浩，孙冰，孙以材．微电子技术中引线的键合与接触电阻的测量［J］．半导体杂志，1977，22(1)：3.

[47] 罗振英，孙以材．p/p$^+$外延片电阻率均匀性、一致性的控制［J］．仪表技术与传感器，1985(5)：2~6．

[48] 孙以材．硅单晶的热处理问题［J］．稀有金属，1980(3)：67~75．

[49] 孙以材．半导体材料与器件九十年代最新进展［J］．半导体杂志，1996，21(2)：19~26．

[50] 石俊生，孙以材．四探针测试技术中边缘修正的有关方法［J］．半导体杂志，1997，22(1)：35~42.

[51] 孙新宇，孟庆浩，孙以材．微处理器在微区薄层电阻测试 Mapping 技术中的应用［J］．微电子技术，1997，25(3)：55~62．

[52] 石俊生，孙以材．半导体四探针技术中二维电流场电势分布有限元分析［J］．计算物理，1998，15(2)：165~170.

[53] 张艳辉，孙以材．图像识别在四探针测试技术中的应用［J］．电子产品世界，2004，(2)：84~86.

冶金工业出版社部分图书推荐